哈佛百年经典

科学论文集：物理学；医学；外科学

[古希腊]希波克拉底 / [法]安布鲁瓦兹 · 巴雷 / [英]威廉 · 哈维　等◎著
[美]查尔斯 · 艾略特◎主编
何学德 / 隆　涛◎译

北京理工大学出版社
BEIJING INSTITUTE OF TECHNOLOGY PRESS

图书在版编目（CIP）数据

科学论文集：物理学、医学、外科学 / (古希腊)希波克拉底等著；何学德，隆涛译. — 北京：北京理工大学出版社，2014.11（2019.9重印）

（哈佛百年经典）

ISBN 978-7-5640-7056-4

Ⅰ. ①科… Ⅱ. ①希… ②何… ③隆… Ⅲ. ①物理学–文集②医学–文集③外科学–文集 Ⅳ. ①N49

中国版本图书馆CIP数据核字（2014）第200091号

出版发行 / 北京理工大学出版社有限责任公司
社　　址 / 北京市海淀区中关村南大街 5 号
邮　　编 / 100081
电　　话 / (010) 68914775（总编室）
82562903（教材售后服务热线）
68948351（其他图书服务热线）
网　　址 / http: //www.bitpress.com.cn
经　　销 / 全国各地新华书店
印　　刷 / 三河市金元印装有限公司
开　　本 / 700 毫米 × 1000 毫米　1/16
印　　张 / 22
字　　数 / 320千字
版　　次 / 2014 年 11 月第 1 版　2019 年 9 月第 2 次印刷
定　　价 / 59.00元

责任编辑 / 张慧峰
文案编辑 / 张慧峰
责任校对 / 周瑞红
责任印制 / 边心超

出版前言

人类对知识的追求是永无止境的，从苏格拉底到亚里士多德，从孔子到释迦摩尼，人类先哲的思想闪烁着智慧的光芒。将这些优秀的文明汇编成书奉献给大家，是一件多么功德无量、造福人类的事情！1901年，哈佛大学第二任校长查尔斯·艾略特，联合哈佛大学及美国其他名校一百多位享誉全球的教授，历时四年整理推出了一系列这样的书——《Harvard Classics》。这套丛书一经推出即引起了西方教育界、文化界的广泛关注和热烈赞扬，并因其庞大的规模，被文化界人士称为The Five-foot Shelf of Books——五尺丛书。

关于这套丛书的出版，我们不得不谈一下与哈佛的渊源。当然，《Harvard Classics》与哈佛的渊源并不仅仅限于主编是哈佛大学的校长，《Harvard Classics》其实是哈佛精神传承的载体，是哈佛学子之所以优秀的底层基因。

哈佛，早已成为一个璀璨夺目的文化名词。就像两千多年前的雅典学院，或者山东曲阜的“杏坛”，哈佛大学已经取得了人类文化史上的“经典”地位。哈佛人以“先有哈佛，后有美国”而自豪。在1775—1783年美国独立战争中，几乎所有著名的革命者都是哈佛大学的毕业生。从1636年建校至今，哈佛大学已培养出了7位美国总统、40位诺贝尔奖得主和30位普利策奖获奖者。这是一个高不可攀的记录。它还培养了数不清的社会精英，其中包括政治家、科学家、企业家、作家、学者和卓有成就的新闻记者。哈佛是美国精神的代表，同时也是世界人文的奇迹。

而将哈佛的魅力承载起来的，正是这套《Harvard Classics》。在本丛书里，你会看到精英文化的本质：崇尚真理。正如哈佛大学的校训："与柏拉图为友，与亚里士多德为友，更与真理为友。"这种求真、求实的精神，正代表了现代文明的本质和方向。

哈佛人相信以柏拉图、亚里士多德为代表的希腊人文传统，相信在伟大的传统中有永恒的智慧，所以哈佛人从来不全盘反传统、反历史。哈佛人强调，追求真理是最高的原则，无论是世俗的权贵，还是神圣的权威都不能代替真理，都不能阻碍人对真理的追求。

对于这套承载着哈佛精神的丛书，丛书主编查尔斯·艾略特说："我选编《Harvard Classics》，旨在为认真、执著的读者提供文学养分，他们将可以从中大致了解人类从古代直至19世纪末观察、记录、发明以及想象的进程。"

"在这50卷书、约22000页的篇幅内，我试图为一个20世纪的文化人提供获取古代和现代知识的手段。"

"作为一个20世纪的文化人，他不仅理所当然的要有开明的理念或思维方法，而且还必须拥有一座人类从蛮荒发展到文明的进程中所积累起来的、有文字记载的关于发现、经历以及思索的宝藏。"

可以说，50卷的《Harvard Classics》忠实记录了人类文明的发展历程，传承了人类探索和发现的精神和勇气。而对于这类书籍的阅读，是每一个时代的人都不可错过的。

这套丛书内容极其丰富。从学科领域来看，涵盖了历史、传记、哲学、宗教、游记、自然科学、政府与政治、教育、评论、戏剧、叙事和抒情诗、散文等各大学科领域。从文化的代表性来看，既展现了希腊、罗马、法国、意大利、西班牙、英国、德国、美国等西方国家古代和近代文明的最优秀成果，也撷取了中国、印度、希伯来、阿拉伯、斯堪的纳维亚、爱尔兰文明最有代表性的作品。从年代来看，从最古老的宗教经典和作为西方文明起源的古希腊和罗马文化，到东方、意大利、法国、斯堪的纳维亚、爱尔兰、英国、德国、拉丁美洲的中世纪文化，其中包括意大利、法国、德国、英国、西班牙等国文艺复兴时期的思想，再到意大利、法国三个世纪、德国两个世纪、英格兰三个世纪和美国两个多世纪的现代文明。从特色来看，纳入了17、18、19世纪科学发展的最权威文献，收集了近代以来最有影响的随笔、历史文献、前言、后记，可为读者进入某一学科领域起到引导的作用。

这套丛书自1901年开始推出至今，已经影响西方百余年。然而，遗憾的是中文版本却因为各种各样的原因，始终未能面市。

2006年，万卷出版公司推出了《Harvard Classics》全套英文版本，这套经典著作才得以和国人见面。但是能够阅读英文著作的中国读者毕竟有限，于是2010年，我社开始酝酿推出这套经典著作的中文版本。

在确定这套丛书的中文出版系列名时，我们考虑到这套丛书已经诞生并畅销百余年，故选用了“哈佛百年经典”这个系列名，以向国内读者传达这套丛书的不朽地位。

同时，根据国情以及国人的阅读习惯，本次出版的中文版做了如下变动：

第一，因这套丛书的工程浩大，考虑到翻译、制作、印刷等各种环节的不可掌控因素，中文版的序号没有按照英文原书的序号排列。

第二，这套丛书原有50卷，由于种种原因，以下几卷暂不能出版：

英文原书第4卷：《弥尔顿诗集》

英文原书第6卷：《彭斯诗集》

英文原书第7卷：《圣奥古斯丁忏悔录 效法基督》

英文原书第27卷：《英国名家随笔》

英文原书第40卷：《英文诗集1：从乔叟到格雷》

英文原书第41卷：《英文诗集2：从科林斯到费兹杰拉德》

英文原书第42卷：《英文诗集3：从丁尼生到惠特曼》

英文原书第44卷：《圣书（卷Ⅰ）：孔子；希伯来书；基督圣经（Ⅰ）》

英文原书第45卷：《圣书（卷Ⅱ）：基督圣经（Ⅱ）；佛陀；印度教；穆罕默德》

英文原书第48卷：《帕斯卡尔文集》

这套丛书的出版，耗费了我社众多工作人员的心血。首先，翻译的工作就非常困难。为了保证译文的质量，我们向全国各大院校的数百位教授发出翻译邀请，从中择优选出了最能体现原书风范的译文。之后，我们又对译文进行了大量的勘校，以确保译文的准确和精炼。

由于这套丛书所使用的英语年代相对比较早，丛书中收录的作品很多还是由其他文字翻译成英文的，翻译的难度非常大。所以，我们的译文还可能存在艰涩、不准确等问题。感谢读者的谅解，同时也欢迎各界人士批评和指正。

我们期待这套丛书能为读者提供一个相对完善的中文读本，也期待这套承载着哈佛精神、影响西方百年的经典图书，可以拨动中国读者的心灵，影响人们的情感、性格、精神与灵魂。

目录 Contents

誓言与法则

The Oath Ind Law Of Hippocrates

〔古希腊〕希波克拉底

主编序言

希波克拉底是希腊的著名医师，与历史学家希罗多德是同时期的人。他生于公元前470—前460年的科斯岛，他的家族宣称，他们是太阳神阿波罗之子埃斯科拉庇俄斯神医的后代。在希波克拉底时代之前，希腊已经有悠久的医学历史。据推测，希波克拉底主要受到了其前辈赫罗迪科斯的熏陶。与此同时，他通过大量的旅行增长了自身的学识。据说，在伯罗奔尼撒战争前期，他曾参与消除席卷希腊的大瘟疫，不过是否确有其事，还有待考证。希波克拉底于公元前380—前360年在拉里萨去世。

以希波克拉底署名的著作被认为是现存的最古老的希腊医学著作，但是它们中的大多数却非他所撰。其中有五六本被证实是他所著的，著名的《誓言》就是其中之一。这篇令人关注的文献，阐述了在希波克拉底的时代，医生就已经成为一个团体或者行会，有周密的行业规程，包括学徒训练、团体精神、职业理念等。这些规程，即使放在当今社会，仍然没有过时。

希波克拉底的一句格言，至今仍在全世界流行，然而引用它的人几乎无人意识到这句话最初指的是医生的医术。这句格言在希波克拉底的言论中居于首位，那就是：“人生短促，艺术长久；机会稍纵即逝；经验未必可靠，判断艰难。一个医师不仅要做好自身认为正确的事，还要让病人、助理以及各种外界因素相互协调。”

查尔斯·艾略特

誓　言

阿波罗医师、埃斯科拉庇俄斯神医、健康女神、万灵药神和天地诸神为证，我——希波克拉底——将在我的能力和判断范围之内，遵守以下的誓言和规则：

我将像尊重自己的父母般尊重教授我医术的老师，与他分享我的所有，急恩师所需。

把恩师的后代当作我希波克拉底的亲兄弟来看待，如果他们想学习医术，我愿无条件免费进行教授。

我将通过言教、讲座和其他各种教学模式，把我的医学知识传授给我的儿子们、恩师的儿子们以及遵从于医药法则的约定和誓言的学徒们，但绝对不传其他任何人。

基于我自身的能力和判断，我将遵循养身法则，一切为患者着想，杜绝一切有毒、有害的东西。

我将不会把致命药物提供给向我索取的任何人，也不指导他人服用有害药品；与此同时，我将不会给妇女施行堕胎手术。

我志以纯洁和高尚的信条度过我的行医人生。

我将不会施行结石切除手术，我将会把此类病人留给结石从业医师去治疗。

踏入任何一所住宅，我的目的都将是病人的痊愈，决不会做出故意伤害和堕落的行为。进一步来说，我将拒绝一切诱惑，不管它来自男人或者女人，自由人还是奴隶。

在我有生之年遇到的不该向外泄露的所见所闻，不管它与行医有关与否，我决不泄露一丁点儿，因为我认为所有这些都应该被当作秘密而保存。

在我始终遵守这份誓言的同时，我希望我能够享受生活，得到行医带来的快乐，一直被所有的人尊重。但是，如若我冒犯和违背了此誓言，我的命运将就此厄运连连。

法　则

1. 纵观所有技艺，医学是其中最为神圣的。但是，由于从医者的无知以及轻易就做出判断的人的愚昧，医学现在远远地落后于其他的技艺。对于我来说，他们错误的主要原因在于：在城市之中，除了使行医者蒙羞之外，并没有其他与医疗事故或者仅仅与行医相关联的惩治办法。蒙羞对于那些熟悉行医行业的行医者来说，根本就无所谓。这些人正如悲剧作品之中出现的人物，因为他们拥有演员的外形、服饰、外貌，但是他们并不是真正的演员。许多行医者也空有其名，全无医技。

2. 无论是谁，想要拥有足够的医学知识，应当占有以下几点优势：本人的天赋，他人的教育，有利的学习条件，早期教育，不怕吃苦，有一定的闲暇时间。自然禀赋是必需的。因为，正是一个人的天赋铺开了通往优秀的道路，在后续的学习过程中，学习者必须试着学会思考，在思考之中调整自己，使自己成为一个有着良好准备去接受他人教育的初学者。与此同时，学习者必须具有不怕吃苦和坚持不懈的良好品质，这样一来，教育才可能扎根在学习者的心中，并给学习者带来恰当而又丰富的硕果。

3. 医学中的教育正如农作物的栽培。学医者的个人天赋就像是土壤；

老师的教学方法就如同种子；在年轻时接受教育，就如同在合适的季节在土壤里播种；教学进行的场所就如大气输送给蔬菜的养料；勤奋的学习就如同土地的耕作。有了这一切，就获得了力量，走向成熟。

4．一旦我们拥有了这些医学学习的必备条件，并且掌握了真正的医学知识，我们在各个城市行医的过程中，就能够成为真正受人尊敬的、名副其实的医生。但是，缺乏经验是非常不利的一件事，不论是从理论上还是从现实上来说，缺乏经验是医者的软肋。对于医生来说，缺乏自力更生和满足感；对于护士来说，要么胆小慎微，要么鲁莽行事。因为胆小慎微暴露出从医者的医术平平，而鲁莽行事则显示出技巧的缺乏。归根结底，就是他们的知识和见解匮乏的问题。拥有充实完备的知识和见解，医者才能真正精通医术；反之，离开了知识和见解的积累，医者则显得无知。

5．医学是神圣的东西，神圣的东西仅能传授给高尚的人；对于那些世俗之人，只有当他们了解了科学的秘密之后，才能传授给他们。

各地游记

Journeys In Diverse Places

〔法〕安布鲁瓦兹·巴雷

主编序言

安布鲁瓦兹·巴雷，1510年左右出生于法国缅因拉瓦尔附近的布尔·埃尔森特。当时，教会法律禁止医生随意传授医术，医生仅归教会所有。外科医生通常由理发师兼任①，最初巴雷被训练为一名外科理发师，至于谁是他的老师，仍然是个谜。1533年，在巴黎的他收到了来自主宫医院的邀约，请他担任外科医生。巴雷作为主宫医院专用外科医生的三四年为他积累了宝贵的实践经验。在那之后，他成为一名医生，跟随部队行医，在和平的间隙在巴黎继续行医。1541年，巴雷成了外科医生中大师级的人物。

在巴雷所处的时代，欧洲的行军队伍并不配备医疗服务人员。大贵族有自己的私人医师陪伴在身边。普通的士兵或者自行治疗，或者接受外科理发师或跟随军队旅行的江湖医生的治疗。“当巴雷刚加入部队时，”英

① 在西方，外科医生最早是由理发师兼任的，是名副其实的“剃头匠”，早期实际也只是治疗一些浅表的痈、疖肿、包块或浅表的刀伤、剑伤等，或者拔牙等，风险小，相对于内科医生来说，理发外科师需要思考的问题要少得多，能解决的病痛也简单得多，因此社会地位就低得多。

国病理学家佩吉特说道，“他是作为上校蒙特加的随行者，没有任何的职务，也没有被大家认可，更别谈薪水了。他的收入靠一些其他东西予以补偿：一桶美酒，五十杜卡特①，一匹马，一颗钻石，从有地位的人处得来的一克朗②或半克朗钱币，从国王处得来的三百克朗和永不让他处于贫困的承诺，一颗公爵夫人随身配饰的钻石，一个士兵赠予他的一袋金子，以及其他‘非常珍贵的有价值的礼物’。”

在巴雷七十多岁的时候，巴黎医药科的主任曾对他进行过抨击，理由是他在为病人做了截肢手术之后，用绷带止血而不是用烧灼法为其治愈伤口。巴雷在回应这位主任时，讲述了他做这个手术的成功经验，还讲述了此处出版的《各地游记》。

这令人愉快的一卷文字，把16世纪外科手术和军队生活的画面生动地展现在读者面前，并在不经意间以其非凡的活力吸引着读者。

巴雷的个人成就在其言语表达中显得谦逊而满足：“我为病人包扎，上帝治愈他们。”

巴雷于1590年11月在巴黎去世。

查尔斯·艾略特

① 从前流通于欧洲各国的一种钱币。

② 古代欧洲货币单位。

意大利都林游

1537年

为了给年轻的外科手术医师更好的学习指导，在这里我将向我的读者们展示我去过的城镇和地方。也是在这些城镇和地方，我找到了学习外科手术的方法。

首先我要说的是，1536年，伟大的国王弗朗索瓦[①]派遣了一支大型部队到达都林，去收复被帝国皇帝[②]的中将马奎斯·德·高斯特所占据的城镇和城堡。蒙·康斯坦堡任大学士，蒙特加任步兵团的上校，而我当时是蒙特加上校的外科医生。

大部队经过苏伊士的时候，我们发现它已经被敌军占领。敌军在此修建了碉堡和战壕。我们必须打败并驱逐敌人。这场战役，敌我双方都伤亡惨重。不过，我方稍占优势，敌军被迫撤出并退入被中尉让·拉特部队占领的城堡中。中尉让·拉特的部队驻扎在一个小山坡上，从山坡上，他们可以直击敌军。在战斗中，让·拉特中尉的右脚踝被火绳枪击中，他随即

① 弗朗索瓦一世（1515–1547），一位传奇式的国王，几乎终其一生都在与哈布斯堡家族争夺意大利。1547年，弗朗索瓦一世病死，其子亨利继位。

② 当时欧洲还处于帝国统治。帝国皇帝通过竞选产生。当时的帝国皇帝是1519年上位的西班牙国王、哈布斯堡家族的查理。建立了包括帝国、西班牙、尼德兰、意大利在内的大帝国。法国国王弗朗索瓦不甘心在竞选中失败，与帝国皇帝查理发生了多次战争。

倒地。我为他包扎，上帝治愈他。

我们混乱地入了城。路过许多死尸，也有些还没死。我们听见他们在我们的马蹄下不断呻吟。他们的痛苦让我感到难过。看到如此可悲的场景，我真后悔离开巴黎。入了城之后，我走进一个马厩，想要拴住我和上校的马。马厩里面有七个士兵，四个已经咽气，还有三个虚弱地靠在墙上。他们没有了在战场上的神气，他们不看不听也不说话。这三个士兵被火焰灼燃的衣服仍在燃烧。

正当我心存怜悯地看着他们时，一个老兵走了进来，问我是否可以治愈他们。我说不能。这个老兵听后直接走过去切断了他们的喉咙。他的这一举动并不显得残忍，反而显得温柔而毫无恶意。看到如此残忍的画面，我说他是个恶人。他回答说，他曾向上帝祈祷，如果他自身陷入了如此的境地，他希望有人能对他做他刚才所做的事情，让他早一些脱离痛苦。

现在，回到我的故事上来。敌方如同我方所要求的那样最终投降，保全了性命，手持白色手杖离开了城。他们大多前往城堡，有大约二百名西班牙人在那里驻扎。蒙·康斯坦堡不会留下这些隐患，他希望我方人员继续前行扫清道路。

城堡坐落于一个小山丘上。这一有利地势让那些身在其中的人有了足够的信心，他们坚信我们不会用大炮去轰炸他们。我们要求他们投降，不然将会把他们砍成碎片。他们答复道，他们如同蒙·康斯坦堡是他国王忠实的随从般，他们也是他们帝国皇帝最可靠的仆人。

于是，晚上我们的人在瑞士士兵和雇佣兵的帮助之下，架起了两台加农炮。但是，当夜运气不佳，当加农炮准备就位时，一名炮手不小心向一个装满了火药的袋子开了火。他和其余十几个士兵均被烧伤。这样一来，整个晚上，城堡里面的人不停地用火绳枪向他们看到加农炮的地方开火。我们的人死的死，伤的伤，损失惨重。

第二日，攻击开始，我们很快在他们的墙上制造了一个缺口。此时，他们才要求停战谈判，但为时已晚。没多久，我们的法国步兵团就突破了缺口，杀入城中，杀了个片甲不留。我们救出了一个年轻美丽的皮埃蒙特大区的女孩，献给我们伟大的君主。敌方的上尉和少尉均被活捉。没过多久，他们就被吊死在碉堡门口的草垛上，杀一儆百以示威严，提醒敌方士兵不要轻率狂妄地想要抗击如此伟大的部队。在交战时，看到我方士兵勇猛地冲了进来，躲在城堡之内的士兵使出了浑身解数来保全自己。他们用矛、火绳枪和外科医生从他们体内取出来的石子扔向我们，我们的士兵也死伤不少。

在那时，我还是一个没有见过世面的随军医生。在此之前，我从没有给别人包扎过枪伤。我确实读过约翰·德·维格写的那本关于一般伤口的书。在第八章中，他指出，由枪炮武器造成的伤口由于沾上了火药，所以具有毒性。要治疗这种伤口，他建议把烧得滚烫的老油，与糖浆混合，涂抹在伤口上，为伤口消毒。我知道这种方法会给病人带来极大的痛苦。为了保证万无一失，在试用这种所说的油之前，我咨询了其他的外科医生，关于首次包扎方面的问题。他们的方法是，让这种油完全沸腾，与支架和泄液线一同植入患处。这样，我才鼓起勇气开始进行首次包扎。然而，伤员太多，我的油很快就用完了。我被迫用另一种我自创的，由蛋黄、玫瑰油和松脂制成的消毒剂来代替它。

那个晚上，我无法安然入睡。我害怕因为我没有烧灼以消毒，会导致病人因为伤口感染而死亡。一大早，我便起来看望那些伤者。那些用了我自创的消毒剂的病人的状态，大大出乎了我的预料。他们的伤口没有显示出一点发炎或者肿胀的症状，而且药剂还让他们在夜里睡得很安稳。而那些用了滚烫的药油的病患，反倒出现发热的症状，他们感到疼痛难忍，伤口边缘还有肿胀的迹象。病患的表现让我下定决心再也不用烧灼的方法去给那些受到枪伤的可怜病患增加痛苦了。

在都林期间，我听说当地有个以治疗枪伤而非常出名的外科医生。在他的帮助下，我完善了我的消毒剂，还拿到了这位医生专门用来包扎枪击伤口的药油。我虚心学习，并向他请教，两年之后，他把处理伤口的药油的配方送给了我。这个药方需要百合花油、刚出生的幼兽、蚯蚓和威尼斯松脂混合，进行熬制。这种药油非常有效。

这就是我怎么样学会治疗枪击伤口的方法，这种方法并不是来源于书上。

我所侍奉的主人马歇尔·蒙特加仍任国王在皮埃蒙特大区的上校。他拥有十几万兵士，驻扎在边塞各城和城堡各处。这些人经常发生冲突，用剑甚至是火绳枪打斗。如果有四人受伤，我一般负责治疗三个。如果需要截肢、环锯或者治疗骨折和脱臼，我一般全部都揽下。马歇尔中校把都林各个地区的士兵的外科治疗委托于我，所以我经常辗转于各地包扎伤员。

不久，马歇尔中校因为肝病，被送到了米兰的一位医师那里治疗。那位医生非常有名，他有丰富的学识和出色的实践经验。但尽管如此，中校最终还是死于肝病。

这位医师有一段时间来到都林为马歇尔治疗，他也经常被叫去拜访伤员，所以他经常看到我。我习惯于与他以及其他的外科医生相互咨询讨论。而一旦我们下决定要做一些紧急的外科手术时，一定是我主刀。我可以果断而有技巧地保证手术的实施。就因为如此，这位医师对我在如此轻的年纪就对外科手术轻车熟路感到惊奇。有一天，与马歇尔交谈的时候，他对马歇尔说："你拥有一个年轻的外科医生，但是他经验丰富，知识渊博。好好对待他，因为他将为你服务并为你带来荣耀。"但实际上，这个好人并不知道我曾在巴黎主宫医院待过，治疗过三年的病人。

最终，马歇尔因肝性泄去世。他死后，国王把我叫到了他的宫殿，他要求我和他同住，他将对我如同马歇尔·蒙特加一般好，或者更甚。这是我无上的光荣，但是我不能够这么做。因为我失去了至亲至爱的主子，我为他的离去感到无限的悲伤。所以，我回到了巴黎。

法国莫拉莱斯布列塔尼游记

1543年

蒙·德·伊斯坦皮，布列塔尼的长官，向国王汇报说，英国人已经扬帆向着布列塔尼前来。他请求国王派遣蒙·德·罗翰和德·拉瓦勒这两个这个地区的庄园主来帮助他。因为有了他们的帮助，乡里的人就能够打退英国军队，避免其登陆布列塔尼。

听到这个消息，国王即刻派遣这两位庄园主回他们的领地帮助其人民。这两个庄园主被授予了和地方长官相同的权力，成了国王的中尉。他们愿意承担职责迅速进行部署，并把我带到了兰德瑞（Landreneau），作为这一行人的外科医生。

在那里，我们发现，大家都全副武装。四面八方都响着警报声，因为足足有五六个村落联盟散落在各个港口周围。它们包括：布雷斯特港、顾奎特、卡松市、拉佛、多拉克、兰德尼克。每个港口都装备了大炮，有的是加农炮，有的是半加农炮，士兵都配备了火枪、步枪、火绳枪，甚至还有猎鹰导弹。简而言之，集结在一起的人们，都已经全副武装，还有来自布列塔尼和法国的许多士兵助阵。

我们的加农炮刚好正对敌人的军队：当我们发现他们企图登陆时，我们就用加农炮攻击他们，彰显我们的武力。因此，英国人很快逃回到海上。

看到他们的船只起航我非常高兴。令人佩服的是，尽管他们船只众多，但撤退的秩序井然，如同一片森林在海水中移动。我还看见了一件让我感到惊奇的事情，那就是，当加农炮射出去的时候，炮弹会在海上飞行良久，如同擦过地面一般擦过水面。

现在长话短说，英国人没有对我们造成任何伤害，他们也安安全全地回到了他们的地盘，再也没来骚扰我们。我们一直待在那个边塞小地，直到我们确认英国人的军队已经被完全驱逐了。

这次战争之后，我们勤加操练士兵，让士兵习惯在听到警铃之后练习跑步，或者击剑。在操练的过程中，总有人会陷入麻烦，受点小伤。这样一来，我就有事可做了。

为了给庄园主蒙·德·罗翰和德·拉瓦勒，以及其他绅士，带来一些娱乐和消遣，蒙·德·伊斯坦皮找来一群乡村女孩，让她们用布列塔尼口音唱歌——她们的和声就如发情的青蛙呱呱叫一般。他还让她们跳布列塔尼地区的舞蹈崔奥里（triori），这种舞蹈不用挪动双脚或者扭动臀部，只需扭动手臂就非常优美动人——这让这些绅士见识到了许多精彩的事物。

在其他一些时间，他们会让城镇和村庄里的摔跤手来这里，这里有一个擂台，每次会产生一位胜利者，也就是擂主。任何人都可以向擂主挑战。在搏斗的过程中，如果没有人断手断脚，或者肩膀或臀部脱臼，这项运动是不会停下来的。

在布列塔尼有个矮小但却强壮的男人，以他的技巧和力量，足以把五六个人打翻在地，是摔跤领域的佼佼者。有一个高大的丹特弗（Dativo）男人来此和他较量。他是一名教员，据说是整个布列塔尼数一数二的摔跤好手。他走入竞技场，脱下他的长袍扔在一边，仅穿着紧身裤和紧身衣。那表情和气势，看起来仿佛那个矮小的男人已经被绑在了他的腰带上一般。

虽然如此，当他们互相抓住对方的肩膀时，很长一段时间都没有动静，陷入僵持状态。我想，他们应该在力量和技巧上势均力敌。但是突然之间，这个矮小的男人跳到了这个大汉身后，抓住了他的肩膀，把他摔倒在地，像青蛙一样四脚朝天。这时，在场的所有人都大笑了起来，都惊异于这个矮个子的技巧和力道。这个大汉对被如此矮小的一个人摔倒在地感到非常恼怒。他怒气冲冲地站了起来，准备报复。他们再一次紧紧地抓住对方的肩膀，再一次僵持着。最后，这个大个子故意摔倒，在摔下去的过程中，他用他的手肘狠狠地撞击矮个子的胃部凹处——那正是心脏所在的位置。矮个子的心脏遭受剧击，人也当场倒地。大个子知道自己的一击是致命的，所以他很快拿起他的教士服，飞快地离开了。

这时，慌乱的人们来到矮个子面前，但是不管人们给他灌酒，还是喂醋，还是其他任何东西，矮个子始终没有醒过来。我走上前，试了试他的脉搏，它不再跳动了。于是，我告诉大家，他已经死去了。

那些协助摔跤的布里多尼人，用他们的地方语大声说："这项运动不是这样的。"也有人说，这个丹特弗人肯定会这样做的，他们已经习以为常了。去年他就在摔跤时，做过和这一模一样的缺德事。

我必须要解剖尸体，才能知道这个摔跤手猝死的原因。我看到他的胸部有大量的血，这些血来自身体内部的伤口。我试着寻找伤口，但是从现在这个角度，我找不到。最后，这个可怜的摔跤手被人们安葬了。

我离开蒙·德·罗翰、德·拉瓦勒和蒙·德·伊斯坦皮。蒙·德·罗翰给了我五十杜卡特和一匹马作为礼物。德·拉瓦勒也给了我的随从一匹老马。蒙·德·伊斯坦皮则赠给我一颗价值三十克朗的钻石。

随后，我回到了我在巴黎的家。

佩皮尼昂游记

1543年

不久之后，蒙·德·罗翰带着我前往佩皮尼昂的营地。我们到达那儿时，敌人包围了我军的三处大炮。我们将他们打回到城门口，双方死伤不多。

但是受伤的人之中，有蒙·德·布里萨克。他是当时我方的弹药大师，不幸的是，他的肩膀中了敌人的火绳枪。他退回他的帐篷的时候，所有受伤的人都跟着他。这些伤员希望外科医生在给他包扎的时候，也能给自己包扎一下。

蒙·德·布里萨克回到他的帐篷后，躺在床上。三四个军队中最好的外科医生一同寻找他体内的子弹，但是都没有找到。最后，他们只能说子弹已经进入了他的身体内部。

最后，蒙·德·布里萨克叫我来看看——他在皮埃蒙特大区的时候就已经听说过我了，他也想看看我是否比这些外科医生医术更高超。

我叫他从床上起来，摆成与他中弹时相同的姿势。他照做，拿着一根手杖在他的手中，就如他在战斗中拿着他的矛一般。我用手触摸他伤口周围，发现了那颗子弹。找到子弹之后，我向在一旁旁观的人展示了子弹所在的位置。

之后，蒙·德·拉威尔取出了子弹。蒙·德·拉威尔是这个军队中皇太子的外科医生（皇太子担任国王的中尉）。但是发现这颗子弹的功劳在我。

在这里，有一个非常奇怪的病例。我在那里的时候，一个士兵用戟殴打了另一个士兵。戟直接戳进了这个士兵的左脑，但没有贯穿到底。那个肇事者带着受伤的人到我这里来，只是固执地说，这个受伤的人在掷骰子的时候作弊，从他这里骗走了一大笔钱，并且这个受伤的人经常做这种事情。他们叫我为他包扎。我知道这个人命不久矣，但还是为他做了最后一次的包扎。

我为他包扎之后，他独自走回了他的营房。他的营房距此地至少有两百步远。我叫他的一个同伴去找一个牧师来，为他的灵魂超度。他的同伴找到了一个牧师，这个牧师此后的几天一直陪着他。

第二天，这个左脑受到严重伤害的人并没有如我料想的那样死去，而是派了他的女儿来，请我到他家里为他换药，并重新包扎。我很害怕他会在换药和重新包扎的过程中死去，于是我告诉那个女孩，说换药需要在首次包扎之后的第三天进行——我很确信他活不到那个时候。

第三天，他的女儿扶着他，摇摇晃晃地来到了我的帐篷。他给我看他的钱包，里面有很多黄金。他苦苦哀求我，为他再次包扎，还说我想要什么他都会给。然而，我还是婉拒了他，因为一旦我再次进行包扎，他肯定会马上死去。

后来，一些绅士也帮他向我请求，要我去帮他再次处理伤口，我只好照做。然而，在我包扎的过程之中，他死于痉挛。那位牧师一直陪着他走到了最后，他抓住这个人的钱包，避免其他人拿走它。最后，他拿走了钱包以及其他的一切，说会为这个可怜的人做弥撒。

这个病例最让我困惑之处在于：这个士兵的大脑受到重击之后，他并没有跌倒在地，而是一直保持理智，直到生命的终结。

不久之后，营地因为以下几点原因解散：

首先，有四队西班牙人进入了佩皮尼昂，我们的情况很危急。

其次，营地瘟疫四窜，已经到了难以控制的地步。

最后，本地老百姓警告我们，海水将会涨大潮，这也许会把我们都淹死——他们所说的这些还是有征兆的，当时有一股异常强劲的海风，海水水位因此升高了很多。我们虽然已经尽力去保护帐篷，但海风过后，几乎没有留下完整的帐篷，都是破的破，倒的倒。营地厨房的房顶也被掀翻了，海风带来的尘埃和沙子，直接覆盖在我们要食用的肉上。这样一来，我们根本无法食用这些肉了。我们只能在茶壶或者其他有盖子的容器里面烹饪食物。

当地人的警告是正确的，我们的营地转移得不够及时，许多手推车和手推车主、骡子和赶骡人都淹死在了海里，包裹行李也基本上没了。

营地解散之后，我回到了巴黎。

兰德瑞斯游记

1544年

国王在兰德瑞斯集结了一支强大的部队。而他的对手的武装力量并不比他的少——甚至更多：八万德国人、一万西班牙人、六千瓦龙人、一万英国步兵以及三万到四万的骑兵。

这两支队伍的规模很接近，他们互相用加农炮攻击对方，除非有一方胜利，否则他们中的任何一方都不会退兵。还有一些愚昧的绅士，非要接近敌军的营地，敌军向他们射击，时不时有绅士死去，没死的也会缺胳膊少腿。

最终，国王达到了他去兰德瑞斯的目的，于是在1544年万圣节的第二天，军队撤回了吉斯。我也从吉斯回到了巴黎。

布洛涅游记

1545年

过了不久，我们去了布洛涅。在布洛涅的英国人，看到我们的军队来临，立刻舍弃了他们占领的碉堡逃离出去。这些碉堡有：莫兰伯特城堡、伊甸园城堡、莫普拉斯城堡、沙帝勇城堡、让·波特城堡、达德罗特城堡。

一天，正当我去营地包扎伤员时，驻扎在德·奥德瑞塔的敌军突然向我们开炮，想要杀死我军两个停下来说话的武装人员。炮弹从其中一个人的身旁擦过，他跌倒在地，我们以为炮弹击中了他，但是其实没有。弹药从他的身旁狠狠地擦过他的盔甲，这股冲击力使得这个士兵没有盔甲保护的大腿瞬间变得青紫发乌，他几乎站不稳了。我替他包扎，用了很多办法把被弹药擦过的地方的瘀血放出来。

因为炮弹在地面爆炸，四名士兵被炸死，他们的尸体仍在原处。我离这次射击的地点不远，可以感受到灼热的空气。我虽然没有受到任何的伤害，但是着实吓了一跳。尽管炮弹已经离我身旁有一段距离了，我仍把头埋得非常低。士兵们开始嘲笑我，因为我对一个已经飞过去的炮弹显得非常紧张。

莫·佩蒂特·斯特尔，我想如果你当时在场，害怕和丢脸的将不只是我一个，你肯定和我一样。

德·吉斯殿下和弗朗索瓦·德·洛林来布洛涅之前，殿下被一根长矛刺伤。长矛从他的右眼朝着鼻子的方向穿入，从另一边脸上耳朵和后颈的中间地带穿出来。因为有非常强劲的力道，木制的长矛顶端破裂，但是仍旧紧紧地扎在肉里。所以，用史密斯钳子这种比较强劲的工具取出它并不怎么安全，容易造成骨头断裂，神经、血管和动脉破裂，也会使其他部位撕裂或者损坏。因为上帝的仁慈，我的主子，才得以被治愈。他习惯于在战斗的时候仰起脸颊，这就是长矛穿透他的脸颊的原因。

德国游记

1552年

我于1552年同蒙·德·罗翰一起远征德国。蒙·德·罗翰上尉拥有五十个武装人员随行。如同我之前所说，我作为外科医生与他们同行。

这次远征中，蒙·康斯坦堡是军队的将军，蒙·德·沙帝勇是步兵团的首席上校，他之后成了海军上校。在他之下，有两个佣兵团，分别由热克洛德和瑞格拉维担任上尉。每个佣兵团底下又各有一个小佣兵团。每个团都有十面军旗，每面军旗可以调遣五百名士兵。除了这些，还有沙尔特上尉带领的部队。这支部队是国王从新教王子那儿得到的。这个步兵团非常的精良，拥有一千五百名武装人员，每名武装人员都拥有两名弓箭手，共有四千五百匹马。

之外，蒙·德·奥美勒为帅，带领轻骑两千、火绳枪手两千，护送随同去消遣的贵族。

国王[①]由两百王室贵族以及众多王子相随，听从庄园主德·波伊斯和德·卡纳皮的指挥前往。为了护送国王，保护他的安全，同行的还有法国、苏格兰和瑞典侍卫。随行步兵超过六百人，长矛总数达到四百根。包括德·吉斯殿下、德·奥美勒和圣·安德鲁元帅，都在随行人员之内。

这真是一件让人叹为观止的事情，在如此众多的人马保护之下，国王到达了图勒和梅茨。

我必须简短地说一下，蒙·德·罗翰、伯爵德·桑塞尔和德·亚尔拉克一行五十人马，正逐渐接近营地。只有上帝知道我们的食物多短缺。我在蒙·德·罗翰面前建议三次，说我们可能会由于饥饿而亡。我这样做并不是为了钱，因为我拥有足够的财富。我们没法用暴力得到食物，因为乡村的人把食物都收起来了，送进了城镇和城堡。

蒙·德·罗翰一行中一个上尉的仆人与其他人一起去了农民们避难的教堂，想要获取人们的同情心或者通过暴力得到食物。但是事情变得更糟了，他回来时，头上多了七道剑伤。伤得最轻的地方，伤口也已经到达了头骨的内层。他身上还有其他的伤：胳膊上有四道伤口，右肩上有一道伤口，肩胛骨被砍伤了一半之多。他被带到了他的主子的住所。他的主子看到他被伤得已经不成人形，觉得他已无治愈的可能，就命人为他搭建了一座坟墓，想要将他掩埋于此。还说如果不这样做的话，那些农民会更加残忍地对待他并且杀了他。

出于同情，我告诉他，如果好好地治疗和包扎这个人的话，他还有活

① 此时的国王是亨利二世（1547—1559），继承父志，继续与帝国对抗。

下来的可能。因为我愿意治疗这个人，许多同行的绅士都表示愿意带着他。他的主子同意了我的请求。我简单地处理了这个人的伤口之后，他被放入了一辆小车之中。小车由一匹马拉着，里面精心添置了一张被褥齐全的床。我成为了他的外科医生、药剂师、医师以及厨师。我一直陪着他，直到他完全康复。我为他包扎，上帝治愈了他。这样一来，这一行所有的人都为这个人的康复感到惊奇万分。

蒙·德·罗翰集结了他一行的所有武装人员，他们每个人给了我一个布朗，弓箭手则每个人给了我半个布朗。

丹维利尔斯游记

1552年

在对德国军远征回来的途中，国王派遣军队包围了丹维利尔斯。然而，丹维利尔斯的人不愿投降，形势对他们非常不利。不过，值得一提的是，我们的火药不够。战斗开始了，敌军狠狠地向我们的人射击。一颗火枪子弹射穿了蒙·德·罗翰的帐篷，击中了他家族一名绅士的腿。我不得不截下他的这条腿。但是，我并没有使用惯常要用到的烧红的铁棍。

国王派人送来了弹药。我方开始疯狂地反击，很快就找到了一个突破口。蒙·德·吉斯和康斯坦堡在国王的住所向国王汇报了这件事。他们一致决定第二天突击这个城镇，并对战斗的胜利满怀信心。这件事情必须保密，一旦敌军得到这个消息，形势就会逆转。在场的每个人都保证会守口如瓶，不会对任何人说起。但是在他们讨论的当下，国王的一个男仆正蹲在国王的床下，偷听到了这个秘密决定。这个男仆把这件事情告诉了一个他熟悉的上尉，男仆希望上尉不要告诉其他人，但是，上尉并没有守住承诺，他立即告诉了另外一个上尉。就这样，一传十，十传百，最后连军队中的一些士兵都知道了这件事。滑稽的是，每个人在告诉另一个人的时候，总说：不要告诉任何人。

就是在这样的保守秘密的方式之下，第二天清早，突袭即将进行，但是士兵们却出现了骚乱。国王听到了流言，亲自到营地里看究竟发生了什么事情，他很快就发现了本该只有包括自己在内的三个最高指挥官知道的事情，却连最普通的兵士也知道了。

国王派人叫来蒙·德·吉斯，想要知道他是否曾向他人提及这次突袭。蒙·德·吉斯坚定地向国王发誓，他绝对没有把这件事情告诉任何人。蒙·康斯坦堡也说他没有告诉别人。他建议国王彻底查出到底是谁把这个秘密泄露出去的，因为当时毕竟只有他们三个人在场。国王派人询问各个长官。最终，他们发现了真相；因为其中一个长官说道："是这么一个人告诉我的。"另一个长官也这么说，直到追溯到源头的那位长官。那位长官声称他是从国王寝宫的一个男侍那里得到这个消息的。

这个男侍名叫葛亚德，布洛瓦本地人，是上一任国王的理发师的儿子。国王派人找葛亚德来问话，蒙·德·吉斯和康斯坦堡都在场。他们问葛亚德是从何处得到此消息的，如果他不说出实情的话将对他实行绞刑。于是葛亚德说，他当时在国王的床底下想要小憩一会儿，不小心听到了这个消息。于是把这次突袭的事情告诉了那位上尉，那位上尉是他的朋友，这样一来他的朋友可以提前让他的士兵做好准备，首个冲入城中进行突袭。

国王知道了真相，首先免除了葛亚德的男侍身份，并告诉他，他所做的事足以绞死他，但国王网开一面，免除他的绞刑，只是禁止他再次出现在宫廷之中。

那晚，男侍不能再睡在国王的寝宫中，只好和国王的御用外科医生圣·安德鲁·路易斯一同入睡。夜深人静的时候，他拿着刀子捅了自己六刀，最后割断了自己的喉咙。外科医师到第二天早晨才发觉他的床上满是鲜血，葛亚德的尸体横在其上，惨剧已然发生。他被自己一睁开眼所见到的景象吓了一大跳，害怕别人说是他谋杀了葛亚德。但是医生很快就释然了，他知道这个惨剧之所以会发生，就是因为葛亚德失去了国王的信任和友谊，这足以令他感到绝望。之后，人们安葬了葛亚德。

丹维利尔斯的士兵们，看到我军打开的突破口已经足够大，我们的人完全可以轻松攻进去，我们的士兵也已经准备好了对他们的袭击，于是，他们主动投降以得到我们国王的从轻处理。我们囚禁了他们的长官，卸下了士兵的武装，放走了他们。

国王遣散了营地，而我带着我的病人（截下了一条腿的绅士）回到了巴黎。我为他包扎，上帝治愈了他。我为他装上了一条木制的假肢，送他回到了自己的家。这位绅士非常满意，说他捡了个大便宜，没有承受被火灼伤口的痛苦。

莫·佩蒂特·斯特尔，那种令人痛苦的方法也就是你书里所指的那种方法。

伯爵城堡游记

1552年

不久之后，国王亨利集结了三万大军，进军埃丹，要把埃丹夷为平地。纳瓦拉国当时的国王，名叫蒙·德·温多斯米，是这支军队的首领。他带着他的军队经过法国圣·丹尼斯时，派人到巴黎找我说要和我谈谈。我赶去与他相见，他请求我（他的请求实际上是命令）随他一起征战。

我想以我妻子卧病在床为借口推脱，但他告诉我，他将派医师到巴黎去为我妻子看病，这个医师和我一样医术高明。他还说，他会好好地对待我，并要求我立即加入到他们的随行人员中来。看到他如此强烈地想要我一同随行，我实在不忍心拒绝他。

在他之后不久，我也到达了伯爵城堡。国王的士兵和很多从乡村来的农民都驻扎在这个边塞上。蒙·德·温多斯米催促他们投降。敌军回答说，他们即使被撕成碎片，也绝对不会投降。即使蒙·德·温多斯米再凶猛，他们也会竭尽全力保护自己。

他们的护城河里面积满了水，他们非常有信心，相信护城河一定会阻挡我们。但是出乎敌人意料的是，我们在接下来的两个小时，用柴把和木桶在护城河上搭建了一条路，足以让我们的步兵通过。这时，他们就必须正面迎击了。

我们用五台加农炮轰炸他们所处的地方，打出了一个很大的缺口，我们的人可以通过缺口进入敌军的地盘。但是缺口处的敌人非常猛烈地反击，用火绳枪、长矛和石头打死、打伤了不少我们的人。最后，他们发现自己已经被我们完全压制了，情急之下，他们就点燃了火药和炮弹，许多我们的人都被烧伤，他们自己也有不少人受伤。几乎所有的敌军都自杀了，但我们的士兵还是抓到了二三十个俘虏，想要拿他们换取赎金。但是军队首领知道这件事后，用喇叭传达命令说，所有抓到俘虏的人都必须杀掉这些俘虏，违者将处以绞刑。这真是非常的冷血。

随后，我们的军队烧毁了一些村庄。村庄中的许多谷仓都装满了粮食，我对此感到非常的惋惜。我们一直追击到托纳翰（Tournahan）。那里有一个非常大的塔，本该是敌人撤退的地方，但是此刻里面空空荡荡。我们的人把这个地方洗劫一空，并在此埋下火药，彻底炸毁了这座塔。随后，营地被遣散，我回到巴黎。

伯爵城堡被占领的那天，蒙·德·温多斯米派了一个绅士向国王报告这边所发生的一切。汇报完军事方面的事情之后，他告诉国王我在包扎伤员方面做得非常出色，并向国王展示了我从伤员体内取出的18颗子弹——其实还有许多我没有取出的子弹。他讲了我许多好话——我连一半都不及。最后，国王说，他将让我为他效劳，并让他的首席医师蒙·德·高维尔将我的名字列入国王的御用医生之中，并要求我在十至十二天之内去兰斯参见他。我遵命，在规定的时间去参见了国王。国王给了我荣耀，让我住在他附近，还说他将对我友好相待。我以最虔诚的姿态感谢国王能够给我如此的荣耀，让我成为他的御用医生中的一员。

梅茨游记

1552年

冬天最冷的时候，帝国皇帝派遣十二万士兵包围了梅茨。我依然清晰地记得，在城内驻守的有五六千人，其中包括七位王子、国王的中尉蒙·德·吉斯、德·昂吉安、德·康德、德·拉·蒙特彭思尔、德·内莫尔斯以及其他许多绅士，一大群退休的老上尉和官员——他们经常出航抗击敌军（这个我之后将会提及）。战斗开始后，敌我都伤亡惨重。

我们的伤员基本都死亡了，大家认为问题出在我们所用的药物上。因此，蒙·德·吉斯以及王子们不远千里，祈求国王派遣我去治疗伤员，顺便对药品进行补给。他们看到不少伤员逃走，所以坚信他们的药品被下了毒。然而，我觉得问题没有出在药品上，而是由于伤员受了严重的刀伤和火绳枪伤，再加上如此酷冷的天气状况，才造成如此多的人死亡。

国王给在凡尔登的中尉元帅德·圣·安德鲁写信，要求他不管用什么办法，无论如何都要让我进入梅茨。元帅德·圣·安德鲁和元帅德维阿勒维尔贿赂了一个意大利上尉。这个意大利上尉承诺会让我进入那个地方，他并没有食言（因为他得到了150布朗）。国王一知道这个意大利上尉会承诺让我进入，就派遣我带着他的药剂师旦因纳同去，并带上我认为一切治疗伤员所需要的药品入城。在出发的时候，驿马能驮多少药品，我就带了多少药品。

国王还叫我带信给蒙·德·吉斯和梅茨城内的王子和上尉们。过了几天，我到达了凡尔登，元帅德·圣·安德鲁为我和我的人以及意大利上尉备马。意大利上尉除了懂本国语言之外，还说一口流利的德语、西班牙语和瓦龙语。当我们据梅茨不到十里格[①]路程的时候，我们决定仅在晚上赶路。当我们靠近敌人的营地大概一个半里格时，我看见整座城被火把照得透亮，仿佛着了火一般。我觉得我们绝对不可能在不被发现的情况下穿过这样的地方。一旦我们被敌军人员发现，就会被绞死或者剁成肉酱，或者是用来换取赎金。说实话，我预见到了前方巨大的危险，倒希望我现在待在巴黎。上帝保佑，我们的前行出乎意料地顺畅。多亏了上尉和蒙·德·吉斯的上尉互发的信号弹，我们在午夜的时候入了城。我到的时

① 欧洲和拉丁美洲一个古老的长度单位。法国也使用类似的单位（法文：Lieue），定义为10000至14400法尺（3.25～4.68千米）不等。

候，看到蒙·德·吉斯在床上，他非常赞赏地迎接我，说我到的正是时候。

我向他传达了国王的信息，还告诉他有一封国王写给他的信，明天我一定拿给他。然后，他为我安排了一个非常不错的住所，那里将有人好好地服侍我。他告诉我说，明天早晨务必去突破口，因为所有的王子、庄园主和上尉都在那里等着我。第二天一早，我就去了突破口那边，他们见到我都非常地高兴，拥抱我并说他们非常欢迎我的到来。对此我感到非常的荣幸，还说他们即便不小心受伤，也不会再害怕死亡。

德·拉·拉罗什王子首个招待了我。他向我询问皇宫对梅茨城现在所处情形的看法。我有选择地告诉他了一些情况。随即，他就要求我去看看他的一个叫作蒙·德·马格纳绅士手下。蒙·德·马格纳现在是国王的手下，护国军的中尉。他的一条腿被加农炮击中受了伤。他的腿呈弯曲状，整个人蜷缩在床上。伤口没有包扎，因为有一个绅士曾以他的名义和职位向他信誓旦旦地承诺会治好他（这个可怜的病人因为疼痛，在床上不停地呻吟，在过去的四天里没有闭上过眼睛）。我对这虚假的诺言嗤之以鼻，我帮他处理了伤口，并为他包扎。我做这一切都具有一定的技巧，病人没有感觉到一丝的疼痛，终于睡了一整夜。之后，感谢上帝，他的伤口治愈了。他现在仍然在世，为国王做事。

德·拉·拉罗什王子送了一桶酒到我的住所，比一桶昂儒[1]的酒还大。他告诉我，喝完了以后他再派人送来——他是这样慷慨地对待我。这件事之后，蒙·德·吉斯给我了一张单子，上面有一些上尉和庄园主的名字，他命令我按照国王的要求拜见他们。我一一去见了这些人。我的任务其实就是帮国王向他们表示感谢，感谢他们为保护梅茨城所做的一切，国王还说他会记住他们的这些功劳。我花了整整八天时间来完成这个任务，因为要见的人着实太多。这些人包括所有的王子，还有贺拉斯伯爵、德·马提格斯、德·马提格斯子爵、他的兄弟蒙·德·宝格、庄园主德·蒙特莫伦

① 昂儒（法语：Anjou，也被译作安茹）是欧洲西部的一个古国。1480年，法王路易十一将其并入王室领地，是欧洲重要的葡萄酒产地之一。

西和唐伟尔、元帅蒙·德·拉夏贝尔、埃克斯·而辛、波利维特、卡洛格、鲁昂的长官德·沙特尔·魏德密、德·鲁德子爵、蒙·德·比隆，此外还有许多人，如果一一道来，就太花时间了。我还拜访了许多上尉，他们完美地履行了捍卫生命和梅茨城的职责。

这件事做完之后，我想询问我该用我带着的这些药品做些什么，蒙·德·吉斯命令我把药品分给外科医生和药剂师，更主要的是分给那些可怜的受伤的士兵。受伤的人员众多，都住在医院。我照做了，每个伤员都想叫我去治疗和包扎他们，但实际上，我实在是顾不上去看所有的伤员。城内所有的庄园主都要求接受我的特别治疗。在剩下的人之中，蒙·德·皮埃纳在突破口的时候，被加农炮中射出的石头击中，受了伤，骨头也骨折了。他们告诉我说，蒙·德·皮埃纳一被击中，他就如同死人般倒地，口、鼻、耳均开始冒血。他已经连续十四天不省人事，说不出话，只是不停地呕吐。他开始出现痉挛性颤抖，整个脸肿胀呈青灰色。我在他的颞肌那边的额骨上方进行了环锯。进而和其他的外科医生一起为他包扎，上帝治愈了他，感谢上帝，他直至今日还活着。

帝国皇帝不舍日夜地用双筒加农大炮攻城。蒙·德·吉斯看出这些大炮是想制造一个突破口，就命人把周围房屋推倒，做成壁垒。把横梁和托梁都竖立起来，并在它们之前放入柴把、泥土、床板和羊毛卷。然后，在这些壁垒之上，和之前一样放置横梁和托梁。郊外的房子是木制的。这些房子都被拆掉，以防敌人利用这些木头来做掩护。

填补突破口的工作进行得非常顺利，大家都日夜赶工，不辞辛劳地搬运泥土来填补这个突破口。所有王子、庄园主、上尉、中尉等都搬着篮子为士兵和城内的人做表率。甚至连那些没有篮子的女孩，都利用大气锅、背篓、麻袋、床单等东西来搬运泥土。这样一来，敌人打倒了前面这堵墙之后，发现在它之后还有一个更为坚实的壁垒。

围墙倒塌后，我们对外面的敌人大声叫喊：“老狐狸，老狐狸，老狐狸！”双方都用言语攻击对方。蒙·德·吉斯禁止任何身负重伤的人和外面的敌人进行言语上的交流，以防一些城内的叛变者凭借这个机会把城内糟糕的情况透露给敌方人员。这个命令发出之后，我们的人把活猫拴在长矛的一端，然后把这些猫举到墙上，和猫一起叫着：“喵，喵……”

果不其然，帝国皇帝的士兵变得更加的愤怒，他们费尽力气才在我们的围墙上打了一个八步宽的缺口，这个缺口使他们伤亡惨重。本来他们的五十名士兵可以冲进城，却发现在缺口的围墙之后，是一个更加坚实的壁垒。他们扑向这些可怜的猫，像打鹦鹉一般，用火绳枪射击这些猫。在蒙·德·吉斯的命令之下，我们的人时不时地出去迎击他们。

几天之前，我们成立了突击队。这些队伍主要由年轻的贵族组成，由作战经验丰富的队长们带领。实际上，对于这些年轻的贵族来说，这是一个很好的出城迎敌的机会。他们装备齐全，配备火枪、火绳枪、手枪、长矛和各种戟。通常来说，他们一行一百或者六十人共同出击，前行至战壕处，出其不意攻敌人于不备。这时，警报响彻敌人的军营，他们会把战鼓敲得“咚咚”响。同样地，敌人会吹响军号，在喇叭上大声地呼喊：“准备马鞍，上马。”所有敌军士兵都大叫：“武器！去拿武器！”——就像是狼群来袭时的大喊大叫。

敌军的这些士兵都来自不同的地区，各种地区的口音混杂在一起，你可以看见他们从帐篷和狭窄的住所出来，多如掀开蚁丘所能看到的蚂蚁，去救他们的同伴。他们的同伴正如同羊羔一样被我们的人割破喉咙。敌方的骑兵“啪嗒，啪嗒”地从各方火速赶来。他们急切地想要深入战争最为激烈的地带奋勇杀敌。

我们的突击队受到了强烈的攻击，他们一边迎击一边慢慢地退回到城中，追上来的敌军都被我们的加农大炮逼回。这些加农炮里上着打火石、大铁片，城墙上的人把大炮摆成一排，齐齐地扫射敌军，炮弹如同暴雨般倾盆而下，送敌人上西天。战场上有许多尸体，我们的人受伤的也众多，有许多人永远地留在了战场。他们面带微笑，光荣地倒在了荣耀的暖床上。如果有受伤的马匹，士兵们就剥下它们的皮，再吃掉它们，用以代替牛肉和培根。如果有人员受伤，我则必须火速赶到现场去为他们包扎。

这之后的一段时间，我们经常进行这种令敌人头疼的突击。面对这样的突袭，敌人根本无法安心入睡。

蒙·德·吉斯对敌军耍了个小计谋：他给了一个毫无心眼的农民两个布朗，吩咐他送两封信给国王。还承诺如果他把信送到国王手中，国王将会赏赐他一百个布朗。蒙·德·吉斯在其中一封信中写到，敌军没有任何撤退的迹象，他们竭尽全力地制造了一个巨大的突破口。他将会带领他的人奋力地守住这个突破口，不惜牺牲自己和其他城内人员的生命。这个突破口已经成为城内最为薄弱的地点，而敌人已经在一个特定的地点（蒙·德·吉斯给了一个名字）部署好了大炮，阻止敌人攻入城中已经变得非常困难。但是他希望不久之后能够把城墙重新修好，防止敌军入内。

蒙·德·吉斯派人把这封信缝在了农民的上衣里面，再三地吩咐他绝对不要向任何人提起这封信。与此同时，蒙·德·吉斯把另一封信也拿给了这个农民。在这封信里，蒙·德·吉斯告诉国王他和所有在城内的人都希望好好地守住这座城。至于这封信中其他的内容，我在这里不便透露。

农民半夜带着信从城中出发。在半路上，敌军的守卫抓住了他，把他带到了阿尔瓦公爵处接受审问。阿尔瓦公爵可能听到了城内的一些风声，他问这个农民身上是否携带了什么信件。农民说："是的。"然后把其中一封交给了爵士。看完这封信，公爵问他还有没有其他的信件，他否认了。公爵派人搜他的身，发现了缝在上衣里的那封信。这位可怜的送信者就被送上了绞刑架。

公爵把这封信送到了帝国皇帝手中，帝国皇帝召集会议商议。既然面对之前的突破口无法取得任何的进展，他们决定在我们最薄弱的地方（他们所认为的地方）部署大炮，竭尽全力制造一个新的突破口。他们为了制造这个新的突破口，用尽了包括挖墙基、炸墙在内的各种办法，但是却不敢明目张胆地袭击。

阿尔瓦公爵向帝国皇帝报告，每一天都会有士兵死去，现在已经死去了两百多人。因为季节和城内士兵众多等原因，攻破这座城的希望很渺茫。帝国皇帝询问他，逐渐死亡的都是些什么人？他们之中是否有绅士和权贵之人？公爵回答说："都是些可怜的士兵。"帝国皇帝听后，说：

“他们死了也造不成多大的损失。”他把这些士兵看作像毛虫、蚱蜢、金龟子等以蓓蕾和泥土为食的弱小生物。如果他们是有价值的人，他们就不会在他的营地之中，每个月领着可怜的六里弗[①]薪水。因此，他们的死亡完全不值得一提。帝国皇帝还说，即便是搭上整支军队，他也要得到这座城，不管是通过武力获取，还是围困至城内弹尽粮绝，他绝对不会下令撤军。他希望用城内为数众多的王子和数量更为可观的法国贵族来加倍弥补他的损失，他也可以再次前往巴黎去看看巴黎人，成为法国全境的国王。

听到帝国皇帝决心铲除城内所有人员的消息，蒙·德·吉斯下令，禁止城内的士兵和百姓，包括王子和庄园主，食用新鲜的肉类以及野味，以防止某些动物身上携带传染病菌使整个城内的人受害。他们只能食用随军所带的食物：饼干、腌牛肉、培根、荞麦、美因茨火腿，还有各种鱼肉，如黑线鳕、鲑鱼、美洲西鲱、鲸鱼、凤尾鱼、沙丁鱼、青鱼，还有豌豆、大豆、大米、大蒜、洋葱、李子干、奶酪、黄油、食用油和盐、花椒、肉豆蔻和其他加入馅儿饼中的作料。这些馅儿饼大多数都是给马吃的，因为不放作料的话，是难以下咽的。许多在城中有花园的百姓，在花园中种上了甘蓝、胡萝卜和韭菜。这些菜长得很快，它们的收获为解决城内饥荒做出了很大的贡献。现在，所有的这些粮食储备都公平公正地按量分发给城内的人。这样做的原因是，我们不知道这次围城将会持续到什么时候。

帝国皇帝宣布在通过武力或者城内饥荒得到梅茨之前绝对不会撤退的消息之后，他们的粮食补给也相应减少，以前分给三个士兵的粮食现在要分给四个士兵，并且帝国皇帝禁止他们的士兵将每餐剩下的食物卖给我们。但是他们可以把这些剩下的食物分给企图暴乱的民众。这些民众经常想吃而不能吃，因为害怕会患上病。

在我们投降乞求敌人的宽容之前，我们决定食用驴子、骡子、马、狗、猫和老鼠，甚至食用我们的靴子、衣领和一切可以软化和蒸煮的东西。总而言之，所有被围困在城内的人都决心运用各种手段英勇地捍卫自

① 法国当时流行的货币单位，1路易合24里弗，1埃居合6里弗，1里弗合20苏。

己的城。在缺口处架上大炮，大炮里面装满球状物、石头、车轴、铁条和铁链。还有各式各样的反击武器，如路障、手榴弹、马桶、火把、爆竹、火障、点燃的柴把。还有可以用来阻碍敌人视线的开水、熔化的铅和石灰。与此同时，他们在房子中间打洞，然后在洞中部署火绳枪，从侧面攻击敌人、驱赶敌人，或者让敌人无法继续前行。他们也命令女人们阻碍街道上的敌人，从窗子里扔出桌子、凳子、长板凳和小椅子，打得敌人脑袋开花。

加之，在突破口内部，我们建立了一个堆满小车、栅栏、大酒桶和小酒桶的关口，还有泥土做的路障，像箧筐一样，它们里面装了小炮、準、野战炮、钩形火绳枪、手枪、火绳枪和用来打击敌人腿部和臀部的野火。这样一来，我们就可以从上面、侧面以及后面攻击敌人。即便敌人突破了这第一个关口，每隔百步在街道交叉处，都有新的关口等待着他们。这些关口将和第一个关口一样调皮——或者更加调皮，它将会制造出更多的寡妇和孤儿。

如果幸运之神一点都不眷顾我们，让敌人突破了所有的关口，还有七群人马等着他们。他们由王子带领或呈方阵或呈三角阵，将会立刻与敌军战斗。我们的人纵使不在同年同月同日生，也愿在同年同月同日亡。他们将战斗，直到生命的最后一刻。所有城内的人都决定拿出他们的宝物、戒指、首饰和他们最贵、最好的东西，在大广场烧成灰烬，以免被敌人拿去作为战利品。也有人要求我们放火烧掉所有的商店，在酒桶上打孔；其他人则要求我们烧掉这里所有的房子，和敌人同归于尽。所有城内的人都只有一个想法，与其看着敌人的刀抵向自己的颈项，与其眼睁睁地看着自己妻子和女儿被残忍野蛮的西班牙人强奸和掳掠，不如和敌人拼命。

现在，我们手上有一些囚犯，我们通过一些手段，让他们知道了我们最后的决心，了解到我们决定背水一战。蒙·德·吉斯有条件地交还了这些囚犯，这些囚犯一回到他们的军营，就迫不及待地告知他们从我们这边得来的消息。这消息给敌人浇了冷水，冷却了他们想要攻入城的想法。敌军不再像之前那般渴望冲入城中割断我们的喉咙，抢夺财富饱一己私囊。

帝国皇帝听到伟大的勇士蒙·德·吉斯的决定之后，在他的烈酒里加上了水，克制着自己的狂怒。他说，如果不进行大规模的烧杀抢掠，不让城内变得血流成河，就不可能攻入城中。但是那样的话势必伤亡惨重，守城的人和攻城的人将共赴黄泉。而他除了一地的荒芜，什么也得不到。在那之后，人们将说这次的攻城就如古罗马时期题图斯和维斯帕西安导致的耶路撒冷的毁灭。帝国皇帝一方面被我军最后的决心所威慑；另一方面，他的军队的进攻、挖墙基、布地雷所取得的进展非常微小，加之，整个营地瘟疫蔓延。现在是每年最艰难的时期，军队食物和金钱短缺。很多士兵自行解散，结伴离开。

最后，帝国皇帝决定用骑兵作为先锋，带上最好的大炮和其他最精良的武器发起围攻，然后撤退。勃兰登堡侯爵最后一个从自己的战斗地退出，他带领几支西班牙和波西米亚人组成的部队和他自己的德国军团。蒙·德·吉斯在城外部署四台大炮，左右夹击驱逐侯爵。整整一天半，侯爵都是在这样的攻击之下逃亡。最终，如蒙·德·吉斯所愿，侯爵和他的部队都被驱逐了出去。

侯爵带领的部队逃离梅茨城只有不到四分之一里格时，陷入了恐慌，唯恐我们的骑兵发现他们的踪迹。他命人放火烧掉了他们的火药储备，丢弃了几台大炮以及大量的行李。他们的骑兵和大加农炮以及其他行李的负重压塌了路面，他们不得不丢弃其他多余的东西。我们的骑兵想要出城从他们后方出其不意地给他们一击，但是蒙·德·吉斯禁止骑兵这么做。相反，他要求我们给他们行进的便利。我们要如同虔诚的牧师和聪明的牧羊人一般，不丢失任何一只羊羔。就这样，帝国军队在圣诞节的后一天撤离了梅茨。

被困于城内的人民非常满意这样的结局。王子、庄园主、上尉和士兵在经历了两个多月的艰苦的守城战之后，对这次胜利赞不绝口。然而，并不是所有的帝国军都得以离开，两万多帝国军的尸体留在了这里。他们大多死于我们的大炮、双方的打斗或者是瘟疫、寒冷和饥荒（或者死于无法入城割开我们的喉咙和抢夺我们的财富的积怨）。他们的马也死了很多，多数都是被他们吃掉的，以代替缺少的牛肉和培根。

我们去了他们的营地，发现很多还没掩埋的尸体，堆在地上，就如在有大量人口死亡时期的圣婴公墓。他们的小帐篷、大帐篷和临时住所中留着大量的伤员。当然，营地里面还留着加农炮弹、武器、马车和其他包裹。包裹里装着大量的被雨雪渗透的面包（但是士兵们还是按量分了这些食物）。敌军还留下了大量的木材，这些木材来自距此地两三个里格的村庄里被毁掉推倒的房屋，这些房屋曾经属于我们的百姓。后院和花园里还有各种各样的果树，如果没有这些，敌军肯定早就崩溃，在寒冷中死亡了。

蒙·德·吉斯派人把敌军的尸体掩埋，并让医生对伤员进行治疗。敌军在圣阿诺尔修道院也留下了不少伤员，因为带着他们撤离不太可能。蒙·德·吉斯给他们留下了足够的食物，然后命令我和其他的外科医生为他们治疗和包扎。我们为这些可怜的人们进行了包扎，我认为敌军绝对不会像我们对待他们的伤员一样对待我们的伤员。西班牙人的残忍、狡诈和野蛮，导致它现在是所有国家的敌人。

西班牙人洛佩斯、米兰的本左和其他撰写美洲以及西印度历史的人都可以证明这点。他们都不得不坦白，由于西班牙人的残忍、贪婪、猥琐和变态，把可怜的印第安人隔离在他们信奉的宗教之外。所有谱写历史的人都说这些西班牙人对待印第安人的暴行，使得他们比那些盲目崇拜的印第安人更无用处。

几天之后，蒙·德·吉斯派人送信给在蒂永维尔的敌军，说将会把他们的伤员安全送回。他们用手推车和马车送这些伤员，但是手推车和马车不够。蒙·德·吉斯给了他们手推车和手推车车夫，帮助他们到达蒂永维尔。我们的手推车车夫回来后，告诉我们整个路上铺满了尸体。许多伤员都死在了他们的手推车里，到达蒂永维尔的伤员不到一半，在伤员们咽下最后一口气之前，西班牙人就已经当他们是死人了。他们把伤员扔下手推车，埋在烂泥和泥淖里，还说他们没有义务把死人抬回去。我们的手推车车夫还告诉我们，他们在路上看见很多陷在泥里的手推车，上面满是行李，但是敌军不敢把这些行李送回去，唯恐梅茨城内的人们冲向他们。

我将回过头来阐述如此多士兵死亡的原因，这些死亡大多都是由饥荒、瘟疫和寒冷造成的。地上积雪足足有两尺多深，士兵们住在地道里，身上仅仅盖着一些茅草。虽然如此，每个士兵都有一张行军床，他们以星空为被子。星星一闪一闪，比上好的金子还要亮。他们根本不需要用梳子梳去他们胡子上的绒毛和头发上的羽毛。他们希望能看见一张白色的桌布，想要吃一顿饱饭，但是食物却很缺乏。他们中的大多数人连长筒靴、半筒靴、拖鞋、长筒袜或者鞋子都没有，其实大多数人也情愿没有这些东西，因为他们多数时间都踩在深及他们膝盖的泥淖之中。因为这些士兵光着脚，我们就戏称他们为帝国皇帝的信徒。

我们遣散了营地人员之后，我就把我的伤员分到了城里各个外科医生的手上，让他们继续为他们治疗，随后我离开了蒙·德·吉斯，回到国王的身边。国王对我大加赞赏，还问我是如何进入梅茨城中的。我把发生的一切一一向国王陈述，他赏给我两百克朗，加上我离开时国王赏赐的一百克朗，我已经很富有了。国王说，他将永远都不会让我处于贫困之中。我谦卑地感谢国王对我的奖赏和他给我的无上的荣耀。

埃丹游记

1553年

查尔斯帝国皇帝对赛罗因尼纳城（Theroiienne）发起进攻，蒙·勒·德·萨瓦任军队的将军，不久他们就攻下了赛罗因尼纳城。我们的兵力损失惨重，许多士兵被俘。国王为了防止敌军包围赛罗因尼纳城和埃丹城堡，派出蒙·勒·德·布永、勒·贺拉斯、德·维拉尔侯爵和许多上尉以及一千八百名士兵救援。在围攻赛罗因尼纳时，埃丹城堡的庄园主们加强了城堡的防御，城堡看起来坚不可摧。国王派遣我到庄园主那边去，如果我的医术能够派上用场，我就能帮助他们。

在敌人占领了赛罗因尼纳之后不久，我们在埃丹被敌军包围了。在我们的加农大炮的射程之内，有一条清澈的小溪。在小溪的周围，一百四十名敌方人员正在取水。我看见敌人在此地扎营，便提高了警惕。我要求管理大炮的蒙·杜·普安特对着这群暴民开炮，蒙·杜·普安特断然否定了我的要求。他说，这样一群人不值得浪费我们的火药。我再一次请求他架起加农炮，告诉他："死的越多，敌人越少。"他照我说的做了，这一击炸死了五六十名敌军，也伤了很多敌军。我方人员开始与敌人战斗，双方人员均有折损。

我们的人通常在他们的战壕建成之前，采取突围，在这样的情况之下，我的医术也派上了用场，我日夜不停地为伤员包扎。在这里，我想解释一下。我们把大多数的伤员安置在大塔楼里，让他们躺在薄薄的稻草之上。他们以石头作为枕头，如果他们自己有斗篷的话，那就是他们的被子。时常，当我军开始进攻，敌人的加农炮响起的时候，我们的伤员就会感到紧张，并说他们的伤口非常痛，像是有人拿着棍子插进去了一般。许多伤员的伤口开始流血，他们流血的状况比他们受伤时还要严重，我不得不赶紧去为他们止血。

莫·佩蒂特·斯特尔，如果当时你在场，我想你的进度一定会被你烧红的铁块所阻碍，你将会发现你缺少足够的炭火去烧红铁块。当然，由于你的残忍，大家不会对你客气。

许多人死于不断回旋的炮击和外部猛烈的震颤给他们的伤口带来的副作用，其他人则日夜不停地咆哮和呻吟。食物和治疗所必需的物品的稀缺，加剧了他们的死亡。

莫·佩蒂特·斯特尔，如果你当时在场，毫无疑问你会让他们食用补品、肉汤等一切有利于病人康复的食物，但是你的病人食谱其实只是纸上谈兵。实际上，他们除了又老又瘦的母牛肉之外别无其他。这些肉是在埃丹附近我们所允许的范围内找到的。它们被腌制过，半生不熟。这些伤员吃它们的时候，必须用牙齿使劲地撕咬，就如鸟类撕扯其猎物一般。

我当然不会忘记包扎伤口的亚麻布，我们只能每天清洗亚麻布，在火上将它们烤干，直到它们如同羊皮纸一般硬才丢掉。鉴于这种情况，你可以想想怎么才能把他们的伤口治好。四个又肥又壮的讨厌的女人收取费用清洗亚麻布，她们坚持如此。尽管这样，其实她们也没有足够的水和肥皂。我们缺少食物和其他必需品，这就是为什么这些可怜的病人死去的原因。

一天，敌军假装进攻我们，想要把我们的士兵引到缺口处，看看我们的情况到底如何。所有人都去了那里，我们只好制造一些假象，让敌军认为我们仍有很多人在守卫突破口。蒙·勒·德·布永拿起一个手榴弹，想要扔向敌人，但是他过早地拉开了引信，手榴弹炸开，点燃了我们离突破口不远的房间中的火药储备。这对我们来说，是一场巨大的灾难，这场火烧死了我们不少士兵。这火烧到了我们所在的屋子，我们全部都被烧伤，急着找寻扑灭大火的办法。在城堡之中，只有一口井里还有水，但是也接近干枯。所以，我们用啤酒代替水灭火。在火灭了之后，我们的饮用水极度的缺乏，我们只能非常节约。敌人在外面，看到了这次爆炸和恐怖的大火。当时火焰冲天，声响巨大。他们以为我们故意点燃大火来守卫突破口，因此推断我们有更多的火药。

这让敌人改变了主意：他们不再想方设法把我们吸引到突破口，而改用其他方法来抓捕我们。他们开始挖地道，挖通了城墙底下的大部分地方，直到可以把我们的城堡炸个底朝天。地道挖通之后，他们就向城堡开火。整个城堡就在我们脚下剧烈地晃动，仿佛地震一般，我们对此感到非常震惊。他们还在一个小山丘上布置了五台大炮，这样他们就可以从后方截获我们去突破口防卫的人。

蒙·勒·贺拉斯被炮弹击中了手肘，他还没来得及发出呻吟，手臂和身体就已经分离了，他当场就死了。蒙·勒·贺拉斯在城内有着很高的地位，他的死亡对城内的人来说是一场巨大的灾难。蒙·德·马提格斯也受伤了，一颗子弹直接穿过了他的肺。我为他做了包扎，此后我会详细说明。

鉴于战斗的形势，我们要求和敌军进行谈判。我们派了一个通信兵去见皮德蒙特王子，看他给我们开出什么条件。王子说，所有的将领，包括绅士、上尉、中尉和少尉都必须留下，作为换取赎金的人质；所有的士兵都必须卸下武装，离开城。如果我们拒绝了他们公正而诚恳的提议，他们将在第二天对我们发动袭击，将我们全部拿下。

将领们聚在一起商议此事，他们和绅士、上尉等人一起，叫我一起商量，看我是否同意签署此份投降协议。我回答说，想要守住这座城不太可能，我愿意用我的鲜血签署这份投降书。我对我们的人能够抵挡住敌人的武力已经不抱希望，我极其地渴望走出这里，逃离痛苦的一切，这完全是一种折磨。因为伤员大概有二百名左右，面对数量如此庞大的伤员，我只能日夜不停地工作。死者已经开始腐烂，他们的尸体像柴火一样堆在一起，我们不能掩埋他们，因为我们连泥土都没有。

我每走进一个士兵的房间，门口都会有其他的士兵等着，等我出来的时候，去治疗他们。为了让我去帮他们治疗，他们把我像圣人一样扛起来，并且为了我大打出手。我一个人无法满足这么多伤者的需要，我也没有治疗所需要的必需品。因为不光是外科医师应该尽到他的义务，病人也应该尽到自己该尽的义务。外科医生的助理以及一切外部因素都应该共同地协助外科医师。

投降的事情就这样定了下来。我知道情势对我们非常不利，为了防止被敌人认出来，我把我的天鹅绒外套、丝绸上衣、上好的斗篷拿给一个士兵，这个士兵把他又破又烂的上衣、磨烂的皮领、难看的帽子和一条短斗篷拿给我。我把煤灰和水混在一起，抹脏我衬衣的领口，并用一块石头磨破我的长筒袜的膝盖处和脚跟处，就好像它们已经穿了很多年一般，我把我的鞋子也磨旧了。做完这一切后，谁都不会觉得我是国王的外科医生了，而会以为我只是一个扫烟囱的工人。我打扮成这样子去见蒙·德·马提格斯，希望他安排我和他一起留下，这样我就可以为他包扎。他非常赞同，就如我愿意和他在一起一样，他也很愿意和我在一起。

不久之后，挑选俘虏的敌军来到了城堡。那天是1553年7月17日。敌军选择了蒙·勒·德·布永、德·维拉尔侯爵、德·罗兹、德·库兰男爵、蒙·杜·普安特、蒙·德·马提格斯、我以及所有可以让他们得到赎金的绅士，还有大多数士兵和所有小将领作为俘虏。如他们所愿，他们得到了众多的俘虏。敌军之所以会选择我，是因为他们问了其他人。

随后，西班牙士兵从突破口处进入城中，无人能挡，我们的人以为他们会守住承诺和协议，放剩下的人一条生路。但是，他们进入城中之后，疯狂地残杀抢劫百姓，毁掉了所有的一切。他们也带走了一些人，希望可以从他们身上捞到赎金——但是如果西班牙人发现在这些人身上捞不到任何好处后，他们就会毫不留情地将这些人残忍地杀害。

他们杀人都用匕首，割断俘虏的喉咙，这说明他们极度的残忍和凶暴。谁要相信西班牙人就去相信吧。

回到我的故事上来，我和蒙·德·马提格斯从城堡中被带入城中之后，蒙·德·马提格斯手下的一个绅士问我，蒙·德·马提格斯的伤口能否被治愈。我告诉他不能，蒙·德·马提格斯受的伤无药可救。这位绅士离开之后就把这件事情告诉了蒙·勒·德·萨瓦。我自己寻思，他们将会派医师和外科医生去为蒙·德·马提格斯包扎治疗。我内心挣扎着是否应该装傻，不让他们发现我是一名外科医生，以免他们让我继续为他们的伤员进行无止境的包扎。而到最后，他们才会发现我是国王的外科医生，然后用我去换取大量的赎金。但是，与此同时，我也害怕事情向反方向发展。如果他们不知道我是一名外科医生，不知道我如此有技巧地为蒙·德·马提格斯进行了之前的包扎，他们将会杀掉我。考虑到这一点，我立刻决定告诉他们实情。如果没有如此好的包扎和治疗，毫无疑问，蒙·德·马提格斯早已死去。

当然，过了不久，许多绅士、帝国皇帝的医师和外科医生，蒙·勒·德·萨瓦的医师和外科医生以及六个随军外科医生，都来看蒙·德·马提格斯的伤势。并且询问我当时是如何包扎和治疗的。帝国皇帝的医师命令我陈述蒙·德·马提格斯伤口的具体情况以及我处理伤口的方法。他所有的助理都全神贯注地听着，想要知道蒙·德·马提格斯的伤口是否致命。

我开始了我的陈述：

当时，蒙·德·马提格斯把身体探出墙查看挖地道的士兵的情况时，他的肩膀中了火绳枪一击。情况紧急，他们叫我去为他包扎。我发现他不仅伤口在流血，嘴巴里也不停地吐血。并且，他出现了呼吸困难。从他的伤口嗞嗞冒出的空气，估计可以扑熄蜡烛。蒙·德·马提格斯说，他被枪击中部位非常的疼痛，就像有人拿着刀子在刺。我把他伤口中碎裂的骨头取了出来，在他的每个伤口中都放入了一个前方较大的支架，然后缝线固定，以免蒙·德·马提格斯吸气的时候不小心将支架吸入胸腔。这样的事情曾发生在外科手术之中，可怜的病人会因此受到很大的伤害。因为支架一旦吸入胸腔，就无法取出，身体会对它产生排异反应，导致内部腐烂。我在支架上涂抹了准备好的蛋黄、威尼斯松脂和一些玫瑰油。用混合着玫瑰油、醋的铅膏制成的石膏固定伤口，以防引发炎症。之后，我压住伤口，为他包扎。我包扎得不是特别紧，让他可以呼吸顺畅。接下来，考虑到他还年轻，并且有着乐观的性格，我从他的右臂之中取出大概五脸盆的瘀血。他受伤之后开始发热，心跳也非常虚弱。他一般食用大麦汤和加了糖的李子干，有时也喝一些肉汤。他只能仰躺着睡觉。受伤之后，他再没有好好地休息过。考虑到他现在的情况，他很可能命不久矣。

说完这一席话后，我如同以往一样为蒙·德·马提格斯进行了包扎。我给他们展示蒙·德·马提格斯的伤口，在场的医师、外科医生以及其他医护人员都明白，我说的一切都是真的。医师试了试蒙·德·马提格斯的脉搏，知道他强劲的生命力已经渐渐衰弱，也同意我的看法，说蒙·德·马提格斯命不久矣。然后，这些医务人员去见蒙·勒·德·萨瓦，告诉他蒙·德·马提格斯撑不了几天了。蒙·勒·德·萨瓦回答他们说：“如果我们好好地治疗和包扎他的话，他或许可以逃过一死。”但这些医护人员齐声地告诉他，蒙·德·马提格斯已经得到了很好的治疗和包扎，没有人可以做得更好了。但是，治愈他已经全无可能，他的伤口非常致命。蒙·勒·德·萨瓦听到这话以后，非常生气，再次质问他们蒙·德·马提格斯的治愈是否真的毫无可能。他们回答说，是的。

这之后，一个西班牙骗子毛遂自荐，他以自己的性命作为担保，说会治愈蒙·德·马提格斯。他说，如果他没能实现承诺，他们就可以把他千刀万剐。但是在他治疗的时候，他不需要任何的医师、外科医生或者药剂师在身边。蒙·勒·德·萨瓦立即命令所有的医师、外科医生和药剂师离开蒙·德·马提格斯。并且派了一个绅士来告诉我他的命令，说即使蒙·德·马提格斯痛得生不如死，我也不能去碰他。我承诺说，我绝对不会这么做。其实我非常地高兴，因为这样的话，蒙·德·马提格斯就不会在我的病床上死去了。

蒙·勒·德·萨瓦让那个骗子医生一个人去为蒙·德·马提格斯治疗，其他的医师和外科医生都回避了。骗子医生来了，他对蒙·德·马提格斯说："蒙·勒·德·萨瓦命我来为你治疗和包扎。我向上帝发誓，八天之后，你将能重新拿着长矛，骑在马上，但是前提是要我一个人为你治疗。你应该吃你想吃的，喝你想喝的。我不会干预你的食谱。你要相信我说的这一切，我都会兑现。因为我曾经治愈过很多比你伤得还严重的病人。"蒙·德·马提格斯对他说："上帝保佑。"他要了一件蒙·德·马提格斯的衬衣，把它撕成小条。然后把这些小条摆成十字形，对着蒙·德·马提格斯的伤口嘟嘟囔囔说了一通。做完了这一切，他让蒙·德·马提格斯尽情地吃喝，说他会帮蒙·德·马提格斯吃到病人该吃的任何食物。这个骗子医生果真同意病人一顿饭只吃六个李子干和几口面包，但是喝了大量的啤酒。尽管如此，蒙·德·马提格斯两天之后还是离开了人世。而那个西班牙骗子，也在蒙·德·马提格斯死之后就消失了，没和任何人告别。

我相信，如果他被抓住，他将会被绞死。因为他对蒙·勒·德·萨瓦和其他的绅士说了谎话。蒙·德·马提格斯于早上十点离世，晚饭过后，蒙·勒·德·萨瓦派医师、外科医生和他的药剂师，带着一大堆药物，去给蒙·德·马提格斯的尸体做防腐处理。和他们一起去的还有许多绅士和军队的上尉。

帝国皇帝的外科医生找到我，友好地请求我来为蒙·德·马提格斯做防腐处理。我拒绝了他，说我连为他提医药箱的资格都没有。他再次祈求我，说如果我做了这件事，他会非常高兴。了解到他的好意，也害怕惹怒他，我决定向他展示我的解剖学才能，并给他做了许多解说，在这儿我就不一一陈述了。我们的谈话结束，我为那具尸体做了防腐处理，尸体被放进了棺材。

过后，帝国皇帝的外科医生把我拉到一旁，告诉我说，如果我愿意跟随他，他将好好地对待我，给我一套新的衣服，让我重回马背。我对他表示万分感谢，对他说，除了我自己的国家，我不愿意为任何国家效力。他骂我是个傻瓜，说如果他现在和我处境一样，是别人的俘虏，为了自己的自由，叫他为魔鬼服务他也愿意。最后，我告诉他，我不会留下来跟随他。这位帝国皇帝的外科医生于是去见蒙·勒·德·萨瓦，向他详细解释了蒙·德·马提格斯的死因，告诉他这个世界没有人可以救活蒙·德·马提格斯。并且再次向蒙·勒·德·萨瓦保证，我已经做了所有能做的去救这位病人。他建议蒙·勒·德·萨瓦把我纳入旗下，并且对我的医术给予了非常高的赞誉。蒙·勒·德·萨瓦被说服了，他派了一个名叫蒙·杜·布谢的内务人员来告诉我，如果我跟随他，他将好好地聘用我。我叫内务人员转达了我谦卑的谢意，告诉他，我早已决定不为任何的外国人效力。蒙·勒·德·萨瓦听到我的回应非常生气，说我应该被送到厨房。

格拉福林的长官蒙·德·瓦德维利请求蒙·勒·德·萨瓦把我派给他，为他治疗腿上的一处伤口。这个伤口已经跟随他六七年了，一直溃烂没有好。蒙·德·瓦德维利是一名上校，掌管着十七个团的步兵。蒙·勒·德·萨瓦告诉他，既然他要的是我，那么他非常愿意，如果我用烧灼法来治疗上校的腿的话，那就再好不过了。蒙·德·瓦德维利回应说，如果我胆敢用烧灼法，他将割断我的喉咙。

不久之后，他派了他手下四个德国戟兵来带我，我吓坏了，不知道他们要带我去哪里。因为这几个戟兵不懂法语，而我也不懂德语。我走进蒙·德·瓦德维利的房间，他对我表示欢迎，说从现在起，我就是他的部下。只要我治好他腿上的伤，他就可以一分赎金都不要地放我走。我则告诉他，没有人会为我付赎金。他叫他的医师和常用的外科医生给我看看他腿的情况。我和他的医生们仔细地检查了他腿的状况之后，退回到另一个房间。我们在这个房间里进行了关于他腿伤的交流。然后，蒙·德·瓦德维利的医师把我和外科医生两人留在屋里，向蒙·德·瓦德维利汇报，说他很确定我能够治愈蒙·德·瓦德维利的腿伤，还告诉了他我的治疗方法，这让蒙·德·瓦德维利非常高兴。

他派人来找我，问我是否觉得自己可以治好他的腿伤。我说只要他按照我说的去做，就可以。他承诺他会做我所希望的和要求的事情，一旦他的伤势痊愈，他就会一分赎金都不拿地放我回去。我希望他的条件能够更好一些，就告诉他说，如果等到他伤势痊愈，我就要很长时间之后才能取得自由。我会在十五天之内，让他腿伤溃烂的部分减半，并且不再疼痛。之后，由他的医师和外科医生做接下来的治疗工作。蒙·德·瓦德维利答应了我的条件。然后，我用纸测量了溃烂部位的大小，一张拿给他，一张自己留着。我请求他，在我做完我的工作时，守住自己的承诺。他以绅士的信条起誓，他绝对会遵守诺言。

然后，我决心用盖伦的方法好好地为他包扎。他想知道我说的关于盖伦的事情真假与否。他命令他的医师去查一查，这样他就可以知道。他的医师把那本医书放在桌子上，他发现我说的一切都是真的。在我给他治疗的十五天之后，他的伤口几乎痊愈。我开始对我们之间定下的这份协议感到愉悦。每当没有其他贵宾，只剩我和他时，他就会让我在他的餐桌上和他共进晚餐。他送给我一条巨大的红色围巾，命令我必须戴着它。这让我觉得自己就像是一只狗，主人为了防止它吃葡萄园里的葡萄，就让它咬着一根玩具骨头似的。

蒙·德·瓦德维利的医师和外科医生带我去营地看他们的伤员，而我则暗中观察我们的敌人在做什么。我发现，他们除了仅有的二三十台野战炮之外，什么大型加农炮都没有。蒙·德·瓦德维利关押着蒙·德·宝格作为俘虏。

蒙·德·宝格是在埃丹死去的蒙·德·马提格斯的弟弟。蒙·德·宝格曾是德·拉·莫特·奥博伊斯的城堡的俘虏，属于帝国皇帝。他在赛罗因尼纳被西班牙士兵抓获。蒙·德·瓦德维利看到蒙·德·宝格，就觉得他一定是来自一个良好家庭的绅士。他叫蒙·德·宝格脱下他的袜子，他看到蒙·德·宝格干净的双腿和双脚，以及上好的白色长筒袜，就知道一定可以用蒙·德·宝格换取一笔可观的赎金。

他告诉那些士兵，他愿意拿三十布朗来买这个俘虏，士兵们高兴地答应了他的要求。因为他们根本没有地方关押俘虏，也没有多余的食物，更不知道这个俘虏的价值。他们把蒙·德·宝格交到了蒙·德·瓦德维利手里。蒙·德·瓦德维利立即派了四个士兵带他去德·拉·莫特·奥博伊斯城堡。一同被带去的俘虏还有两个绅士。

蒙·德·宝格不愿意告诉他们自己的真实身份。他每天吃面包喝水，睡在薄薄的一层稻草之上，受了不少苦。埃丹沦陷时，蒙·德·瓦德维利把其沦陷的消息和死亡名单告诉了蒙·德·宝格和其他的俘虏。蒙·德·马提格斯是死亡人员之一。蒙·德·宝格听到哥哥阵亡的消息，开始大哭，为他哥哥深深地哀悼。看守问他为什么会如此的悲伤？他告诉他们，这是出于他对他亲爱的哥哥蒙·德·马提格斯的爱。城堡的上尉听到这话，立即去告诉蒙·德·瓦德维利他拥有一个非常有价值的俘虏。蒙·德·瓦德维利对此非常高兴。他吩咐上尉好好地对待蒙·德·宝格，把蒙·德·宝格关在一个有门帘的房间，并加强对他的守卫。

第二天，他派我和四名士兵，和他的医师一起去城堡，去告诉蒙·德·宝格，如果他愿意支付一万五千克朗，他将获得自由。蒙·德·瓦德维利劝我去给蒙·德·宝格提这个条件。蒙·德·宝格回答说，这要取决于他的叔叔蒙·德·伊斯坦普斯和姑姑德·不勒索尔，他自己并没有办法支付这笔赎金。我和四个守卫回到蒙·德·瓦德维利处，把蒙·德·宝格说的如实告诉了他。蒙·德·瓦德维利说："不可能让他就这样离开，这太便宜他了。"他说的是真的，因为大家都知道蒙·德·宝格的价值。之后，匈牙利女王和蒙·勒·德·萨瓦派人传话给蒙·德·瓦德维利，说他漫天要价，还说他必须把蒙·德·宝格交还给他们，还说他已经有了足够的俘虏，缺他一个也不会有所损失。

在我回到蒙·德·瓦德维利身边的路上，我经过了圣奥梅尔。在那里，我看到了他们的大炮，大多数都残破不堪、肮脏难耐。同时，我还经过了赛罗因尼纳，在那里，我看到零零星星的碎石，随意散落在地上。那是大教堂的遗迹，因为帝国皇帝命令周围村里的五六队人去清理，并且抬走了石头。现在你可以推着手推车在整个城里走，埃丹也是如此，完全看不到城堡和堡垒的痕迹。从表面上看，战争给人民带来的痛苦好像已经消失得无影无踪了。

回到我的故事上，不久之后，蒙·德·瓦德维利的腿伤就有所好转，将近痊愈了。所以，他放我离开。让一个通信兵送我一直到阿布维尔，还给了我一张通行证。我顺利到达了奥菲莫（Aufimon），见到了我的主子，也就是亨利国王。亨利国王愉悦并赞赏地迎接了我。他派蒙·德·吉斯、康斯坦堡和德·伊斯特拉斯详细地听了我对埃丹沦陷的陈诉。我如实对他们讲了发生的一切，并向他们保证，我曾亲眼见到他们带到圣奥梅尔的加农炮。国王听到这个消息之后非常高兴，因为他曾担心敌军会继续向法国发动进攻。他赏了我二百克朗，并让人带我回家。

我心存感激，终于离开了残忍的大炮震天的声响，离开了那些亵渎上帝和否认上帝的士兵。

我必须要在此说明的是，在埃丹陷落之后，有人告诉国王我被敌人抓去做了俘虏，生命没有危险。国王命令他的首席医师蒙·格威尔给我的妻子写信，告知她，我还活着，请我妻子不要担心，国王愿意为我支付赎金。

圣昆丁之战

1557年

圣昆丁战役爆发之后，国王派我到拉·菲尔·恩·塔特罗伊斯去见蒙·德·布尔德尼大将军。蒙·德·布尔德尼大将军为我提供了一张通行证，那样我就可以到蒙·勒·德·萨瓦处为康斯坦堡治疗包扎。康斯坦堡背部被手枪击中，伤势非常严重，生命垂危，但是敌人仍然关押着他。

蒙·勒·德·萨瓦说什么也不肯让我去为康斯坦堡治疗，说俘虏不会因为没有外科医生的治疗而死亡的，而且他非常怀疑我此行的用意，觉得我肯定不只去包扎俘虏，还会传达一些秘密的信息给俘虏。蒙·勒·德·萨瓦知道我除了是外科医生外，还秘密参与了其他很多事情，并记得我在埃丹时曾经是他的俘虏之一。蒙·德·布尔德尼把蒙·勒·德·萨瓦拒绝我去为康斯坦堡治疗的消息告诉了国王。国王写信给大将军，说如果康斯坦堡夫人会派一个聪明机灵的下人去，那下人受国王和红衣主教德·洛林之托，去看望康斯坦堡，并转交一封信，并交代一些事情。国王指定这封信由我来写。两天之后，负责康斯坦堡起居的一个绅士，带着几件康斯坦堡的衬衫和衣物，拿着从大将军处得来的通行证，去看望康斯坦堡。我非常高兴，给了这位绅士一封信，并且告诉他，他的主子现在作为俘虏不得不做的事情。

既然我的使命已经完成，我想回到国王身边。但是蒙·德·布尔德尼大将军请求我和他一起留在让·菲尔，为从战场上归来的众多伤员治疗伤口，他将写信给国王解释我停留的原因。因此，我留了下来。这些伤员的伤口散发着强烈的腐臭味，由于坏疽和溃烂，生着蠕虫。我不得不常常用手术刀，切除这些腐烂的部分，但是并没有对他们进行截肢或者各种各样的环锯。

他们发现，在让·菲尔没有药物储备，因为随军医生带走了所有药物。但是我在装大炮的马车里发现了一些没有开封的药物。我请求蒙·德·布尔德尼大将军让我用马车里的一部分药物进行我的治疗，他应允了。第一次，他们给了我马车里一半的药物。但是这些药物只坚持了五六天，之后，他们不得不拿出剩下的药物，但是这所有的药物，还不足治疗所有伤员所需要的药物的二分之一。

为了治疗和防止伤员们伤口的进一步腐化，我用在白酒和果味白兰地中浸泡过的埃及药膏为他们清洗伤口，杀死他们伤口之中的蠕虫。我为这些伤员做了我力所能及的所有一切。虽然我用心为他们治疗，但还是有大量的伤员死亡。

让·菲尔的绅士命令我找到老蒙·德·博伊斯的尸体。他在这场战斗之中不幸身亡了。他们请求我和他们一起去营地，尽我们所能，在一堆尸体里面找到他。但是要认出他是一件不可能的事情，因为这些尸体早就腐烂，完全看不清本来面目了。

我们看见在我们周围大约半个里格范围里，都堆满了尸体。死去的尸体和马匹散发着浓重的腐臭味道，我们根本无法在这里停留。尸体的湿气和太阳的炙热，使这里滋生出数不尽的绿头苍蝇。听到它们嗡嗡嗡的声音有种说不出的感受。它们所到之处，空气里都是瘟疫的味道。

莫·佩蒂特·斯特尔，我希望你当时在场，来感受这种味道，并做出虚假的报告说这些苍蝇并不存在。我对这个地方讨厌至极，我害怕我在这里待下去会患病。我请求蒙·德·布尔德尼大将军让我离开，这里伤者和死者发出的臭气已经超出了大家的承受范围。

我们做了一切可以做的，但是伤者还是大量死亡。他叫其他的外科医生继续为那些伤员治疗，然后非常赞赏地送我离开了。他写信给国王，称赞我治疗那些可怜的伤者时候所表现出来的努力。然后，我回到了巴黎。在巴黎，我发现在这场战争之中，还有许多绅士受伤或死亡。

卡帕塔米尼斯游记

1558年

国王派我在上尉高斯特的护送之下去卡帕塔米尼斯的杜阿拉。因为害怕我被敌人掳走，上尉高斯特带着五十个武装人员随行。这一路上，他们都处于警戒状态。看到这种情况，我叫我的随从下马，让他假装成我，因为他的马上驮着我的行李，一旦需要逃跑，将会更加方便。我脱下我的披风和帽子，把我的优良的小母马给他骑。他骑马走在我的前面，别人会以为他是主子，而我是随从。

杜阿拉城内的守卫看到我们时，以为敌人来袭，对着我们用加农炮射击。护送我的上尉高斯特用他的帽子向这些守卫示意我们是自己人。最后他们停止了射击，我们进入了杜阿拉城。让我们非常痛心的是，大概五六天之前，杜阿拉城曾发生过一次激战。在那次激战之中，许多上尉和勇敢的士兵命赴黄泉，或者身负重伤。在这些伤员之中，也包括圣奥宾上尉和蒙·德·吉斯的一位好友——这也是国王派我过来的原因。

圣奥宾上尉染上了四日热，但是他仍然从病床上起来，亲自指挥他的军队。一个西班牙人看见他在发号施令，知道他是军队的上尉，便用火绳枪对他进行射击，子弹击穿了他的脖子，那一瞬间，圣奥宾上尉以为自己已经死了。因为他受了这样大的惊吓，我向上帝祷告，希望圣奥宾上尉的四日热能够痊愈，并且永远不再复发。我和国王的御用外科医生安托万·波尔多一同为他的伤口做了处理。

士兵们死的死，伤的伤，存活下来的人不是缺胳膊少腿，就是丢掉了一只眼睛。但是他们都说他们捡了便宜，因为至少活了下来。之后，敌军遣散了其营地，而我也重回巴黎。

我在这里不想说关于莫·佩蒂特·斯特尔的事情——他在家里肯定是比我在战争之中舒服得多。

布尔日游记

1562年

国王和他的军营在布尔日停留了数日，直到城内的人带着他们的东西投降出城。除了国王厨房里的一个男孩之外，我觉得在这里并没有什么值得回忆的东西。

这个男孩在投降协议签署之前，冲向城墙。他扔掉了他的武器，大张着手臂，边跑边大声地叫嚷：“胡格诺教徒，胡格诺教徒，向这里射击，向这里射击。”一颗子弹射穿了他的右手。

这个男孩中了子弹之后找到我，让我替他包扎。康斯坦堡看到这个男孩眼含泪水，满手鲜血，就问是谁打伤了他。一个看到男孩中枪经过的绅士说，这是男孩自找的，因为他一直不停地叫喊：“胡格诺教徒，瞄准这里，对这里射击。”康斯坦堡于是称赞射击男孩的胡格诺教徒不光是个好的射击手，还是个好人。因为他没有射击男孩的头部——头部比手部更好瞄准。

这个在厨房里打杂的男孩显得非常的虚弱，我为他进行了包扎。他伤口痊愈之后，手上一点力气都使不上来。从那时候开始，他的同伴就取笑地叫他“胡格诺信徒”，男孩至今还活着。

鲁昂游记

1562年

现在，我们在夺取鲁昂城。敌军在我们攻城之前和攻城之中杀死了我军不少的人，第二天我们才得以入城。我对八九个伤员进行了环锯——他们在突破口时，被敌军的石头击中受伤。

空气质量非常的不好，许多伤员逐渐死亡，甚至还包括只受了一点轻伤的士兵。基于这样的情况，有人认为子弹上有毒。那些在城内的人也和我们的想法一致，因为城内的伤员也在大量死亡，但事实上，城内有更充足的药品，伤员也都得到了很好的治疗，但城内的伤员仍然和外面的人一样死亡众多。

在攻城之前数日，纳瓦拉王也受了伤，肩部中了子弹。我拜访了纳瓦拉王，并帮助他的私人外科医生吉伯特医生和其他的医务人员为他进行了包扎。外科医生吉伯特医生是莫比利埃非常重要的人物。当时，纳瓦拉王的医生无法找到子弹。大多数的医生都说子弹进入了纳瓦拉王的身体内部，无处可寻，但我非常精确地找到了这颗子弹。因为子弹从骨头的前端进入了手臂前端，到达了骨头的中空地带，这就是他们无法找到子弹的原因。

深深地爱着纳瓦拉王的德·拉·拉罗什王子，把我拉到一旁，问我国王的伤口是否致命。我告诉他，伤口致命。因为根据前人的记载，所有在重要关节之上的伤口，尤其是挫裂伤，都是致命的。他询问其他的人，尤其是吉伯特医生，他们对纳瓦拉王的伤势如何判断。吉伯特医生告诉他，国王伤口愈合希望很大。这让王子非常的开心。

四天之后，在我们为纳瓦拉王包扎之后，国王、王后、纳瓦拉王的兄弟蒙·德波旁主教、德·罗拉什王子、蒙·德·吉斯，以及其他重要人物，希望我们能够集结所有的医生和外科医生，就纳瓦拉王的伤势进行会诊。

会诊时，所有的医生都各抒己见，每个人对国王的痊愈都充满信心。我的意见和他们相反。对我心存喜爱的王子把我拉到一旁，说只有我的意见和别的医生的意见不合，希望我不要如此顽固地与这群好人背道而驰。我告诉他，如果我看到伤口好转的迹象，我会改变我的想法。

之后相继进行了多次的会诊，我一直坚持我之前所说的。尽管所有的医务人员都精心地照顾他，但纳瓦拉王的手臂上的伤口还是恶化为了坏疽。这正如首次对他进行包扎时，我下的结论。在纳瓦拉王受伤后的第十八天，他咽下了最后一口气，去见了上帝。

王子听到这个消息，召集费列夫尔医师到我的住处。费列夫尔医师之前是王子的医师，现在成为了国王和王后的御用医师之一。王子告诉我们，他想看看击中纳瓦拉国王的那颗子弹，让我们找出它，看看它到底在哪里。我向他保证我可以很快地找出那颗子弹。我在王子和许多其他绅士在场的情况之下找出了那颗子弹，子弹在骨头的正中地带。王子拿着子弹展示给其他人看。他们都说我的预诊完全正确。纳瓦拉王的尸体被安置在盖拉得城堡，而我回到巴黎。

在巴黎，有很多的伤员。他们都在鲁昂一战之中，在突破口处受伤。而这些伤员大部分是意大利人，他们都非常渴望我能够为他们包扎。我如他们所愿，为他们进行了包扎。许多伤员都得以康复，而剩下的一部分则不可避免地死亡了。

莫·佩蒂特·斯特尔，我想如果是你来包扎这些伤员的话，死亡的人数将会增加许多。

德勒之战

1562年

德勒一战之后，国王命令我去为蒙·勒·德伊伯爵包扎治疗。蒙·勒·德伊伯爵臀部左侧、髋关节处被手枪击中受伤，这让他的股骨头碎裂，再加上之后发生的一系列意外事件，蒙·勒·德伊伯爵最终死亡。我对此感到非常的悲伤。

我到达的第二天，在营地看到了士兵们的尸体。我看见，在一个里格的半径之内，整个地面都铺满了尸体，大概有两万五千人的尸体，或者更多，这些人都是在战斗的两个小时之内相继死亡的。莫·佩蒂特·斯特尔，出于我对你的爱，我希望你能够在场，把这一切告诉你那些所谓的学者和你的孩子。

在德勒的这段时间，我看望并且包扎了许多绅士、可怜的士兵以及很多瑞典上尉。我在一个房间里面为十四个人治疗包扎，这些人都因为被手枪或者其他火药武器击中而受伤。在我的治疗之下，这十四个人都活了下来。

因为蒙·勒·德伊伯爵已经死亡，所以我没有在德勒停留太长的时间。皮革雷、柯因特勒特和休伯特等外科医生从巴黎赶来，继续为这些伤员治疗包扎。我回到巴黎，发觉很多在这场战役中受伤的绅士已经退回到了这里，我在这里为他们进行了包扎。

马里兰游记

1563年

我将不会省略在马里兰营地发生的事情。我们的大炮抵达城墙之时，城内的英国士兵打死了我们一些人。一些敌军的先锋在制作篾筐。看到他们的一些人员伤势严重，已经没有治愈的可能，他们的同伴就脱掉他们的衣服，把他们直直地放进篾筐。这样，这些篾筐里就装满了伤员。

英国军队受到疾病尤其是瘟疫的重创，再也无法抵挡我们的攻击，他们选择投降。国王为他们提供回到英国的船只，让这些人能够离开这个瘟疫蔓延的地方。大多数的英国士兵死去了，有幸活下来的士兵把瘟疫带到了英国，自此之后，英国再也没有摆脱它。

作为营地的指挥官，萨尔拉波斯上尉带领六个步兵团留守此地。他们毫不惧怕瘟疫，他们对能够入城感到非常的高兴，希望能够在城中得到享受。莫·佩蒂特·斯特尔，如果你当时在场，你肯定和他们一样。

巴约讷游记

1564年

我和国王一起到达了巴约讷。我们之前花了两年多的时间游遍了几乎整个国家。在这两年里，我们经过了许多城镇和村庄。我和国王的首席医师蒙·莎普雷伊以及王后的首席医师蒙·卡斯特兰尼一同就各种各样的疾病进行了会诊。

已故的蒙·莎普雷伊医师和蒙·卡斯特兰尼医师均是非常值得人们尊重的医生，他们在医药学和外科手术上有很高的造诣。整个旅途中，我经常向这些外科医生询问他们在行医过程之中遇见的罕见病例，希望从中学到一些新的东西。

我在巴约讷时，发生了一件值得年轻的外科医生注意的事情。我为一个西班牙绅士进行了治疗。他的喉咙异常肿大，我消除了他喉咙的肿胀，然后把他交给了城内的外科医生，继续进行接下来的治疗。

圣丹尼斯之战

1567年

在圣丹尼斯一战中，双方人员均伤亡惨重。我们的伤员撤退到巴黎进行治疗，还有许多俘虏同他们一道进入巴黎。我治疗和包扎了他们中的很多人。

在康斯坦堡夫人的请求之下，国王命令我到康斯坦堡的家里去为康斯坦堡包扎，他背部脊椎正中中弹。中弹的一刹那，他的臀部之下就失去了知觉，无法动弹。脊髓的神经控制臀部以下部位的知觉和行动，而康斯坦堡的脊髓受到重创，已经损坏。与此同时，康斯坦堡失去了知觉。没过几天，他就离开了人世。

这段时间，巴黎的外科医生都极尽全力地治疗伤员。莫·佩蒂特·斯特尔，我想你见过其中的一些人。我恳求伟大的胜利之神，我们再也不要遭受这样的不幸和灾难了。

蒙孔图尔战役

1569年

在蒙孔图尔战役期间，查理斯国王正在图尔市，胜利的消息传到了国王耳中。一大批绅士和士兵退回到图尔市和图尔市附近的郊区。他们全都受了伤，等待接受治疗和包扎。国王和王后命令我履行医生的职责。

我、皮革雷、杜·博伊斯、波尔多等其他的外科医生和一个来自图尔市的西雷特的医生共同为伤员们治疗和包扎。这个来自西雷特的外科医生对外科手术非常的精通，曾做过国王的兄弟的外科医生。

许多人病情严重，病因各异，我们很少有时间休息。国王勋爵蒙·德·马斯菲尔德是卢森堡公国的长官。他在这次战役之中被手枪击中了手臂，受了重伤，手肘处破裂严重。他退回到图尔市附近的布尔格伊，派他手下的一个绅士去找国王，请求国王派一个外科医生为他疗伤。

国王这边的人讨论该派哪一个外科医生去为蒙·德·马斯菲尔德治疗。蒙·德·蒙特莫伦西元帅向国王和王后提议应该派首席医生（当时我是首席医生）去，因为蒙·德·马斯菲尔德为这次战争的胜利做出了巨大的贡献。

国王直白地告诉他，他不想让我去，希望我能留在他的身边。这时王后说，我必须去。她提醒国王说，蒙·德·马斯菲尔德是一个外国领主，他在西班牙国王的命令之下，来到这里帮助国王打赢了这场战役，我们应该派最好的医生去。国王听后，决定让我去为蒙·德·马斯菲尔德治疗，但是我要速去速回。

他和王后派人来找我，命令我说，不管蒙·德·马斯菲尔德在哪里，我都要去找到他，尽我所能地为他治疗他的伤口。

我带着国王的信去了蒙·德·马斯菲尔德处。蒙·德·马斯菲尔德看到这封信之后，很亲善地接待了我，并且立即解散了之前为他包扎的三四个外科医生。但是我看了他的伤口之后，感到非常后悔和懊恼，因为他的伤口在我看来，已经无法医治。能否获得转机，只有看上帝的旨意。

随着我的到来，许多受伤的绅士都撤退到了这里。因为他们知道蒙·德·马斯菲尔德在这儿，也知道蒙·德·吉斯在这里。蒙·德·吉斯的腿部被手枪击中，受了重伤。这些绅士确定会有医术高明的外科医生去为他包扎治疗。蒙·德·吉斯是一个非常好心并且慷慨的人，他肯定会帮助他们，解决他们的就医需要。蒙·德·吉斯积极地解决了他们饮食、酒水以及其他方面的需要。

我一方面照料蒙·德·马斯菲尔德的伤，一方面用我的医术安抚和帮助这些绅士。鉴于他们的伤口状况，一些人还是遗憾地死亡了，另一些人得到了康复。蒙·瑞根拉维伯爵的肩部受到枪击，如同纳瓦拉王在鲁昂之战之前受的伤一样。蒙·瑞根拉维伯爵最终离开了人世。

蒙·德·巴索蒙皮埃尔上校手下有一万两千兵马。他也受了和蒙·瑞根拉维伯爵同样的枪伤。我为他包扎，上帝治愈了他。

上帝保佑，我的工作进行得是如此顺利，在三周之内，我把这些伤员送回了巴黎。在巴黎，我为蒙·德·马斯菲尔德做了手术，移除了一些骨头碎片。这些骨头已经碎裂，伴随着溃烂。万分荣幸的是，上帝仁慈地治愈了他。

他给了我丰厚的礼物作为感谢。他对我非常的满意，我对他也非常的满意。自此以后，他都非常的看重我。他写信给蒙·德·阿斯科特，告诉他我治愈了他、蒙·德·巴索蒙皮埃尔以及其他在蒙孔图尔之战中伤员的过程。还提议蒙·德·阿斯科特请求国王，让我去看望他的弟弟蒙·马奎斯·奥瑞特。蒙·德·阿斯科特按照他的提议给国王写了信。

弗兰德斯游记

1569年

蒙·德·阿斯科特果真派了一个他手下的绅士去见国王。这位绅士把蒙·德·阿斯科特的信交给了国王。在信中，他谦逊地请求国王允许和派遣国王的首席外科医生去看望他的兄弟蒙·马奎斯·奥瑞特。蒙·马奎斯·奥瑞特六个月之前膝盖附近受了枪伤，伴随骨折。找了许多医师和外科医生都无法治愈。如果国王能够答应派首席医生去为他看病，那真是国王莫大的仁慈和他们无上的荣耀。

国王派人召见我，命令我去看看蒙·马奎斯·奥瑞特的伤势，尽我所能地帮助他，治愈他。我告诉国王，我将用上帝给我的微薄的医学尽力为蒙·马奎斯·奥瑞特治疗伤口。

两名绅士护送我出发前往奥瑞特城堡。奥瑞特城堡距离拉卢维耶尔一个半里格。蒙·马奎斯·奥瑞特就在那里。我一到那里，就去拜访了他，告诉他国王命令我来看望他，并为他包扎伤口。他说他非常高兴我能够来到这里，并对国王表示了感谢。他说国王能够派我来为他治疗是他无上的荣耀。

我发现他正在发高烧，双眼深陷，脸色青灰泛黄，舌头极度干燥。他的整个身体已经瘦得不成样子，声音如垂死之人般低沉喑哑。我发现他的臀部发炎非常严重，已经化脓溃烂，流出绿色的脓液。我用一个探针对他的臀部进行了探查，发现在他臀部中间有一个巨大的空腔。除了臀部的空腔以外，他的膝盖附近也化脓并且有空腔。他的骨头也有一部分出现了骨质疏松的症状，而另一些则没有。整个腿部肿胀感染，呈现出一种奇怪的弯曲和萎缩的状态。并且，他还感染上了严重的褥疮。他日夜都无法休息，没有胃口，但是总是感觉非常的渴。原先为他治疗的医生告诉我说他的心脏功能非常虚弱，有时候还有很像癫痫的症状。并且，他自己也感到非常的虚弱，由于颤抖，他甚至无法将双手举到嘴边。

综合我的所见，强烈的并发症正在使他的生命力逐渐衰弱，我对他感到非常的遗憾。在我看来，他能够逃出死神之手的概率非常小。但是，为了给他活下去的勇气和痊愈的美好希望，我告诉他，上帝是仁慈的，有他的医师和外科医师的帮助，我将让他能够重新站起来。

离开他之后，我在花园里散步，向上帝祷告，希望上帝让我看见他的仁慈，让蒙·马奎斯·奥瑞特能够康复，希望上帝能够保佑我们动手术的手和所用的药物，能够抵挡这些疾病的并发症。我思考着治疗蒙·马奎斯·奥瑞特的方法，这时他们叫我去吃晚饭。

我走进厨房，看到他们从一个巨大的锅里取出半只羊、四分之一的小牛、三大块牛肉、两只家禽、一大块培根和大量的草药。我想，这个锅里面的肉汤肯定多汁并且滋补。

晚餐过后，所有医师和外科医生聚集在一起，在蒙·德·阿斯科特和一些绅士在场的情况下，就蒙·马奎斯·奥瑞特的病情进行商讨。一开始，我对那些外科医生说，由于他们没有对蒙·马奎斯·奥瑞特的臀部进行手术，他的臀部已经累积了太多的高浓度的脓液，我用探针看到他的骨头出现骨溃疡，骨质已经疏松。他们回答："蒙·马奎斯·奥瑞特不允许我们碰他。"实际上，蒙·马奎斯·奥瑞特床上的床单已经有将近两个月没有换洗，他非常的痛苦，很少有人敢碰被单。于是我说："想要治愈他，除了他床上的被单之外，我们还必须碰其他更多的东西。"每位医生都阐述了他所认为的蒙·马奎斯·奥瑞特的弊病所在，但结论是，他们均对治愈他不抱希望。

我告诉他们，蒙·马奎斯·奥瑞特的病仍然有希望，因为他还年轻。医生感觉不可能的事情，上帝有时候会让它成为可能。为了恢复他身体的热度和营养，我们必须要用热布对他的身体进行按摩。我们要采用向左-向右-回旋的摩擦方式按摩，全身上下都要顾及，使他身体内部的灵气释放出来。为了治愈褥疮，我们必须把他安置在一架干净柔软的床上，床上放置洗净的床单。

既然已经讨论了蒙·马奎斯·奥瑞特的恶疾的原因和各种并发症，我告诉他们，我们必须按照相反的思路来治疗：

我们第一要缓解病人的疼痛，割开病人的臀部放出里面囤积的脓液。

第二，病人的腿部异常肿胀，四肢冰凉，我们需要改善这种症状。我们必须先把神经性草药浸泡于酒和醋中煎煮，然后把这些煎煮过的草药汁洒在保温热砖上，将其包裹在纸中，再用这样的保温热砖包在病人的四肢周围。这样可以缓解四肢冰冷。

改善腿部肿胀的办法是，我们需要准备一个按摩的瓶子和按摩用的药粉。我们需要在陶制的瓶子里装满草药，用瓶塞塞住，再煮瓶子，然后用布包裹。用这个瓶子来配合药粉进行按摩。药粉的制作方法是，用鼠尾草、迷迭香、百里香、薰衣草、甘菊和黄香草木樨进行煎煮。再在白酒中加入橡树灰制成的干燥粉末、一些醋和半捧盐，煎煮红玫瑰。然后把这两种煎煮成的药混合，对病人的整个腿部进行热敷。

第三，我们取红油膏和用来保持干燥的软膏，按照同等的比例，将两者混合，敷在病人长褥疮的部位，来缓解他的疼痛。与此同时，这种混合软膏还能治疗溃烂。我们必须给病人准备一个软毛枕头，让病人的头部毫无压力。我们用水百合油、玫瑰药膏和一些藏红花溶解于玫瑰醋和玫瑰蜜的混合液体中，制成制冷剂，喷洒在一块红布之上，放置在病人的心脏附近，来增强其心脏功能。

第四，因为病人的昏厥，经常感到疲惫、脑部衰竭，他必须要有很好的营养摄入。如我之前所说的，我们可以让他吃多汁滋养的食物，如生鸡蛋、在白酒和糖中炖过的李子、大锅中的肉汤，等等。病人还可以食用鸟类的白肉、切成小块的鹧鸪肉以及像小牛犊、小山羊、鸽子、画眉、鹧鸪之类易消化的烘焙肉类。在这些烘焙肉类中，可以加上橙汁、酸果汁、栗子汁、石榴汁作为沙司，也可以把这些肉类同生菜、马齿苋、菊苣、牛舍尔和金盏花之类具有良好疗效的草药一同烹饪。晚上，在大麦汤中加栗子汁和水百合汁各两盎司[①]，加入四五粒磨成粉末的鸦片半盎司，让病人服用。这种汤有良好的滋补疗效，并且能够帮助病人入眠。

第五，因为病人感到头痛，我们必须剃掉他的头发，用玫瑰醋按摩他的头部，直至头部发热，然后用在玫瑰醋中浸泡过的双层纱布包扎头部。同时，将玫瑰油、水百合、罂粟、少量鸦片和加入樟脑的玫瑰醋混合，把纱布浸泡其中，然后用浸泡过的纱布包裹前额。纱布需要经常换。

第六，我们应该把天仙子和水百合加入醋和玫瑰水中，再混合少量樟脑，然后把其包裹在一个手帕之中。不时地将手帕举到病人的鼻子前面，让病人闻其味道。我们必须制造人造雨，让水从高处流入大气锅中。这样的声响可以帮助病人入睡。

最后，我补充说，在我们放出淤积在他臀部的脓液之后，我们就很有希望治愈他腿部的萎缩。我们可以用锦葵药膏、百合花油和少量果味白兰地按摩整个膝盖，然后用带油脂的黑色羊皮包裹膝盖。如果我们把羽毛枕头折叠起来放在他的腿下，病人的腿部萎缩将会慢慢地得以矫正。

我的这一讲话完全得到了医师和外科医生的赞同。这次会诊结束之后，我们全都回到病人的床前。我在病人的臀部开了三个口，以便于脓液流出。两三个小时之后，我派人把一张床放在病人所在的床旁边，上面铺着洁白的床单。然后，一个较为强壮的人把他抱进新床。他非常感激我们能够让他离开之前那又脏又臭的床。一会儿，他说他想睡觉。他这一觉足足睡了四个小时，在场的所有人都为病人感到开心，尤其是他的哥哥蒙·德·阿斯科特。

在接下来的日子里，我向病人溃烂部位的根部和空腔处注射了能够溶解在果味白兰地或者酒中的埃及药膏。我压紧病人患处的根部，清洗他柔软如海绵的伤口上的肉，脓液顺利地从病人体内流出。处理完伤口之后，我在酒中浸泡了石膏，将其敷在病人的伤口上。我有技巧地为病人进行了包扎，病人没有感到疼痛。当病人身体的疼痛逐渐减少时，他发热的次数

① 1盎司约等于0.03千克。

也相应地减少了。然后，我让他饮少量加入了水的酒，用以恢复他的生命力，加强其血液循环。

我们在会诊中讨论的治疗事项都按时按序地进行着。当病人的身体疼痛减缓并且停止发热之后，他的状况开始持续好转。他打发走了治疗他的两个外科医生和一个医师，只剩下包括我在内的三个医生为他治疗。

我在这里停留了将近两个月。在我停留的这段时间，我也没有闲着，此地周围三四个里格的许多病人，不论贫穷还是富有，他们都来此地请我为他们治病。蒙·马奎斯·奥瑞特为他们准备了食物和水。他把这些病人都委托给我，请我看在他的面子上帮助他们。我发誓我没有拒绝他们中的任何一个，我尽我所能地帮助他们。这让蒙·马奎斯·奥瑞特非常的高兴。

当我看到蒙·马奎斯·奥瑞特逐渐地康复，我告诉他，我们必须要请人演奏六弦琴和小提琴，并且请一个滑稽演员来逗他开心，这有利于他身体的恢复。他接受了我的建议。

一个月后，我们把他从床上扶起来，坐到一张椅子中。他叫人把他抬到他的花园之中，或者在城堡的门口，看来来往往的人。现在，离城堡两三个里格的村民，都可以看到蒙·马奎斯·奥瑞特了。他们在假期来到城堡，男男女女一起快乐地唱歌跳舞，为蒙·马奎斯·奥瑞特身体的逐渐康复庆祝。这些村民见到蒙·马奎斯·奥瑞特都非常的高兴，他也为他们准备了足够的酒水。村民都举杯祝愿他身体健康，整个城堡笑声不断。蒙斯的市民、绅士、他的邻居，看到他都感到非常的震惊，仿佛他才从坟墓里面爬出来似的。

蒙·马奎斯·奥瑞特逐渐康复之后，很多人来和他做伴。来看望他的人一个接着一个，他的桌子上总是堆满了东西。不管是平民还是贵族，都深深地爱着他，这不光是因为他的慷慨大方，还因为他的英俊外表和彬彬有礼。一个人一旦有了英俊的外表，对人又如此仁慈，每一个见过他的人都必然会喜欢他。

星期六，蒙斯的一等公民来到城堡，请求蒙·马奎斯·奥瑞特让我去蒙斯。出于对蒙·马奎斯·奥瑞特的爱，他们希望在蒙斯举行一场晚宴来招待我。蒙·马奎斯·奥瑞特告诉他们他会劝我。他把这件事情告诉了我。但是我对他说，这样巨大的荣耀我承受不起，并且，他们的招待不可能比蒙·马奎斯·奥瑞特的招待更加贴心。他再一次带着爱意劝我去参加晚宴，这样他会很高兴，于是我答应了他。

第二天，他们坐着两辆马车来接我。我们到达蒙斯时，我发现晚餐已经准备完毕。蒙斯城的长官和其他贵族女性，热忱地和我共进晚餐。我们入座，他们把我安排在上座。所有人都向我敬酒，也祝愿蒙·马奎斯·奥瑞特能够早日康复。他们告诉我说他们很高兴，因为有我的治疗，蒙·马奎斯·奥瑞特又能够重新站起来。出席晚餐的所有人，都非常地尊重和爱戴蒙·马奎斯·奥瑞特。晚餐过后，他们把我送回奥瑞特城堡。蒙·马奎斯·奥瑞特一直等着我的归来。他非常高兴地欢迎我，想要听听我们在晚宴上都做了什么。我告诉他，所有在场的人都为他的健康多次敬酒。

六周之后，他的胯部可以使上劲了，他的身子也壮实了很多，脸色也逐渐恢复。他想去博蒙特镇，因为他的兄弟在那里。他坐在轿子里，八个人抬着他去了博蒙特。我们所经过的村庄里的农民知道轿子里坐的是蒙·马奎斯·奥瑞特，都争相为他抬轿，并且邀请我们和他们共饮。但是可惜的是，他们只有啤酒。但是我相信，如果他们有其他酒的话，即使是最昂贵的希波克拉斯酒，他们也愿意拿出来和我们一起分享。所有人见到蒙·马奎斯·奥瑞特都显得异常高兴，每个人都祈求上帝保佑他。

我们到达博蒙特镇之后，镇内的所有人都出来迎接我们。向蒙·马奎斯·奥瑞特表示了他们对他的尊重，并且祈求上帝保佑他，祝愿他身体早日康复。我们进入城堡，蒙·德·阿斯科特请了五十多个绅士到城堡来陪伴他的弟弟，并且在他的城堡中大宴宾客三日。晚餐过后，这些绅士总会在拳击场一展拳脚。他们见到蒙·马奎斯·奥瑞特感到非常的高兴。因为他们曾经听说他的伤口永远都治不好，他也永远都无法下床自由走动了。

我总是被安置在每次筵席的上座，每个人都向我和蒙·马奎斯·奥瑞特敬酒。他们想要灌醉我，但是他们无法灌醉我，因为我喝酒从不过量。

逗留了几天后，我们启程回去。我向阿斯科特公爵夫人道别，她从她的手上取下一颗钻石给我，感谢我对她的弟弟无微不至的照顾。这颗钻石价值超过50克朗。

蒙·马奎斯·奥瑞特之后逐渐地康复。他经常拄着拐杖在他的花园里散步。我多次请求他准许我回到巴黎，并告诉他，他的外科医生和医师现在完全可以继续照顾他的伤口。同时——作为离开他的第一步——我请求他让我去看看安特卫普城。他立即同意了我的要求，派了他的事务官和两个年轻的内勤人员护送我到安特卫普。

我们经过了马里纳（Malines）和布鲁塞尔（Brussels）。那里的一等公民都请求我们回程的时候通知他们，因为他们如同蒙斯的公民般，急切地想要为我准备一顿丰盛的晚宴。我谦卑地向他们表示了感谢，并告诉他们，如此的荣耀我承受不起。我在安特卫普逗留观光了两天半。这里的一些商人，认识和我一起的事务官，他们请求他给他们殊荣，与他们共进晚餐或者午餐，他们真心地为蒙·马奎斯·奥瑞特的康复感到高兴，对我的评价也甚高。

我回到城堡之后，发现蒙·马奎斯·奥瑞特这段时间在城堡之中自得其乐。五六天之后，我请求他让我离开。他准许了我的要求，并且对此感到非常的遗憾。他赠予我的礼物价值连城，他派他的事务官和两个随从把我送回了巴黎的家中。

后来，西班牙人在蒙·马奎斯·奥瑞特的城堡里进行掠夺，将其洗劫一空，夷为平地，并且烧掉了他拥有的所有房产和村庄。因为蒙·马奎斯·奥瑞特不愿意和他们同流合污，做谋杀无辜之人毁灭荷兰之事。

我在这里发表这个声明，这样所有的人都可以知道我的基本立足点，并且确信将没有人如此不知轻重，不加入正义的阵营。因为我所说的一切都是实话。我的语言简单平实，我相信所有的人都可以了解我所说的意义。这些事实可以击垮所有的流言蜚语。

论心脏和血液的运动

Circulation Of The Blood

〔英〕威廉·哈维

主编序言

威廉·哈维，1578年4月1日出生于英国东南部肯特郡的福克通斯镇。他在他的划时代的著作中，首次向世界宣告并证明了血液循环的规律。

他在英国坎特伯雷国王学校接受了初、中等教育，之后进入剑桥大学冈维尔和凯斯学院继续学习。结束那里的学业之后，他又到欧洲大陆继续深造，并取得了意大利帕多瓦大学医学博士学位。在此之后，他又取得了英国大学的医学博士学位。

回到英国之后，他成了英国皇家医学院的成员，圣巴塞洛缪医院的医生，并且担任皇家医学院卢姆雷恩讲座的讲师。在此职位之上，1616年，他开设了一系列关于血液循环理论的讲座，得到了公众的关注。这些讲座的手稿现今仍然保存在大英博物馆。

1618年，哈维被任命为国王詹姆斯一世的御医。他和皇室一直保持着亲密的关系，直至英国内战结束。哈维曾参加了埃奇希尔战役。由查尔斯一世授权，他担任了一阵子（1645—1646）牛津大学莫顿学院的学监。当他对担任学监根本失去兴趣时，他被任命为皇家医学院的院长。1657年6月3日，哈维与世长辞。

1628年，哈维的著作《关于动物心脏与血液运动的解剖研究》在法兰克福用拉丁文出版。他的著作一经发表，就引起了公众的巨大反响。英国首先接受了他的理论，之后，他的理论逐渐在整个欧洲大陆蔓延。直到哈维逝世之前，欧洲大陆医学界才肯定了他的观点的可靠性。时至今日，哈维的理论仍被认为是生理学界最伟大的发现。哈维对医学界的贡献功不可没。

查尔斯·艾略特

献给

最杰出、最英勇的君主

大不列颠、法兰西和爱尔兰的国王

信仰的捍卫者

伟大的查尔斯

动物的心脏是它们生命的基础，是主宰一切的内在器官。它是动物体内小世界的太阳，动物体内的一切都依它而生、伴它而行。同理，国王是其王国的基石，是其周围世界的太阳，是共和国的心脏，是所有力量和所有恩赐的源泉。许多人所做之事都借鉴前人，国王统治一国也与心脏的运行模式类似。所以，根据当前的传统，我冒昧地把我此刻书写的关于心脏运动的理论献给我们伟大的国王。

对于君主来说，关于心脏的知识并非无用。了解心脏的知识，君主可以了解到自身神圣的职责。人们常常在小事中窥见大事，以小窥大是非常智慧的认识事物的方法。总之，我最杰出的君主，王国内部一切事物的仲裁者，您将会立即明了人类身体内部的源动力，它正是您无上权力的象征。因此，我杰出的君主，您一向仁慈，我虔诚地祈求您，请您接受我这本关于心脏运动的新论文。您是这个时代新的曙光，也是这个时代真正的心脏，作为君主的您，有着崇高的美德和无上的仁慈。我们心甘情愿地将英格兰、将我们生命中的所有欢乐，都交付于您的庇护之下。

您忠诚的仆人

威廉·哈维

1628年于伦敦

献给

最亲爱的朋友

皇家医学院最优秀、最德高望重的院长

阿尔勒医生

以及其他医术高明的医生和我最令人尊敬的同仁

诸位博学的朋友们，在多次解剖学讲座中，我已经多次向你们阐述了关于心脏运动和功能的观点。在过去的九年之中，在你们的见证之下，我的观点经过了多方的证实，在争论之中得以阐明，没有遭到博学精明的解剖学家的反对。应大家的要求，或者说是恳请，我最终决定，出版这本著作以阐述我的主要观点。

诸位博学的朋友们，如果没有你们的帮助和众多意见，我的这本著作将不可能完美无缺地出版。因为，通常情况下，你们都是我几乎所有例证的忠实见证者。从这些例证中，我既可以收集到真实的数据，又可以驳斥以前犯下的错误。你们看到了我的解剖过程，在我为你们展示的过程之中，我始终保持理智和逻辑推理，而你们则在我身边，见证了这一切。

我的这本书将阐述血液循环的新路线。这与自古以来流传多年、被无数博学而卓越的医生证明过的理论相去甚远。所以倘若我不首先向你们提出我的工作主题，在你们面前通过演示论证我的结论，回答你们的疑问和反对意见，并且得到我们杰出的院长的帮助和支持，那么恐怕我的工作公布于国内外公众时，就会被人们当作假想的印象而驳斥。因为大家曾私下劝导我，如果我能在你们和我们的同人面前证实我的命题的可靠性，向无数博学的人展示我的命题，我将不会惧怕来自任何其他人的质疑。

恕我冒昧，你们出于对真理的绝对热爱，使同你们一样热爱真理的哲学家们，做出让步，承认我的这一发现，我对此感到万分的欣慰。

真正的哲学家，渴望知识和真理，从不认为自己全知全解。他们愿意接受从任何人或者任何地方来的新的信息。他们不会狭隘地认为，古人传递给我们的任何艺术和科学都是尽善尽美的，后人的聪颖和勤勉是徒劳的。反之，许多人都坚持我们所知甚少，而这个世界上许多东西仍不为我们所知。哲学家不会将其信仰毫不理智地禁锢在他人的戒律格言之上，否则就会失去自由，摒弃通过亲自观察得出的结论。他们也不会对古代的贤者立誓忠诚，同时还要公开驳斥和抛弃以前被视为朋友的真理。

不过他们也知道，那些轻信和浅薄的人，倾向于不分青红皂白地接受和相信那些灌输给他们的一切。因为他们也发现那些愚钝和无知的人，看不清摆在他们眼前的东西，甚至会否认中午时分太阳带来的光芒。他们在哲学课中，教导我们要避开诗人的寓言和庸人的幻想，以及怀疑论的谬论。这样，勤学、善良、正直的人，决不会陷入愤怒和忌妒的情绪之中，不会低估有助于信奉真理的论据，正确地认识得到充分证实的观点。当真理和毫无疑问的证据要求他们改变自己观点的时候，他们并不认为这样做是不适宜的。他们不认为放弃错误想法丢脸，即使这些想法是自古传承下来的，因为他们非常明白地知道，只要是人，就会犯错误，就会被误导。许多事物都是在不经意之间被人们所发现，可以从不同的方面学到，老年人从青年人那里学到，智者从愚者那里学到。

亲爱的同人们，我不想通过引用解剖学家的姓名和著作，或者通过炫耀我的记忆力、博览群书和我所付出的艰辛来将这篇论文扩充成一本鸿篇巨制。因为我承认，我学习和教授解剖学，并非出自书本，而是来源于实践。我站在自然的高度来解读解剖学，而不是哲学家的高度。因为我认为试图夺取古人应得的荣耀是不正确的和不合适的。我不想和现代的学者们，与解剖学界做出杰出贡献并曾经作为我的老师们争辩。我不会指责热爱真理的人故意说谎，也不会把误入泥淖的人当作罪犯。我坦诚我是真理的信徒。的确，我能够无愧地说我竭尽全力、搁置苦痛，试图创造出利于学界，为同行所用，给人类文字做出贡献的东西。

再会，令人崇敬的医生们。

致以我最诚挚的歉意。

解剖学家

威廉·哈维

导　论

在我们讨论心脏和动脉的运动、活动、作用之前，我们有必要了解一下其他学者在其著作之中关于心脏的看法，以及传统的和普通人的看法。这样一来，正确的事物才能被证实，错误的也能通过众多的解剖实践和精确观察来矫正。

迄今为止，几乎所有的解剖学家、医生和哲学家都支持盖伦[①]的观点[②]，认为脉搏和呼吸的目的相同，只在一个特殊的方面有差别，那就是脉搏依靠动物体，而呼吸取决于生命机能。除了这一点区别以外，脉搏和呼吸在其他任何方面——不管是目的还是运动——均相同。意大利阿夸彭

① 盖伦（Galen，全名Claudius Galenus of Pergamum，129—199），是古罗马时期最著名、最有影响的医学大师，被认为是仅次于希波克拉底的第二个医学权威。他是罗马皇帝的御医，据说写过78本著作。他的理论保持了上千年的权威，是医学界顶礼膜拜的偶像。

② 盖伦通过解剖动物而建立了他的血液循环理论。他认为，肝是有机体生命的源泉，是血液活动的中心。已被消化的营养物质由肠道被送入肝脏，乳糜状的营养物在肝脏转变成深色的静脉血并带有“自然灵气”。带有“自然灵气”的血液从肝脏出发，沿着静脉系统分布到全身。将营养物质送至身体各部分，并随之被吸收。肝脏不停地制造血液，血液不停地被送至身体各部分并被吸收。

登泰的西罗尼姆斯·法布里休斯[①]在其最近发表的著作《论呼吸》中，证实了这一观点。他指出，心脏的跳动和动脉脉动不足以为血液通风散热，因此需要在心脏的周围形成肺脏。自从法布里休斯提出这一观点之后，凡是提及心脏的收缩和舒张，或者心脏和动脉的运动，总会专门提及肺脏。

盖伦认为，心脏右边是静脉系统的主要分支。从肝脏出来进入心脏右边（右心室）的血液，有一部分自右心室进入肺，再从肺转入左心室。另有部分，盖伦以为，它可以通过所谓心脏间隔小孔而进入左心室。流经肺部而进入左心室的血液，排除了废气、废物并获得了“生命灵气”，而成为颜色鲜红的动脉血。带有“生命灵气”的动脉血，通过动脉系统，分布到全身，使全身获得“生命灵气”，进而能够有感觉和进行各种活动。有一部分动脉血经动脉进入大脑，在这里动脉血又获得了“动物灵气”，并通过神经系统而分布到全身。

盖伦认为，无论是静脉血还是动脉血，血液都是以单程直线运动的方法活动的，而不是做循环运动。

但是，正如心脏和肺脏的结构和运动方式不同一样，动脉运动和胸腔运动也是不同的。所以，心脏和动脉的搏动机制以及功能，与胸腔和肺脏的起伏机制和功能，在很多方面是不同的。倘若如公众所说，动脉搏动和呼吸有着同样的目的，动脉在舒张时吸入空气，在收缩时通过皮内相同的气孔排出体内的浊气，而且如一般人所说的，它们在舒张和收缩的间期纳入空气，并且总是或者纳入空气，或者纳入元气，或者纳入烟气，那么该怎样解释盖伦的观点呢？因为盖伦在他的著作中向公众证明，动脉天生含有血液，并且只含有血液，没有其他诸如元气和空气之类的东西。在同一书中，他还有很多实验和推理，证明动脉中既不含有空气也不含有元气。这个矛盾该怎样解释呢？

如果动脉在舒张时充满空气（大量的空气渗入时，脉搏强劲且充

① 西罗尼姆斯·法布里休斯（1537—1619），意大利解剖学家。生于意大利的阿夸彭登泰，是详细描述静脉瓣、胎盘和喉的第一人。哈维为其弟子。

盈），那么，当把具有强劲且充盈搏动的动脉置入水浴或者油浴之中时，由于周围环绕的水或者油会使空气难以渗入，那么动脉的脉搏就会立即变小、变慢。同样，所有的动脉，不论是居于体内深层，还是居于体表，都会在同一个瞬间以相同的速率扩张，那么，空气从皮肤、血肉和其他身体组织穿入较深动脉时，怎么会和只穿入表层动脉一样自由和迅速呢？婴儿的动脉是怎样从母亲的腹腔和子宫吸入空气的？

而海豹、鲸鱼、海豚和其他鲸目动物，以及其他生活在海洋深处的鱼类，又是怎样通过动脉的舒张和收缩在广阔无垠的水体中吸入和呼出空气的呢？就此认为，它们吸入水中本来存在的空气，再将它们的烟气排入海水之中，纯属无稽之谈。如果它们在其动脉收缩时，通过皮肉的空隙，从胸腔中排出烟气，那么为什么与此同时，元气不会随之排出呢？据说这些静脉之中也包含元气，并且元气比这些烟气更稀薄。

如果动脉在其收缩和舒张的过程之中纳入和排出空气，如同肺脏的呼吸作用一样，那么为什么在动脉或者肺脏受伤的时候，比如在脉管切开手术中时，它们不发挥相同的作用？当气管被切开时，我们可以很明显地看到，有空气从外面被吸入，也有空气从体内被呼出。但是，当脉管被切开时，我们也可以很清楚地看到血液只会不停地从伤口流出来，而不会再从体外被吸进去——这和空气被吸入和呼出的运动是不同的。

如果动脉的搏动为的是冷却心脏——如同肺脏扇动是为了冷却心脏一般——使身体各个部分降温的话，那么人们通常所说的，动脉携带新鲜的血液到身体的各个部分，这些新鲜血液里又含有大量的生命源泉，使身体各部分保持适当的热量，在睡眠时予以维持，在疲劳时予以恢复的话，这又是自相矛盾的了。

如果你将动脉绑住，被扎紧的部分会立即变得迟缓麻木，而且会变凉，颜色惨白，最终停止供应养分。这又是为什么呢？按照盖伦的解释，这种现象之所以会发生，是因为这些被扎住的部位失去了从心脏这一热度源泉流出的元气。由此可知，动脉携带元气至身体的各个部分，而不是用以冷却身体各部分，使之降温。此外，动脉在舒张时，如何从心脏吸收元气来温暖全身的各个部分呢？在没有元气的情况下，又是怎样通过传递血液而对身体各个部分进行冷却的呢？

更深入地来说，尽管一些人坚称肺脏、动脉和心脏的功能完全相同，可他们同时又坚持说心脏是一切元气产生的场所，动脉负责携带和传播这些元气。他们反对哥伦布的观点，声称肺脏既不能制造也不能携带元气；他们又支持盖伦的观点，反对埃拉西斯特拉图斯的观点，断言动脉之中包含的是血液，而不是元气。

这些不同的观点，看起来是如此的不协调，如此的相互矛盾，以至于每一种说法都值得怀疑。盖伦的实验、脉管切开手术和对伤口的观察都表明动脉里面包含着血液，并且只有血液。盖伦不止在一个地方申明过，如果把人的动脉切开，人全身的血液可能在半个小时之内全部流干。盖伦的实验表明："如果你把一段动脉的两端用绷带扎紧，纵向切开它，你看到的只是血液。"由此他证明，动脉之中只包含血液。

我们或许也可以按照这样的线索去推理：我们用相同的方法将静脉扎紧并切开，如果流出的是与动脉中相同的血液，那么我们就可以得出：动脉和静脉之中包含着相同的血液，除了血液，脉管中别无他物。我已经在尸体和活体动物上面做过多次实验，验证过这一点，非常肯定动脉和静脉之中流出的血液相同。

有些人为了将复杂的事情简单化，断言血液中既是有元气的，也只从动脉中来。他们实际上承认了动脉的功能是从心脏携带血液到达全身各处，承认了动脉中充满了血液。因为有元气的血液也是血液，没有人否定血液本身。有人甚至认为，即使是流入静脉的那一部分，也充满了少量的元气。如果动脉之中的那一部分血液，含有更多的元气，静脉之中含有少量的元气，那就有理由相信，元气是血液不可分离的一部分。血液和元气融为一个整体（如同牛奶中的乳清和奶油，热水中的热与水一样）。动脉中充满了这种混合体，它们由心脏提供，流向身体各处，这种混合体就是"血液"。

如果说，这种血液会由于血管的舒张而从心脏流入动脉，那么我们就可以假设，当动脉扩张时，这些血管里面充满了血液，而不是以前人们认为的，充满了自由流动的空气。因为如果说血管里面充满了从周围大气中得来的空气，它们又将何时、通过怎样的途径接收来自心脏的血液呢?

如果答案是：在心脏收缩时，我认为是根本不可能的。因为在动脉收缩时，就必然会变得更充盈。因为充满了血液而不能膨胀。如果答案是：在心脏舒张时，这样一来，动脉就必须满足两个互相矛盾的目的，同时接收血液和空气，同时传递热和冷，这当然也是不可能的。如果能够证实心脏的舒张和动脉的舒张是同时进行的，它们的收缩也是同时的，那么就会产生一种不协调。因为如果两个物体同时膨胀、收缩，互相从对方那里吸收物质，它们是怎样相互关联的呢？或者它们如何能够同时收缩，又相互吸收物质呢？所以，一个物体通过这种方式吸收另一个物体，成为自身的一部分以致膨胀，是不太可能的，因为这样的膨胀是被动的。除非它能够像海绵一样，事先受到外力的挤压，当恢复到自然状态时进行吸收。但是，动脉中有如同海绵类的物质是难以想象的。动脉之所以扩张，是因为它们像膀胱或者皮袋一般，充满物质而膨胀，而不是因为它们像风箱一样，充满气体而扩张。我想这点是易于证明的，而实际上我认为我已经证明过。

然而，在盖伦《动脉中的血液》一书中，他举证的实验却证明了相反的情况。一段动脉暴露在外，纵向将其切开，用一支芦苇或者其他中空的管道从开口处插入脉管，以防止血液的流失，伤口就可以愈合。他说："如果这样做，整个动脉仍会搏动。但是如果你此时用一根绷带系在动脉管上，并将管腔膜与管子扎紧，那样扎线处以外的动脉管便不再搏动了。"盖伦的这个实验我从来没有实践过，也从来不认为这个实验可以在活体中做成功。因为在实施实验的脉管之上将会有大量的血液流出。而如果没有绷带，管子也不会有效地使脉管上的伤口愈合。恰恰相反，我认为血液会从管子和脉管之间流出。

盖伦想用这个实验证明两点：其一，搏动功能从心脏通过动脉壁延展。其二，动脉膨胀时，充满了搏动力，因为它们像风箱一般扩展，而且像皮肤一样没有空隙就不会膨胀。但是其相反的情况在动脉切开手术和伤口之中是显而易见的：血液有力地涌出动脉，先是很远，然后渐近。血液喷出，总是伴随动脉的舒张，而不是伴随着动脉的收缩。由此可见，显然是由于血液的充盈导致动脉的扩张。如果仅仅依靠动脉自身的扩张，不可能将血液喷射得如此远。如果动脉的作用真像一般人所认为的那样，那么它应该可以从伤口处将空气吸入其脉腔。我们不应认为动脉管腔膜很厚，更不应否认搏动是从心脏沿着动脉膜前进的结论。

在一些动物的身体构造之中，动脉和静脉并没有明显的差别。在那些能够区分的动物体内，也可能在一些特别的部位，如头、手等，动脉被再次细分，这时就很难通过动脉和静脉外形特征来区分两者，因为两者的管膜是相同的。一个由于伤口或者糜烂而生成的动脉瘤，虽然没有完好的动脉膜，但其搏动和其他动脉的搏动却完全相同。博学的里奥兰纳斯在他的《七书》中证实了我的观点。

也不要让任何人去设想呼吸和脉动的用途是相同的。因为按照盖伦所说，在跑步、愤怒、热水浴和其他让人体发热等因素的影响之下，呼吸和脉搏都会变得更加急促和有力。即便盖伦做如此的辩解，经验仍与此背道而驰。我们可以看到，随着过度的充血，脉搏会更加有力地跳动，而呼吸频率则会降低。并且，年轻人的脉搏跳动快速，但呼吸却相对平缓。在人恐惧、紧张和焦虑的时候，也是这样。有时候，发热时脉搏迅速，但是呼吸频率却比平时缓慢。这些和之前提到的反证都可以有力地反驳以上的观点。

有关心脏功能和搏动的观点很令人费解。通俗地说，心脏是生命灵气的源泉和制造场所，是把生命力从心脏传递到身体各个部分的中心。然而人们却否认元气从右心室而来，而认为右心室仅为肺脏提供养料。因而坚持认为鱼类没有右心室（其实每种没有肺脏的动物都没有右心室），因为右心室仅为肺脏的存在而存在。

1. 试问，当我们看见两个心室的结构基本上完全一样，都是由纤维组织、韧腱、瓣膜、血管和心房构成，并且据我们观察发现，两个心室的血栓，在解剖后你会发现，都是由黑色血液凝结而成的——为何会这样？两个心室的活动、运动和脉搏均相同，为什么我们认为它们的作用应该是不同的呢？如果在右心室入口处的三个三尖瓣被证明确实能够阻止血液流入大静脉，如果位于肺动脉端处的三个半月瓣能阻止血液回流到心室，而当我们发现左心室具有相同的结构，却认定它在那里的作用完全不同于右心室呢？它们具有的完全相同的结构，难道不是都为了阻止血液的流出和回流吗？

2. 再者，我们发现在大小、形态和位置等所有基本构造方面，左心室和右心室也是相同的，那为什么我们会说左心室的一切结构都是为了元气的出入，而后者（也就是右心室）的存在是为了血液的出入呢？两种相同的结构不可能同时适宜于帮助和阻碍血液和元气的运动。

3. 我们观察到血管在大小上各自彼此相互关联，如肺动脉与肺静脉，为什么人们认为，这两个互相关联的血管却具有完全不同的作用：其中一个注定有一个特定目的，也就是为肺部提供营养，而另外一个却行使着公共功能呢？

4. 如里尔德斯·哥伦布所说，如此大量的血液可能是出于肺部营养的需要吗？而通向肺部的血管——肺动脉，会有两个肠骨静脉的容量那么大吗？

5. 各叶肺如此贴近，并且持续地运动，血管在这种情况下向肺脏提供血液。我要问的是，右心室的搏动有什么用途和意义？而造物主为什么仅仅出于为肺脏提供营养这一目的而增加另一个心室呢？

通常人们认为，左心室从肺脏和右心窦吸收原料形成元气，即空气和血液。相同地，左心室将带有元气的血液注入主动脉，并从主动脉吸收烟气，将烟气通过肺静脉注入肺脏。与此同时，元气在此被吸收，传入主动脉。那么，元气和血液的分开运动是怎样完成的？元气和烟气为何能够到处穿梭、交叉通过而不结合和混淆呢？如果二尖瓣并不阻止烟气进入肺部，那它怎么会阻止空气的溢出呢？半月瓣又怎么能在每次心脏舒张时阻止主动脉中的元气回流呢？总之，他们怎么能都认为含有元气的血液通过右心室从肺静脉送到肺部，而没有受到通道中来自二尖瓣的任何阻碍呢？

之前，他们曾经断言，空气通过同一血管从肺部进入左心室，并且二尖瓣会成为其回流的阻碍。噢，我的上帝！二尖瓣怎能阻止空气的回流却无法阻止血液的回流呢？

再者，他们指出肺动脉——这个拥有粗大的血管、具有动脉壁膜的强大的血管，只有一个目的，那就是，为肺脏提供营养。而管腔较细、具有静脉外壁、柔软而松弛的肺静脉却有三四种不同的用途！人们为什么会认同这样明显“不公平”的结论？因此他们也相信空气通过肺静脉从肺脏进入左心室。烟气通过肺静脉从心脏流向肺脏。一部分带有元气的血液通过肺静脉分配至肺脏，保证其营养供给。

如果他们认为烟气和空气（烟气从心脏处流出，空气流向心脏）的传播是通过同样的管道，那么我的回答是，造物主不会为两种完全相反的运动和机能，只制造一个管道，只设计一条途径。这样的事情在其他任何地方也未曾见到。

如果烟气和空气透过静脉管的管腔，如同它们透过肺部支气管一样，为何我们剖开肺静脉的时候，既没有发现空气，也没有看见任何的烟气？为何我们总是在肺静脉中发现滞缓的血液，而没有空气，却在肺脏中发现大量的空气呢？

如果有谁来实践盖伦的实验，割开活狗的气管，用风箱往肺部充气，使其膨胀，然后绑紧气管。他会发现，当他割开狗的胸膛时，肺部有着大量的空气，甚至是末端肺泡中也含有空气，但是在肺静脉和左心室中却没有丝毫空气。如果认为，在活狗的体内，心脏从肺部吸收空气，或者肺脏向心脏输入空气，那么，上述实验刚好证明了这一点。而实际上，对此持有怀疑态度的人，如果他在解剖室给动物的肺充气，他会立即看到空气经由这样的路线运动。但是，人们认为肺静脉的此项机能——即将空气从肺脏传入心脏——是非常重要的功能，以至于法布里修斯主张，肺脏正是为了这种血管而存在的，这种血管是肺脏组织中最为主要的部分。但是我想知道，如果肺静脉是为了传输空气而存在的，那么肺静脉在肺脏里却有一个血管组织，这个组织为何存在？大自然更需要环状管，如支气管，因为它们可以长期保持开放状态，不会轻易被压扁。它们也应该完全和血管隔开，不至于使液体妨碍气体传送。这使肺部在受到极大压力或带有一点痰时，呼吸就表现出一种非常明显的嗞嗞或者咕噜声。

还有一种观点，也很难被接受。这种观点认为，最为重要的生命元气由两个部分组成，即空气和含血物质。心脏的隔膜中有无数用来运输血液的孔穴，从心脏隔膜产生的血液通过这些既定的隐藏孔穴，由右心室流向左心室；而空气通过巨大的肺静脉血管从肺脏被吸收，最终肺静脉也会获得空气。

这种观点是根本不可能的！因为我们无法证明这些小孔是真实存在的。我们已经知道的是，心脏隔膜的结构非常致密，仅次于骨骼和肌腱，较之身体其他部分要致密得多。即便如持这种观点的人所说的，心脏隔膜中有小孔或者气孔，那么一个心室是如何从另一个心室中吸收物质的呢？例如，当我们看到两个心室同时收缩和舒张时，左心室如何从右心室获得血液？而且，为什么我们相信是右心室从左心室吸收元气，而不是左心室通过这些小孔从右心室获得血液呢？试想，在同一时刻，血液通过一些隐而不见的小孔透过，而空气则通过非常开放的通道获得，这是多么奇怪的想法！试问，既然有一条如此敞开的经过肺静脉的通道，为什么还要用那些神秘的、隐而不见的小孔向左心室运输血液呢？令我感到惊奇的是，人们应该制造，或者说是想象一条更加厚实、坚硬和紧密的通过心脏隔膜的通道，而不是把这条通道视为开阔的肺静脉，至少是容易通过柔软的肺的通道。此外，如果血液能够渗入到隔膜的物质之中，或者能够从心室里面进行吸收，那么进入心脏隔膜为其提供营养的冠状动脉和静脉又有什么用呢？

而值得人们特别关注的是：在胎儿时期，身体的各个部分都非常的松散和柔软，当然包括心脏隔膜，而造物主却特意减少了那种在成人的身体上的循环——血液通过卵圆孔从心脏右边输向心脏左边，或者通过肺静脉输入腔静脉。而在成年了之后，心室的隔膜随着年岁的增长变得更加紧实了，血液怎么可能和胎儿时期一样不费吹灰之力就从心脏隔膜通过呢？

基于盖伦的权威著作[①]和霍勒瑞尔斯的实验，安德里亚斯·劳伦提斯断言并证明，在积脓症中，从胸腔吸入肺静脉的浆液和脓液，也许是通过心脏的左心室和动脉血管随着尿液和粪便一同排出体外的。他引证一位患上忧郁症病人的病例。这位患者承受着反复的痉挛性昏厥，他的痛苦却在周期性地排出混浊、恶臭和难闻的尿液之后得以缓解。但是，由于这样的疾病，这位患者最终还是死去了。患者死后，解剖其尸体时，并没有在其膀胱和肾脏之中发现他生前排泄出来的物质。但是，在他的心脏左心室和胸腔之中却有许多那样的液体。因此，劳伦提斯就吹嘘他预见了这些症状的症结所在。

然而，我却对此感到非常的疑惑：既然他预见这种异物可以根据他指出的路径排出，为何他不能——也不会——观察到并告诉我们，在自然状态之下，血液也是通过相同的路径从肺脏输入心脏左心室的呢?

因此，基于上面的论述和其他有相同效果的观点来看，很明显，对于详细考虑过整个事情的人来说，有关心脏和动脉的运动和功能的论述都显得晦涩难懂、前后矛盾，甚至不太可能。我们应该更细致地去观察和思考心脏和动脉的运动（不仅局限于人，还包括一切有心脏的动物），这样才比较合理。与此同时，要研究和发现真理，还要通过更多的活体解剖和亲眼观察。

第一章　作者的写作动机

当我初次尽全力将活体解剖作为我发现心脏的运动和用途的手段，并且力图通过自己的实际观察而不是通过其他人所写之物来发现心脏的运动和用途时，我发觉这真是一项烦琐和困难的工作。我甚至想和弗拉卡斯托留斯一样，大胆地认为只有上帝才能了解心脏的运动。因为我起初既无法观察到心脏和动脉何时收缩、何时舒张，也无法察觉心脏和动脉何时何处

① 《论部位的影响》，第六章第七节。

正处于扩张或者收缩状态，原因在于心脏的运动速度。在许多动物体内，只需要一眨眼的时间，心脏的运动就发生了，来去如同闪电一般。因此，我认为，心脏的收缩时而在此，时而在彼，心脏的舒张也是如此，还没等我弄清楚，所有的又全都变了，这种运动似乎是变幻莫测的。我对此困惑不已，我的心绪忐忑不安，我不知道会得出什么样的结论，也不知道该相信何人的观点。难怪安德里亚斯·劳伦提斯认为心脏的运动很让人费解，如同欧里普斯河的涨潮落潮使亚里士多德费解一样，我对此完全不感到意外。

后来，我每日辛勤工作，不断调查，观察了大量的不同动物，整理和对比了无数的观察结果，最终，我认为得到了心脏运动的真相。我逃出了谜团，得以解脱，发现了心脏和动脉的运动和用途——这也正是我梦寐以求想要知道的真相。从那时开始，我毫不犹豫地就此主题发表我的观点，不仅是私下对我的朋友，也仿照古代学院的方式，在我的解剖学讲座中将其公之于众。

像通常一样，有些人赞同我的观点，有些人则反对。一些人责骂和诽谤我，说我与所有的解剖学家的意见和观点相悖，是一种不可饶恕的罪过；还有些人则乐于听到对这个新奇观点的进一步解释。他们说我的想法值得考虑，还可能有显著的用途。我的朋友请求我将此观点发表出来——他们都是我劳作的参与者；而那些忌妒我的人则对此进行反驳，觉得我的观点不可理喻，不屑一顾，并且公开发表文章诋毁我。在这些因素的共同推动下，我决定将这些观点发表出来，使我的这些想法形成一个观点，这也是对我和我的劳作的交代。

尽管意大利阿夸彭登泰的法布里修斯已经站在学术的高度，在一本专著中精确地论述了动物的每一个部位，但是他唯独没有谈到心脏。鉴于这一点，我更愿意迈出这一步。

最后，如果我的劳作能为解剖学界做一点贡献的话，那么可以说我并没有虚度此生。正如喜剧中一位老者所说：

无人能至如此完美，
时空将知识带给人类；
通过矫正抑或忠告，
来改变人类的愚昧；
要么引导世人，
放弃尊奉的权威。

或许此次，这部书对心脏的运动的研究会有所帮助。至少，对心脏的研究会就此开始，其他人按照书中寻觅的途径，在有识之士的指导之下，可以继续向前迈进，在将来更有所作为，使这项研究更加精准。

第二章　活体动物解剖中观察到的心脏运动

首先，当我剖开活体动物的胸腔，再切开或者移除直接包围心脏的包膜时，便会观察到心脏时静时息；有时候它会搏动，有时候则没有搏动。

在诸如蟾蜍、青蛙、蛇、小鱼、蟹、虾、蜗牛和甲壳类动物等冷血动物中，这些现象非常明显；在狗和猪等温血动物之中，这种现象则更加清晰。假如在心脏开始衰竭，运动变慢，行将死亡时，对其仔细观察，就会发现心脏运动变得缓慢，次数变得稀少，时间间隔变长，这时更容易观察和揭示心脏运动的真实情况和具体方式。在运动的间隙，心脏变得柔软、松弛、疲惫、静息，如同在休息。

在心脏运动，以及完成运动的间隙，可以发现以下主要情况：

1. 心脏处于直立状态，并朝着某一点向上升起。这时，它抵达胸腔，以至于在体外也能感受到它的跳动。

2. 心脏的每一部分都在收缩，尤其倾向于向两端收缩，这使心脏看起来更加狭长，收得更拢。如果把鳝鱼的心脏取出，放置于桌上或者手上，我们就能看到这些特征。在小鱼以及心脏呈圆锥形或者狭长形的冷血动物中，也表现出相同的情形。

3. 将心脏握在手中，便能感觉到其在运动时变得较硬。这种硬度来源于心脏所承受的张力。正如当前臂被抓住时，其肌腱变得更加紧实，而松开手后，其弹力恢复。

4. 在鱼类和其他诸如青蛙、蛇等冷血动物之中，可以进一步观察到，心脏在其运动时，颜色变浅，呈淡白色；而在其静止时，颜色变深，呈深血红色。

我从这些细节发现，心脏在运动中普遍存在着一定的紧张，包括心脏纤维的收缩和其他各个部分的收缩。心脏在运动时会立起并且变硬，体积变小。心脏运动的本质显然与肌肉运动的本质是相同的，均是肌腱和纤维收缩的结果。肌肉在运动中得到力量并绷紧，由软变硬，变得凸出并且增厚。心脏运动也是如此。

由此，我们可以得出结论：心脏在运动时，各部分全面收缩，腔壁变厚，心室变小，所以容易喷出或者挤出所装载的血液。实际上，这是上述第四项观察中已经阐明的。在这项观察中我们发现，心脏挤出所含血液后，颜色会变淡；当其转入休眠状态时，心室重新充满了血液，心脏又恢复成原来的深红色。这一事实毋庸置疑，因为如果刺穿心脏，我们就会看到，在心脏绷紧时，每一次运动或者搏动中，血液就会猛烈地喷出。

因而，以下情形是同时发生的：心脏紧张，心尖搏动（这种搏动会撞击胸部，它所造成的撞击在体外都能感受得到），腔壁的变厚，心室收缩，其所包含的血液从里面强有力地喷出。

因此，人们通常所接受的观点恰恰与事实相反：人们通常认为，当心脏撞击胸腔时，在体外也能够感受到脉搏，心脏在其心室内膨胀，使心室充满血液。但事实却是，当心脏收缩时，其实是倾空的。人们通常认为，心脏在舒张时运动，但事实上，心脏是在收缩时才运动。同样地，心脏的内在运动不是舒张，而是收缩。心脏不是在舒张时变得坚实和紧绷，而是在收缩时才这样，因为只有在其紧绷时，它才会运动和得到力量。

同样地，我们也不能认为心脏只在其纤维中做竖直方向的运动，尽管伟大的维萨里提出了此观点并提供了依据。他用一捆柳条结成金字塔形作为例证。他的论述是，当用力使其顶部向底部靠近时，两边就会凸出呈弓形；就心脏而言，当心腔扩张时，心室就会呈吸杯状，所以吸入血液。但事实上，所有心脏纤维的真正作用是使心脏收缩，同时使心脏绷紧，结果使心隔膜和心脏本身的物质增厚并扩大，而不是扩大心室。而且，因为纤维的方向是从心尖到心底，将心尖牵引向心底的方向，所以并不会使心壁凸成圆形，而是恰恰相反。因为所有呈圆形排列的纤维在收缩时，都会变直，而且侧部会膨胀并且变厚，如同普通的肌纤维一样，在收缩时，肌纤维的长度变短，就像我们在腹部的肌肉上所见到的一般。并且，仍需补充的是，心室不仅按照这种方向收缩并且使心脏隔膜增厚，更进一步来说，被亚里士多德称作神经的那些纤维或纤维束在大型动物的心室里面更为显著，并且还包括所有的竖直纤维（心脏壁中只包含环形纤维）。当它们通过很好的调节，同时收缩时，所有的内表面都聚集在一起，如同绳索一般。所以，心脏所装载的血液在这样的力的作用下被挤了出来。

人们通常认为，心脏通过扩张和自身的运动获得力量，把血液吸入心室。这个说法也是不可信的。因为，当心脏运动并变得紧绷时，血液就会被排出；而当心脏松弛并下垂时，血液便流入。下面将解释这一方式和途径。

第三章　活体动物解剖中观察到的动脉运动

通过了解动脉的运动和搏动，可以进一步观察到心脏运动和搏动时的各种状况。

1. 当心脏收紧、胸部受到冲击之时，也就是心脏处于收缩状态时，动脉会扩张，产生搏动，脉管处于舒张状态。同样，当右心室收缩挤出血液时，肺动脉和身体其他的动脉则同时舒张。

2. 当左心室停止活动、收缩和脉动时，动脉中的脉动也随之停止。进一步来说，当左心室的收缩变得迟缓时，动脉中的脉动也变得微弱，几乎不能感觉到。同样，当右心室的搏动停止时，肺动脉也会停止搏动。

3. 而且，当动脉被划开或者被刺破时，我们可以看见，在左心室收缩时，血液会有力地从剖开处喷射出来。如果剖开肺动脉，我们可以看见，在右心室收缩时，血液会有力地从伤口处喷射出来。

对于鱼类也是如此，如果连接心脏与鳃的血管被划破，心脏紧张收缩的一瞬间，血液会从划破的血管中有力地喷涌而出。

同样，我们看到，在动脉切开术中，血液喷射时远时近。血液喷射较远的时间，正是动脉舒张、心脏收紧并撞击肋骨的时间。这一时间，心脏正处于收缩状态，我们因此而了解到，血液是通过相同的运动被喷出的。

因为这些事实虽然和人们之前接受的观点相悖，但是很明显，动脉的舒张时间和心脏的收缩时间是一致的。心脏收缩时，心室中的血液受挤压进入动脉，使动脉充盈并扩张。因此，动脉扩张是由于它们如同液囊或者膀胱一样被充满了，而不是由于它们像风箱一样膨胀了。因此，身体所有动脉的脉动都由于同一个原因，也就是左心室的收缩；而肺动脉的脉动是由于右心室的收缩。

最后，动脉的脉搏是由于来自左心房血液的注入所致。这可以用一个例子来解释。我们向塑料手套里面吹气，五个手指的部分在同一时间都膨胀了起来，而它们的舒张与脉搏的舒张非常相似。因为动脉的舒张程度取决于心脏的搏动，心脏的搏动越完善、越强劲、越频繁，动脉的活动就越有力，但依然保持心脏收缩的节奏、容量和规则。毫无疑问，由于血液的运动，当心脏收缩时，人们便可以感觉到动脉的搏动（尤其是在远离心脏的动脉之中）。动脉的运动和心脏的收缩是同时进行的，就如同我们往手套或者可充气囊袋中灌气一般。因为在一个充满物质的空间中（如鼓，一根木棍），在两个不同的末端会同时发生振动和运动。亚里士多德也说："所有动物的血液都在其血管（指动脉）内流动，并且通过搏动传到全身。"[①]他还说："因此所有的血管都依次搏动，因为它们都依赖于心脏。心脏总是处于运动状态，所以血管也总是同样地依次运动。"[②]这里

① 《动物志》第三章第19篇。

② 《论呼吸》第20章。

我们最好注意盖伦的话，古代的哲学家把动脉称作血管。

偶然一次，我碰巧遇到一个特殊的病例，这个病例对我的研究很有帮助。这个人脖子右侧的动脉上长了一个非常大的瘤，我们称为动脉瘤。它由动脉自身的糜烂引起的，这个瘤正好长在动脉通向腋下的部位，并且一天天逐步长大。随着心脏的跳动，动脉将血液输入这个肿瘤，肿瘤因此而胀大。这个病人离世后，我解剖了这个动脉瘤，我发现瘤子与动脉的联系非常明显。这个病人生前，右臂的脉搏很弱，这是由于大量的血液被肿瘤中途拦截流入了肿瘤的缘故。

由此可见，动脉之中的血液如果受到阻滞，无论是因为紧张、瘀血，还是截流，分布较远的动脉的搏动就不会那么有力，因为动脉的搏动就是血液在血管中的冲击和振动导致的。

第四章　在活体动物中观察到的心脏和心房运动

除了我们已经讲过的心脏运动以外，我们还需要考虑与心房有关的运动。

医术高明并且博学的解剖学家卡帕斯·鲍欣和约翰·里奥兰[①]通过他们的观察告诉我们，如果我们认真地观察动物在活体解剖中的心脏运动，我们将会察觉到，在不同的时间和不同的位置上有四种不同的运动。其中，两个运动和心房有关，另外两个和心室有关。出于对这一权威见解的尊重，我认为这四种不同的运动，明显与位置有关，而与时间没有关联。因为两个心房的运动是联系在一起的，两个心室的运动也是如此。在这种情况下，从位置上看有四种运动方式，但是从时间上看则只有两种。

其运动的方式如下：

有两种运动是互相联系的：一种是心房运动，另一种是心室运动。这两种运动绝对不会同时发生。通常是心房首先开始运动，接着心脏本

① 《论精神》，这是一部伪称亚里士多德的著作。

身开始运动，这种运动显然是从心房开始的，然后扩展到心室。当生命将尽，运动迟缓，心脏开始衰竭时，就如同在鱼类和冷血动物体内所见到的一样，这两种运动之间的间隙变短，心脏出现搐动，这是对心房运动的回应，这种搐动时快时缓。最后，行将死亡时，心脏停止回应心房的运动，不过心尖还会微动，这种活动非常微弱，好像没有动一样。在死亡时，心脏比心房先停止运动，也就是说，心房的寿命比心脏长。左心室首先停止工作，然后是左心房，接下来是右心室，最后是心脏的其他部位，心脏也随之死亡了。正如盖伦观察到的那样，这时右心房仍在继续搏动，依然有生命，所以右心房的寿命最长。当心脏逐渐衰竭时，心房收缩两三次之后，有时可以看到心脏的搐动，很像是受激发而产生的活动，心脏只产生一次搏动，而且非常缓慢、被动和费力。

但是，值得注意的是，在心脏停止跳动之后，心房仍然在做收缩运动。把一只指头放在心室上，就能察觉到心房的数次搏动，仍然保持着同样的搏动方式，并基于同样的原因——正如我们前面所说过的——心室的搏动可以通过血液贲张造成的动脉扩张而感受到。如果这时，当只有心房搏动时，用剪刀剪去心尖，你就会发现血液会随着心房的收缩而喷洒出来。由此，我们可以明确地知道，血液进入心室并不是由于心脏的收缩和扩张，而是由于心房的搏动。

在这里我想申明，我所说的心房和心室的搏动均是指收缩运动。首先是心房的收缩，紧接着是心脏本身的收缩。当心房收缩时，它们的颜色变浅，呈现出苍白的颜色，尤其是在只含少量血液的部位。但是它们在充满时，就变成了血液的仓库或者储藏室。血液在静脉流动时，在压力的作用下，会自然地流向心脏中央。在心房收缩时，心房边缘和端部的白色尤其明显。

在鱼类和蛙类以及其他心脏只有一个心室的动物中，因为只有一个囊状的心房随血液的流入而扩张，在此器官底部，你可以非常清楚地观察到，这个囊状物首先收缩，然后才是心脏和心室的收缩。

但是，我认为还是应该描述一下我观察到的一个相反的情况：将鳝鱼和其他鱼类，甚至是一些更高级动物的心脏取出体外，尽管没有心房，但心脏仍然搏动。不仅如此，如果它们的心脏被切成小块，一些部位仍然会出现收缩和松弛现象。所以，在这些生物中，当其心房完全停止运动之后，其心脏仍然会搏动或悸动。但是，这是不是那些生命力较强，体内湿度较大，身体肥硕，行动缓慢，体内物质不易溶解的动物特有的现象呢？鳗鱼的肌肉中的确表现出这种功能，当其被剥皮剖肠、切成数段之后，仍然能够看见其肌肉的运动。

一次，我用鸽子来做相同的实验，发现在其心脏完全停止跳动后，其心房也停止了运动。我用唾液将我的手指打湿，将其放在心脏上不久，在热敷的作用下，心脏又恢复了力量和生命，于是心室和心房交替搏动、收缩和松弛。回想起来，如同起死回生一样。

除此之外，我还偶然观察到，在心脏和右心房停止跳动后，也就是说，在心脏行将死亡时，右心室中的血液自身仍保持着微弱的运动、起伏或者颤动。只要里面仍然有热量和元气，这种运动就会显露出来。实际上，与此相同的情况在动物生殖的过程中尤其明显。我们可以在小鸡孵化的第一周内观察到这种现象（诚如亚里士多德所观察到的一样），首先产生出的第一滴血就能表现出跳动。自此，随着进一步的发育，雏鸡逐渐成形，心脏的心房形成了，心脏开始跳动，生命迹象从此出现。最终，经过几天时间，雏鸡的轮廓渐渐明晰，心脏的心室部位开始形成，但是在很长的一段时间里，心室都呈白色，显然不含血液，就像小鸡的其他部分一般。心室既不搏动，也不运动。人类胎儿形成的头三个月，其心脏的状况与小鸡类似，尽管心房内含有大量淡紫色的血液，但心室仍然苍白，毫无血色。在鸡卵中也一样，当小鸡形成，形态变大时，心脏也会随之变大，并长出心室，然后开始接收和输送血液。

这种现象引导我得到一个结论，无论任何人，只要非常认真地查究了这一情况，都不会说心脏是最先产生最后死亡的器官。最先有生命的部分，也是最后死亡的部分，实际上是心脏的一部分——心房，或者是在巨蛇和鱼类动物体内相当于心房的东西。这些器官均在心脏之前形成，并且晚于心脏死亡。

不仅如此，血液或者元气是否先天就有微弱的搏动，这种微弱的搏动是否在心脏死后还保持着呢？我们是否应该认为生命随着心脏的搏动和跳动而开始呢？这依然是一个疑问。正如亚里士多德所说，所有动物的精液，即繁殖元气，有限地离开了它们的身体，像是一种有生命的物质。正如亚里士多德进一步所说的那样，元气死亡的本质，就是追溯它生的路径，回到生命伊始的状态，元气生命的尽头也就是元气生命的起点。这正如动物产生于非动物，实体产生于非实体。所以，以相反的路径，实体由于腐烂成为非实体，在动物中也一样，后产生的先死，而先产生的后死。

我还观察到，不仅是那些大型的、拥有鲜血的生物确实拥有心脏，几乎所有的动物，包括蛞蝓、蜗牛、扇贝、小虾、螃蟹、小龙虾和其他小型的无血动物，都拥有心脏。不仅如此，我用放大镜观察马蜂、大黄蜂和苍蝇，在它们尾巴的上部，均看到了心脏的跳动。不光我看到了它们的心脏，我还给其他许多人看过。

但是在无血动物中，心脏的跳动迟缓并且微弱，心脏的收缩缓慢，仿佛行将死亡的动物一样。在蜗牛中很容易看到这一现象。蜗牛的心脏位于其身体右侧的孔底，它随着蜗牛的呼吸舒张和收缩，蜗涎也是从此孔分泌出来的。这个裂痕存在于其身体上部与肝脏相对应的部分的旁边。

然而，应该指出，在冬天以及较寒冷的季节，诸如蜗牛一类的无血动物，并不表现出搏动，在这种时候，它们的生活方式和植物或者那些被称为是植物式动物的生活方式很相似。

应该注意的是，所有拥有心脏的动物都拥有心房或者是类似心房的器官。进一步来说，只要心脏有两个心室，那么它必然就拥有两个心房；不过具有两个心房的动物，不一定具有两个心室。如果观察雏鸡在卵中发育的情况，你会发现，刚开始时，它只有一个囊或者心房，或者跳动的血滴，不久之后，它通过进一步发育，心脏才形成。尽管如此，在某些动物中，如蜜蜂、黄蜂、蜗牛、河虾、小龙虾等，其组织结构注定不会达到高度完善的状态，我们在它们生命伊始时，仅仅发现了一些跳动的囊，就像跳动的红点或者白点。

我们在一些地区，如泰晤士河或者是海洋之中，发现了一种通体透明的小虾。当把这种小生物置于少量的水中时，我和我的朋友有了一个非常好的机会来近距离观察它们心脏的运动。小虾的外表透明，对我们的视线没有造成任何阻碍，我们仿佛是隔着玻璃窗在观察它们的心脏。

我还观察到，小鸡在孵化四五天之后的最初的模糊胚体。我将蛋壳去掉，将鸡蛋进入清澈的微温的水中，看见了一团模糊的物体。在这团云雾状的物体中，无疑有一个血点。它是如此之小，以至于在鸡胚收缩时都看不出来；但在鸡胚舒张时，这个血点又显现了出来。这个血点呈红色，像大头针针尖那么大，它时隐时现、若有若无。不过血点的搏动确是生命开始的表征。

第五章　心脏的运动、活动和功能

通过上述和其他类似的观察，我发现心脏的运动如下：

首先是心房收缩，在其收缩的过程中，将血液压入心室（心房中包含大量血液，被称作静脉之源，是血液的储藏室）。当心室充满血液时，心脏立即挺起，心纤维紧张，心室收缩，心脏跳动，心脏通过跳动将来自心房的血液立即输送到动脉中。右心室通过肺动脉将血液送到肺脏。从结构、功能和其他各个方面来说，肺动脉都是一种动脉。左心室将其内的血液输入主动脉，再经由主动脉将血液送往全身各处。

心室的运动和心房的运动是相继进行的，这两种运动按照同一方式，保持着同一节奏和谐进行。虽然这两种运动都在发生，但是并没有哪一种运动更加明显。尤其在温血动物体中，运动是迅速的。原因在于，心脏就像一台机器，这台机器的一个轮子给其他轮子动力，但是这种给予的运动非常快，使得所有的轮子好像在同时运动一样。或者你可以把心脏比作一个枪炮上的机械装置，扣动扳机的瞬间就激发了打火石，打火石立刻撞击钢铁产生火花，火花落入火药中并将其点燃，火焰扩张，进入枪膛，引起爆炸，推动炮弹运动，完成射击——所有这一系列运动一气呵成，由于发生的速度很快，射击就仿佛在一眨眼的时间完成的。吞咽也是如此，细化一下吞咽的动作，你会发现这其实也是几个动作瞬间完成的结果：先是舌头根部，拉动口腔的压缩，食物和饮料因而被推向咽喉，这时咽喉部位的肌肉会抽动，会咽抬起并落下，喉因而关闭。如同一个口袋在装满物品时必须提高口袋并张开袋口一样，咽也被其肌肉抬起并打开，这样口中就能够装更多的食物。这些食物在横纹肌的作用之下被咽下，又被直纹肌推向食道深处。然而，所有的这些运动，虽然是由不同的器官来完成的，但却非常和谐地进行。按照这样的次序，这些器官共同完成了一个动作，这个动作我们称为吞咽。

心脏的运动和活动也是这样完成的，它进行的是另外一种吞咽，即将血液从静脉输送到动脉。如果人们记住了这一点，在观察活体动物的心脏运动时，他不仅会发现我专门提及的这些现象（即心脏的直立与心房的连续的运动），而且还会进一步发现，心脏有一种不明显的起伏并向着右心室倾斜，仿佛心脏在运动时有轻微的扭曲。实际上，人们很容易发现，马在饮水时，随着马咽喉的运动，水被吸入到胃部，这一动作伴有声响，产生的搏动既听得到也触摸得到。心脏的运动也是如此，当大量的血液从静脉输入到动脉中时，搏动产生的声响从胸部也可以听到。

心脏的运动与上述如出一辙。心脏的活动之一就是传输和分配血液，再通过动脉，将血液分配到身体的各个部分。我们所感受到的动脉搏动，来自心脏血液的冲击。

除了泵出血液，将血液分配到身体各个部分之外，心脏是否还有其他的作用——给身体加热、输送元气、使血液更加完美，仍需要我们做进一步的探究，而且还取决于其他领域的研究。现在能够说明的是，心脏的一个功能是通过其活动，将血液通过心室从静脉输向动脉，再通过动脉将血液分配到身体的各个部分。

实际上，无论从心脏的组织上来看，还是从其瓣膜的位置和作用来看，都可以证明这一点。但是仍然有一些人，好像患有视力障碍或者在黑暗中摸索一样，提出各种各样的自相矛盾的、不符合逻辑的观点，他们的这些见解是建立在主观臆想的基础上的，正如我们之前所提到的一样。

在我看来，人们对这一问题存在猜疑和错误的主要原因，是由于心脏和肺脏之间有密切的联系。当人们看到肺动脉和肺静脉均消失于肺脏之中时，就会疑惑右心室是如何以及通过何种方法将血液送入身体各个部分的，也很难理解左心室又是如何以及通过什么方式从主静脉中吸收血液的。盖伦的论述证明了这一观点。他在反驳埃拉西斯特拉图斯关于静脉的起源和作用以及血液的相互作用的论文中说："你会说，结果就是这样，血液在肝脏之中制备得当，并从那里输向心脏，并且在心脏中获得适当的形式，变得更加完美。这样说并不是全无道理，因为任何完美的工作都不可能一蹴而就，或者通过一个器官就能够最终完成。但是如果这是真的，那么请你为我们展示另外一条血管，它可以从心脏中吸收完美的血液，并将其输送到全身各处去的，如同动脉将元气输送到全身各处一样。"盖伦的这种解释也并不合理，因为盖伦不但没有发现血液运输的真正方式，也未能发现将心脏的血液运输到身体大部分的血管。

但是，假如有人相信埃拉西斯特拉图斯的观点和我们现在所持的观点，即，大动脉是将血液从心脏输入身体各个部分的血管——盖伦曾经（有保留地）同意这一观点，但我不知道最聪慧、最博学的人（即盖伦）将会如何回答下面的问题：

如果盖伦说动脉传输的是元气而不是血液，那实际上他就完全赞同了埃拉西斯特拉图斯的观点，因为埃拉西斯特拉图斯曾经猜想动脉中只有元气。但是这样的话，盖伦就会自相矛盾，否认自己在论文之中反驳埃拉西斯特拉图斯的观点，也就是说，盖伦认为动脉中所含的物质是血液，而不是元气。事实上，盖伦通过许多强有力的证据证明了这一点，而且还通过实验使这一观点更加无懈可击。

但是如果天才的盖伦在这里如同在其他地方一样，承认"身体中所有的动脉都来自大动脉，并且起源于心脏，所有的这些血管都包含和携带血液；位于大动脉孔的三个半月瓣均是为了阻止血液回流入心脏，大自然若不是出于非常重要的目的，就绝对不会将三个半月瓣置于身体最重要的器官之中并与大动脉相连”，如果这位医学之父承认所有的这一切（我引用他自己的话语来说），我无法理解他为什么会否认大动脉正是携带血液的主要血管。当大动脉发育完善时，便将来自心脏的血液分布到身体的各个部分。或者盖伦没有弄清血液从静脉输入动脉的路径，结果，正如我之前所说的那样，因为未能搞清楚心脏和肺的直接联系，所以像所有追随他的人一样，包括现在的一些追随者，一直在犹豫不决。

心脏与肺脏之间的联系也让不少解剖学家困惑。他们在解剖的过程中，发现肺动脉和左心室中明显充满了黑色、浓密而凝结的血块，他们不得不承认血液是从心脏隔膜渗出，从右心室流向左心室的。不过，我早就反驳过这一想法，血液必定备有一条新的路径并已经开通。这条路径一旦被人们所知，我相信，但凡有经验的人都会承认我之前所提出的关于心脏跳动和动脉搏动的观点，即血液从静脉流向动脉，并且通过血管，血液被分配到全身各处。

第六章 血液从大静脉到动脉或从右心室到左心室的路径

由于大多数的解剖学家都将他们的研究对象仅仅局限于人体，而且是尸体，并不对一般的活体动物进行观察，所以对于心脏和肺脏之间的关系——它们在人体中的联系是非常紧密的——常常提出错误的见解。他们的这种做法，就像一个人仅仅研究了一个国家，就提出一种普遍意义上的政体，或者是仅仅认识了一块土地的性质，便认为自己已经精通了农业科学，或者像一个人仅仅根据一个特殊的前提而提出一般的结论一样。

假如解剖学家像精通人类的解剖那样精通低等动物的解剖，那么，我认为迄今为止一直让他们困惑不解的那些难题就全都迎刃而解了。

首先，在鱼类中，心脏只有一个心室，并且没有肺脏，这是显而易见的。在鱼类中，其心脏底部有一个类同于人类心房的囊，这个囊将血液挤入心脏，进而，心脏显然是通过一个管腔或者动脉或者和动脉相似的血管来传输血液的。这些事实可以通过直观的观察和血管的解剖来证实，在活体解剖时，很容易就能看到血液会随着心脏的每次脉动而喷射出来。

同样不难证实的是，在蟾蜍、青蛙、蛇和蜥蜴等动物中，心脏也只有一个心室，在一定程度上具有肺，但是它们的肺就如同它们能够发出声音一样。（我多次观察过这些动物的精巧的肺部结构及其附属结构，然而，在这里我不便多说。）对它们的解剖表明，这些动物也同高等动物一样，通过心脏将血液从静脉输送到动脉。事实上，这一途径是显而易见的，对此没有任何困惑和质疑的地方。因为在这些动物的体内，它们的心脏就像人类的心脏间壁裂开了，或者两个心室变成了一个。因此，我认为，血液正是通过这一途径从静脉流向动脉。

事实上，没有肺脏的动物并不少于拥有肺脏的动物，同样，只有一个心室的动物也不少于拥有两个心室的动物，因此我们可以得出结论：对大量活体生物的研究和判断可知，对于大多数生物来说，普遍存在一条开放的通道，将血液通过心窦或者心腔从静脉传输到动脉。

然而我曾慎重考虑过，进一步想，通过观察具有肺脏的动物的胚胎，上述状况表现得更为明显。在这些动物的胚胎中，有四个血管与心脏相连，即大静脉、肺动脉、肺静脉和大动脉，它们的连接与成体不同，这是每个解剖学家都知道的事实。在胚胎发育的过程中，通过侧向的交叉合流，大静脉与肺静脉首次接触最终接合，这次接触接合发生在大静脉与右心室接合之前，或脱离冠状静脉之后，这时心脏的位置略高于肝脏。大静脉与肺静脉接合处呈一个较大的椭圆形孔状，孔的两端连接着大静脉与肺静脉。这样大量的血液就可以自由地通过胚孔从大静脉流入肺静脉和左心房，并经过左心房流入左心室。而且，在椭圆孔的肺静脉处，有一个薄而硬的膜，使孔不能完全张开，当膜扩张时能盖住孔。在成体中，这一处的膜堵塞着椭圆孔，附着在孔的四周，关闭时几乎完全切断出孔的通路。在胎儿时期，这层膜的构造相当精巧，很松弛，它为心脏和肺脏提供了一个通道，使血液可以从大静脉流出，同时阻碍血液回流入大静脉。简而言之，所有的一切都让我们相信，在胚胎阶段，血液必须从大静脉频繁通过胚孔进入肺静脉，并从肺静脉进入心脏的左心房。而血液一旦进入心脏，将无回流的可能。

另一个接合和肺动脉有关。当肺动脉从心脏的右心室出来之后，分成了两支血管时，这一接合开始生效。因为肺动脉分成了两支血管，就好像除了已有的肺动脉和大动脉以外，又多了一支动脉管一样，这只被分出来的动脉管从肺动脉侧边出来之后，与大动脉结合在一起。因此，如果对胚胎进行解剖，你会看到好像有两支大动脉从衰竭的心脏中生出，或者是生出了两个大动脉的基部。在胎儿出生后，这两支动脉管逐渐缩小，最后，像婴儿的脐血管一样，完全萎缩并脱去。

这支动脉管没有膜或者瓣用来引导或者阻碍血液的流向。因为在肺动脉的基部——胚胎中这支脉管延长的位置，有三个半月瓣从里向外露出，无法阻止血液的流出——即无法阻止血液从右心室进入肺动脉和大动脉——但是它们却能阻止血液从主动脉或者肺动脉回流到右心室。这三个半月瓣准确及时的闭合，为胚胎中血液的回流设置了障碍。所以，我们有理由相信，当心脏收缩时，血液会匀称地从右心室向连通大动脉的血管或者通道挤出。

有关这两大交叉通道的普遍认识，即认为它们的存在是为了给肺脏提供营养的观点，是不太可信且自相矛盾的。因为在成体中，这两大交叉通道是关闭的、无用的。尽管肺部为了热量和运动的缘故，必然是需要大量营养的，但营养绝对不是来自这两大交叉通道。同样地，有人断言说，胎儿的心脏既不会搏动也不起任何作用，所以造物主不得不制造了这些通道为肺脏提供营养，这种说法也是站不住脚的。因为对孵化中的鸡蛋和刚从子宫中诞出的胎儿观察时，你会发现，不管是胚胎中的雏鸡，还是刚刚出生的婴儿，他们的心脏和成体的心脏在做着同样的运动，造物主无须那样设计。我反复地观察过这些运动，亚里士多德也证实了这一事实。他观察到："在心脏的发育过程中，搏动是存在的，从一开始就表现出来。我们通过对活体动物的解剖，通过鸡蛋中小鸡的形成，就可以了解这一点。"

但是，进一步观察就会发现，上面谈到的这两大交叉通道不仅在人或者动物出生之前就存在了，而且正如一般解剖学家所描述的那样，这些通道在出生之后几个月，甚至几年中都依然存在，但并非在整个生命过程中都一直存在。就如在鹅、鹬以及许多鸟类和许多小动物中。或许就是因为这一现象，伯塔鲁斯才认为自己发现了一条新的通道，血液可以经由这条通道从大静脉进入左心室。我承认，当我看到一只成年大老鼠的这一构造时，也得出过类似的结论。

我们从这一点可以明白，在人类胚胎中，和在那些该通道没有闭合的动物胚胎中，会发生同样的事情：由于心脏自身的运动而挤出的血液，通过明显而开放的通道，经过两个心室之间的空腔，从大静脉流入主动脉。右心室从心房处得到血液，然后将血液通过被称作动脉导管的肺动脉和其延展部分，挤入主动脉。左心房以同样的方式，通过左心房的收缩而充入血液，左心房通过椭圆孔接收来自大静脉的血液，并且进行收缩，通过主动脉的基部，将血液挤进主动脉的血管中。

但在胚胎中，当肺部不做任何运动，还处于静止状态，这个器官没有任何功能，就好像不存在一样时，造物主使心脏的两个心室起到一个心室的作用来传输血液。在胚胎期，拥有肺脏但是肺脏的功能还没有显现出来的动物的情况和没有肺脏的动物的情况是相同的。

所以，在胎儿体内，我们可以非常明显地发现心脏通过其自身的收缩和舒张，将血液从大静脉转运到大动脉中，而且转运的通道也非常明显，就如成人的两个心室由于没有隔膜而相通一样。我们发现，大多数动物在一定时期内，血液通过心脏的运行途径都是非常明显的，但是为什么其中一些动物在成体之后，比如温血动物，包括成年人，就改变了这种明显的途径了呢？这一点正是我们接下来需要探究的。我们需要了解在成体的温血动物中，比如成年的人类，是否通过肺也能传输血液。对于这个问题我们还不能下结论。

在胚胎时期，这些动物的这些器官（即肺脏）是不发挥作用的，这时造物主让其通过我们所描述的直接通道来运输血液。但是这些动物成年之后，造物主不得不采用通过肺的通道，换而言之就是造物主关闭了他所创造的、这些动物在胎儿中用过的，并且其他动物成年之后依然使用的开放的途径，而创造一条新的通道。这样是否会更好——造物主总是按最佳的方式设计？在这些动物成年之后，造物主不仅开启了新的血液运输的通道，而且关闭了以前存在并使用过的通道。

现在，我们来讨论这个问题。

如果人们解剖成体动物，你会发现，造物主之所以在体型较大且发育更加完善的成年动物体内，选择血液渗过肺脏的柔软组织，再通过大静脉流入左心室和肺静脉，而不是这些动物在胚胎时期或者成年的小型冷血动物所使用的更加直接和明显的路线，是因为这是最好的一个途径。体型较大和发育更加完全的动物的身体必然更加温暖，当它们到达成年期，它们的热量会更大——更确切地说，它们的体内在燃烧，需要湿润，需要降低热度。所以血液需要通过肺脏，肺脏刚刚被吸入的空气可以为血液降温，不至于使血液过热，这样血液便可冷却。

但是想要证明上述猜想，并给出令人满意的解释，就需要谈一谈肺脏的作用和其存在的目的。关于这些问题——呼吸的作用、空气的必要性和用途以及动物体内与呼吸相关的各个组织和器官的作用等——我做了大量的观察。但是我不愿远离我现在的目的，即讨论心脏的用途和运动，以免被人指责离题太远。而且要说明那些问题，确实不复杂，应该舍弃。将来方便时，我将在另外一部论著中论述这方面的问题。现在，让我回到当前的话题，我接着陈述刚才没有陈述完的问题，即在发育完全的成年温血动物以及人类体内，血液通过肺动脉从心脏的右心室传入肺脏，然后在肺脏中通过肺静脉输入左心房，继而进入心脏的左心室。我首先将会展示其可能性，然后证明其正确性。

第七章　血液从右心室通过肺脏进入肺静脉和左心室

血液从右心室通过肺脏进入肺静脉和左心室，这是可能的，并且毫无阻碍。我们只要回想一下水分渗透土壤形成泉水和小河的方式，或者回想一下汗水经由皮肤流出，或尿液通过肾脏流出的方式，就会明白血液的这种运行是毫无阻碍的。众所周知，凡是饮用过矿泉水或者帕多瓦境内拉马多纳河水的人，或者饮用过含酸的水或天然含盐的水的人，或者仅仅是喝了一加仑水的人，这些水又会在一到两个小时之内由膀胱排出体外。这么多的液体必定需要短时间的调制：它必须要经过肝脏（在一天的时间内，我们所消耗的食物的浆汁要经过肝脏两次），还必须流过静脉和肾脏组织，最终通过输尿管进入膀胱。

然而，有些人认为血液不会全部流过肺脏，就如他们否认营养汁经过肝脏一般，他们认为这是不可能的。对于他们，我愿意给予诗句般的答复：他们属于那样的人，倘若赞成，则全心全意，倘若反对，则完全否定；让其赞同时，则提心吊胆，无须其赞同时，则心安理得。

肝脏体是致密的，肾脏也是一样，而肺脏的组织却相对疏松。与肾脏相比，肺脏完全像海绵体。在肝脏中，无法施加挤压的力量。右心室的搏动推动肺部血液的运动，其运动必然使肺脏的血管和气孔扩张。肺脏在呼吸时，不断升降，这种升降必然会使肺部的气孔和肺部血管张开与闭合。这与海绵和其他类似海绵的物质，可以压缩和展开是一样的道理。而肝脏正好相反，肝脏一直处于静息状态，看不到收缩或者扩张运动。

最后，如果人们不再否认在人类、牛和其他大型动物体内，这些动物摄取的食物的浆汁会进入大静脉的话，那就一定会经过肝脏，而且也正是由于这个原因，这些动物继续消化这些浆汁，这些浆汁就必须进入静脉，而进入静脉的途径只有这一条。如果人们同意以上这些，为什么会否认成年人的血液必然会经过肺脏呢？为什么我们不和医术高明并且博学的解剖学家哥伦布一样，依据肺部血管的容量和结构，依据肺静脉和与其相关的心室总是充满的血液，而且这些血液必然是从静脉而来这些事实，而相信除了肺脏之外血液没有其他的通道呢？

我们和哥伦布一样，通过之前的观察，通过解剖和讨论，认为事情已经非常清晰。但是，对于有些人来说，要认可一件事情必须来自权威人士，我只好利用盖伦自己的话来证实我所争辩的观点，以使他们了解真相。盖伦说，血液不仅能从肺动脉输入肺静脉，然后进入左心室，从左心室进入全身各处的动脉中，而且心脏的不断搏动和肺脏的呼吸作用也影响着血液的运动。

众所周知，在肺动脉的管口有三个半月瓣，它们阻止血液从脉管回流到心脏的空腔中。而盖伦用了以下的文字解释了这些半月瓣的作用和其存在的必要性："动脉血管和静脉血管在各个地方相互交叉和结合，它们又通过我们看不见但是一定非常狭窄的特定管道分别传输血液和元气。而如果此时，肺动脉的管口同样持续地张开，而造物主又没有发现有什么办法关闭在需要时再张开的管口，那血液在胸腔收缩之时，通过这无形和细微的管口进入动脉，是绝对不可能的。因为任何事物都不可能在被吸收的同时被排出。但是，轻的物质比重的物质更容易在扩张时被吸收，在收缩时被排出。同样，宽阔的管道比狭窄的通道更易于事物的进出。但是当胸腔收缩，内向驱动并有力地压迫周围时，肺脏受到挤压，它们其中所包含的一些元气会被立刻挤出，与此同时，那些微小的管口也会接收一定量的血液，而血液决不能随意地通过肺动脉的大管口回流到心脏中。不过由于血液通过肺动脉大管口的回流受阻，使四周受压，这时却有一部分血液通过上面提到过的一些小管口渗入到肺静脉中。"[①]

不久，盖伦在下一个章节中写道："胸腔越是收缩，它挤出的血液就越多，而这些膜（即半月瓣）就会更加紧密地关闭管口，使得血液无法回流。"他还在第十章的前面部分提到过相同的事实："如果没有瓣膜，将会造成三重不便，而血液将会毫无变化地流经这条狭长的通道。血液将会在肺脏舒张时，流入肺脏，充满其中的动脉。但是，在肺脏收缩时，它们以潮汐的方式，或者像欧里普斯河水一样，不时在相同的路径里面来回地流动，做往复运动，这太不像血液了。然而，这或许只会持续数秒，但是如果与此同时，血液又承受着呼吸作用，我想这将不再是小事。"盖伦又说："接着是第三个不便，这绝对不能轻视。如果我们的造物主没有创

① 《论身体各部分的作用》，Ⅵ，10。

造这些膜，血液将会在呼吸的时候倒流。”他在第十一章总结道：“它们（瓣膜）都有一个普遍的用途，即阻止血液回流或者反方向运行。而每个瓣膜都有合适的功能，一个从心脏吸收物质，并防止其回流，另一个瓣膜为心脏提供物质，并防止其流出心脏。”因为造物主无意让心脏做不必要的运动，不会让心脏把流出去的东西再带回来，也不会将应该流入的东西带走。因此，在心脏中，一共有四个管口。每个心室有两个管口，一个负责引入，一个负责导出。

盖伦还说：“此外，由于这里仅有一个管腔与心脏内膜相连。而另一个管腔则有两个内膜，从心脏延展出来（在这里，盖伦指的是心脏的右侧，而我发现心脏左侧也是一样），所以两个管腔形成了一个类似蓄水池的东西，使血液从一个管腔进入，从另一个管腔流出。”

这里引证了盖伦的论据，说明血液怎样通过右心室从大静脉进入肺脏。我们还可以变换一下名词使其更加准确，换成血液从静脉通过心脏流入动脉。然而，盖伦这个伟大的人物、医学之父，已经清楚地表明，血液从肺动脉经由肺部到达肺静脉的细微分支，心脏的脉搏，肺和胸腔的运动，促使血液这样流动。而且，心脏通过心室不停地输入和输出血液，心室就如同一个蓄水池。出于这样的目的，心脏具备了四个瓣膜，两个用于输出血液，两个用于输入血液，以免血液像欧里普斯河水一样在狭小的管腔中流来流去，或者流入不该流入的空腔中，或者阻碍本该流动的部分血液，于是使心脏承受无效工作的压力，而肺脏的功能也受到干扰。①最后，我们认为，血液通过肺部明显的多孔结构，不断地从右心室渗入左心室，从静脉进入主动脉，而且血液不间歇地通过肺动脉从右心室进入肺脏，再以同样的方式，不间歇地从肺脏流入左心室。

从前文的论述和瓣膜的位置来看，除了以这样的路径，血液别无选择只能这样连续地流动。因为血液不间断地流入右心室，又不间断地从左心

① 博学的霍夫曼对盖伦《论身体各部分的作用》（De Usu partium）的第六册的评论，我写完了此书的前几部分才看到此书。

室流出，血液的这种流动方式是显而易见的，同时也是可以推导出来的，所以血液除了从大静脉不停地流入主动脉之外，不可能有其他路径。

结果，解剖清晰地表明，大多数动物（实际上是所有的动物）在它们到达成熟期之前所发生的现象，显示了在成年期时发生了同样确定的事情。这一点在盖伦的言语和我之前所说的话中都可以证实。不同的仅仅是，盖伦认为血液流经肺部隐藏的小孔和细微的血管，而我在解剖中发现，血液是通过明显而开放的途径流动的。由此可见，虽然一个心室，比如说左心室，就可以将血液从大静脉中输出再传输到身体的各部位——就像那些不具备肺脏的生物一样——然而，造物主还是认为血液需要流过肺脏，所以又制造了右心室。右心室的搏动迫使血液通过肺脏从大静脉进入左心室。这样，人们也许会说，右心室是为了肺脏而存在的，为了使血液经过肺脏，而不是为了营养血液。但是，如果我们认为肺脏比拥有纯净物质的大脑或者质地明晰、结构复杂的眼睛需要更丰富的营养物质，是非常不合理的。即使心室本身的肌肉，也是由冠状动脉提供营养的。

第八章　从静脉通过心脏流入动脉的血量和血液循环运动

以上我所说的是血液从静脉进入动脉的路径，以及通过心脏作用血液的运行与分布方式。其中有些观点，如果根据盖伦或哥伦布的权威，或者其他人的推导，是可以赞成的。但是关于血量和血液的来源问题还没有谈及，对这一问题我有一个非常新颖、前所未闻的观点，我害怕我会因此受人忌妒，害怕大多数人会因此视我为敌人，因为习以为常已经成为人类的另一天性，教条一旦播下种子，其根深蒂固的地位就难以动摇，而且崇尚古人也是人之常情。然而事情已经如此，并且我信奉真理，相信文明人类的公正无私。老实说，当我分析我收集的大量证据时，无论是从活体解剖直接得出的结果，以及我对活体解剖的各种见解，还是对心脏的心室、进入和流出心脏的血管以及这些血管的对称性和大小的研究——因为造物主从来不做无用功，她不会毫无目的地使这些血管具有不同大小的形态——

或者是对瓣膜的布局和结构的专门研究，以及对心脏其他部分的一般研究，还有其他资料时，我经常陷入思考，血管传输的血量究竟有多大？血液流过全程究竟需要多少时间？这些问题经常盘旋在我的脑海中。我发现，如果血液不经由静脉进入动脉，然后达到心脏的右侧，即便有营养汁的补充，静脉也会枯竭，而动脉会因为接受过多的血液而破裂。我开始思考，是否存在一种循环的血液运行方式。之后，我发现我的这一猜想是正确的。我发现，大部分血液因为左心室的运动进入动脉，然后被分配到整个身体和身体的各个部分，还有一些血液由右心室挤入肺动脉，经过肺脏，然后通过静脉和大的静脉，以上文谈到的途径回到左心室。我们可以称这种运动为循环运动，如亚里士多德所说，这与空气和雨水构成的表面体的循环运动一样。因为湿润的土地由于太阳的热量而变成蒸汽，蒸汽上升凝结，又变成雨水降落在土地上，使土地再次湿润。因为这样的循环运动，生物一代接着一代地产生。同样，也正是由于循环运动，太阳会有出现和隐没，而这种太阳的循环又产生了暴风雨和流星。

而对于身体来说，通过血液的运动，也同样出现了循环现象。身体的各个部分都随着更温暖、更完善、汽化的和充满元气的血液（我称为滋补的血液）的营养和养育而变得有生气。相反，血液由于与身体部分的接触而变冷、凝结，也就是耗竭了。于是，血液又流回到自己的家，也就是心脏，就仿佛回到它的源头，身体最深处的家园。在这里，它再次恢复到最完善的状态。血液在心脏里恢复自己的流动性和自然热度，变得有力而温热——这是生命的一笔财富，并且含有元气，也可以说，元气就是血液的兴奋剂。于是，血液又重新散布开来，这一切都取决于心脏的运动和作用。

所以，心脏是生命之源，是身体这个小宇宙中的太阳，正如太阳是我们这个世界的心脏一样。因为正是由于心脏的搏动，血液才得以流动、变得完善、营养机体、防止腐蚀和凝结。心脏是体内的神灵，它行使其功能时，能够营养、哺育机体，加速整个机体的运转。它才是真正的生命基石，是机体所有活动的源泉。对于心脏的这些看法，在我们推测心脏运动的最终原因时，再做详述。

血管是运输血液的导管和管腔，它们分为两类，即大静脉和主动脉，但它们并不是如亚里士多德所说一般，分别分布于身体两侧。大静脉和主动脉只是承担的功能不同而已，也不是像人们所常说的那样，是由于这两种血管的结构不同。正如我之前所说，在许多动物体内，静脉管壁和动脉管壁的厚度毫无区别，只是由于它们的功能和用途不同而已。正如盖伦所说，静脉和动脉，古代都称为血管，这并不是没有道理的。因为动脉是将血液从心脏输向全身的血管，而现今所说的静脉是将血液从全身各部分运输回心脏的血管。前者是从心脏出来的导管，而后者是进入心脏的导管。静脉含有污浊和缺乏活力的血液，无法提供营养，而动脉输送的是消化过的、完善的和非常适用于提供营养的液体。

第九章　确证血液循环的首要前提

为了避免有人说我们只是空谈，只是做了似是而非的论断，而毫无事实基础，只是有所创新，而没有充足的证据。在这里，我将提出三点依据来证实我的说法，我想在我说完这三点之后，我所力争的事实就会浮出水面，大家也能一目了然。

第一，不断地从大静脉通过心脏流向动脉的血液，其量如此之大，消化器官是无法提供的，因此，所有的血液都必定是以快速地通过心脏的方式来运行的。

第二，在动脉搏动的影响下，血液以一种持续的、均匀的、不间断地流入和流出身体的每个部分，血流量超过营养机体所需，或者超过全部血液所能够提供的量。

第三，静脉以同样的方式将血液从身体的各个部分官送回心脏。

如果这三点得到证实，我想将会很明显地证明血液是循环的，是往复运动的。它从心脏流向各个末端，再从各个末端流回心脏。因而，血液处于一种循环的运动中。

我们假定，无论是方便起见还是从实验上看，左心室在扩张时，可以容纳两盎司、三盎司、一盎司和半盎司的血量（我在尸体中曾经发现左心室中含有两盎司的血量）。让我们再思考这样几个关键问题：心室收缩时与心室舒张时相比血量会减少多少，以及心脏在每一次收缩时会挤出多少血液到大动脉中。世人都知道心脏在收缩时一直在喷射血液，其必然结果已经在第三章之中已经证明过了，从瓣膜的结构上也可以明显地看出来。也许比较正确的是，随着心脏的每次收缩，血液的四分之一、五分之一、六分之一或八分之一进入了动脉。这就意味着，心脏在每一次搏动时挤入动脉的血量是半盎司、八分之三盎司或八分之一盎司。由于血管根部的瓣膜的原因，这些血液无法流回到心室。心脏在半个小时之内会跳动一千次，在有些生物体内，则可能是两千次、三千次甚至四千次。我们把心脏搏动次数和每一次所喷射的血量相乘，将会得到一千五百盎司或者五百盎司的血液，或者与我们根据心脏每次搏动推出的血量成一定比例的血液，从心脏进入动脉——这比身体在任何时候所包含的血量都大！同样，在绵羊或者狗的体内，每次心脏搏动都只有一克多的血液被喷出，但是在半个小时之内，将有一千克或者三磅半的血液被注入主动脉。但是我在绵羊和狗的体内发现，它们的体内不可能有四磅的血液。

基于这个假设，我们仅仅通过推断，就可以发现，所有的血液都要经过心脏，从静脉进入动脉，也以同样的方法流经肺脏。

但是应该指出的是，全部需要不可能在半小时内完成全部循环过程，也许要经过一小时，甚至一天。不过，显而易见的是，由于心脏运动的作用，有更多的血液通过心脏，这些血液不全是由消化器官所提供的，也不全是当时保留在静脉之中的血液。

不能说心脏在其收缩时，时而挤出血液，时而不挤出血液，或者认为在绝大多数情况下挤出的血量很小，这与我们所看到的以及推断的不相符。因为，如果心室充满血液是心脏舒张的必然结果，同样，心脏在收缩时，其空腔就必然会挤出所含的血液。心脏容纳或挤出的血液量并不小，因为血管并不是很细，心脏收缩的频率也很频繁，心脏容纳或挤出的血量总保持一定的比例，比如占心室中总血量的三分之一，或者六分之一，或者八分之一。所以，随着心脏的搏动，一定量的血液就必然被挤出，同等量的血液必然被接纳。心室收缩时接收血液的容量总是与心脏舒张时挤出血液的容量相等。而且由于心室在舒张时，不可能不接收血液或者接收得很少，所以在其收缩时，也不可能不挤出血液或者挤出得很少。心脏在收缩时挤出的血液量总是与在舒张时纳入的血液量相当。

由此，我们可以推断，如果人、牛或羊的心脏每跳动一次，就排出八分之一盎司的血液，并且心脏在半小时内跳动一千次，那么在这个时间段里，将会有十磅五盎司的血液被排出。如果心脏每跳动一次排出四分之一盎司的血液，那么排出血液的总量将是二十磅十盎司。如果心脏每跳动一次排出半盎司血液，那么其总量将会达到四十一磅八盎司。而如果每跳动一次排出一盎司的血液，那血液总量就会高达八十三磅四盎司。所有的这些血液，在半个小时内，将会从静脉传输入动脉。关于心脏在正常情况下每跳动一次所挤出的真实血量，以及在一定环境下多排出或者少排出血量的情况，我将在后面专门论述我对这一问题所做的观察。

迄今为止我所了解并且愿意告诉大家的是，血液在传输过程中，其量时大时小。而根据个体温度的高低和年纪大小、体内和体外环境、自然和非自然因素（如睡眠、休息、饮食、运动、心情等）的变化，血液循环的速度也时快时慢。但是实际上，心脏的每一次搏动，即使通过心脏和肺脏的血量很小，与食物消化可能提供的血量相比，也会有多得多的血液从心脏输入到动脉以及全身。简而言之，血液只有通过循环和回流才能完成其运行。

当我们考虑一下在活体动物解剖中所发生的一切，这一真理便会更加明显地展示在我们面前。我们不用切开动物的大动脉，只需切开一个小小的动脉（如同盖伦在人体中所证实的那样），不需要很长的时间，有些动物只需半个小时或者更短的时间，全身的血液，无论它是静脉中的还是动脉中的，都会流尽。屠夫们很了解这一事实，并且可以证明这一切。因为，割开一头牛的喉咙，其颈部血管也被切开，在不到十五分钟的时间内，牛身上所有的血液都会流干——整个身体没有一滴血液。在进行人体截肢手术或者肿瘤切除手术中，这样的事情有时也会发生，并且速度很快。

即使有人说在屠宰场宰杀动物和人体截肢手术时，动脉流出的血量和静脉流出的血量相同，对上述论点来说，也是无妨的。实际上，将这个陈述反过来，这一论点就一定是正确的。其实，静脉是塌陷的，没有排血的能力。而且，正如我即将会展示的那样，由于瓣膜的阻碍，静脉流出的血液很少，而动脉射出的血液很多，并且很有力，仿佛是从注射器中喷出来的一样。利用实验很容易在不触及静脉的情况下，切开羊或者狗的颈动脉，我们会发现动脉和静脉的血液，均有力而快速且大量地喷射出来，全身的血液很快就流干了。但是，正如我们之前所看到的那样，动脉中的血液是通过心脏的传输从静脉那里得到的，这是唯一的路径。所以，如果把心脏基部的主动脉扎紧，然后切开颈动脉或者其他的任何动脉，人们会惊奇地发现，主动脉里的血液流空了，而静脉里则充满了血液。

为什么我们在解剖中经常发现静脉中有大量的血液，动脉中的血液却很少呢？为什么右心室的血液很多，而左心室中的血液却很少呢？现在原因已经明白。大概正是因为这个原因，使古人相信，在动物的生命中，动脉只包含元气。造成这种差别的真正原因恐怕是，由于除了肺脏和心脏之外，没有其他连通动脉的路径，所以当一个动物停止呼吸、肺脏停止运动时，肺动脉中的血液就无法再进入肺静脉，从而不能进入心脏的左心室。就如我们从胚胎的血液运行中所看到的那样，由于肺脏缺乏运动，它们隐藏着的无形多孔结构也停止了开合，血液运动受到了阻碍。但是心脏并不和肺脏在同一时刻停止运动，心脏的寿命比肺脏的寿命稍长一些，它还会持续搏动一段时间，左心室和动脉将继续把血液分配到身体大部分部位，并且传送到静脉，而且不从肺脏接收血液，因而右心室与相关联的动脉稍后才会排空血液。仅依据此事实，就可以证实我们的观点，我们可以将此事实归因于我们刚刚所设想的原因。

而且从这个事实可知，动脉搏动得越频繁，越有力，身体失血的速度就会越快。因此，在昏迷和惊悸状态中，心脏跳动得迟缓无力，失血就会减少或者停止。

进一步说，在机体死亡之后，心脏停止跳动时，切开颈部或大腿的静脉或动脉，不管用什么方法，都不可能得到超出身体血量一半的血液。如果屠夫猛击牛的头部致其昏迷，在其心脏停止跳动之前，却忘记割开它的喉咙，他便不能在牛身上得到全部的血液。

最后，现在我们可以设想，为什么没有人指出过动脉和静脉交叉汇流的目的，或者它们在何处交叉汇流、怎样交叉汇流、为了什么目的发生。现在，由我来为大家分析一下这些问题。

第十章　第一个论点：大量血液从静脉流入动脉，存在着血液循环，这是无可辩驳的，也被进一步的实验所证实

迄今为止，无论是血液循环本身，还是实验或者解剖，都证明了我的第一个论点，即，动脉中一直充满了大量的血液，其数量远远超过了食物所能供给的。这样，血液在很短的时间段内流遍全身，所以，血液必定是循环流动的，并总是回流到它的出发点。

但是，如果有人在这里提出异议，认为运行的血量虽然庞大，但是仍没有循环运行的必要，因为所有的血液都可以由消耗的肉类或饮食来提供，并且引用了乳房提供丰富的乳汁来说明。例如，一头奶牛在一天之内可以提供三到四加仑，或者七加仑，甚至更多的牛奶，而一位母亲一天可以产生两到三品脱的乳汁来哺育一到两个孩子，这些乳汁显然肯定来自她所消耗的食物。我的回答是，据计算，在一两个小时之内，流经心脏的血量已经有那么多了，或者更多。

如果这仍不能说服他，他始终坚持认为，当一条动脉被剖开后，便成了非自然状态，即露开了，所以，血液会喷流出来。但是，在健康和无损伤的机体之中，没有裂口，血液是不会发生这样的事情的。而且，当动脉充满血液时，如果在自然状态之下，如此大量的血液不可能也没必要在短时间内通过心脏来形成循环。对于所有的这些言论，我的回答是：通过已经做出的计算和已经指出的理由可以看出，机体处于健康和自然状态时，

心脏在扩张时所包含的血量与收缩状态时所包含的血量是相等的，并且在每一次搏动中，一般也要流出这么多的血量。

但是在蛇以及一些鱼类中，如果将其心脏下方的静脉扎紧，你会发现结扎处和心脏之间的血液很快就会流光。所以，除非你否认你所看到的事实，否则你就必须承认血液回流到心脏中了。在我讨论我的第二个论点时，事情也同样是显而易见的。

在这里，让我们用一个例子做一个总结，论证我们所说的一切，任何人只要见到这个论证，都可以信服了。

如果剖开一条活蛇，我们会很明显地看到它的心脏平缓而清晰地搏动着，在一个多小时内，蛇的心脏就像虫子般蠕动着，长度收缩（因为蛇的心脏是长圆形的），挤出血液。心脏在收缩时颜色变浅，在舒张时则颜色变深。我上述的一切事情都是可以看到的，只是在这个例子中，事情进行得更加缓慢，也更为清晰。我们可以比观察中午的太阳更清楚地观察到下面这些特征：

大静脉从心脏底部进入心脏，动脉则从心脏上部延展出来。如果此刻用镊子或者手指夹紧心脏下部与心脏相通的血管，血流通道便被阻断，你会发现，手指夹住的静脉处与心脏之间的静脉中的血液很快被排空，这些血液是由于心脏的活动而排空的。与此同时，心脏的颜色会比之前变得更浅，即便是在其扩张状态。由于缺少血液，心脏也比以前变得更小。接着，它的搏动就会越来越缓慢，最终看起来就像濒临死亡一样。但是，如果这时拿开手指，血液的流动不再受阻碍，心脏的颜色和大小就会立即恢复到以前的状态。

反之，如果是动脉而不是静脉被压迫或者绑住，你会发现，在结扎处与心脏之间的部分，以及心脏本身，会变得不断膨大，颜色也变成深紫色或者青黑色，最终，聚集在此的血液不断增多，会使人相信心脏已经充满了。如果松开结扎，一切都很快恢复到原来的状态，包括心脏的颜色、大小、跳动等。

于是，通过这个例子，我们可以得出心脏的两种死亡方式：因供血不足而停止工作或者因供血过量而堵塞窒息。现在这两种死亡方式的例子都已经呈现在你们面前了，你们可以用你们的眼睛和心灵来看待我所提出的真理。

第十一章　第二个论点的证实

在这里，我将引用一些特定实验，更加清楚地向大家展示我的论点。这些实验可以明显地表明血液通过动脉进入肢体，再通过静脉流回心脏。动脉是将血液从心脏输出的血管，而静脉则是将血液送回心脏的通道。在身体的四肢以及其他末端部分，血液或者通过动脉和静脉的接合处，或者通过肌肉的多孔结构，从动脉流到静脉，就像我们之前所提及的血液经过肺脏的通道那样。在肺脏里，我们可以很明显地看到，在循环运动中，血液从这里流向那里，又从那一点流回这一点。也就是说，从血液中心流向身体末端，再从身体末端的各个部位流回血液中心。最后，根据计算和前面提到过的因素，显然，血液不可能完全由消化的食物提供，也不可能是专与营养机体相关的。

在结扎和所谓的抽血之中，我们也能看到相同的事情发生。暂且不考虑结扎所引起的发热、疼痛和虚弱，以及由此产生的其他结果。但是上述观点仍可以解释结扎血管在医学上的用途和益处，以及结扎抑制流血和产生出血的原理，还可以解释结扎如何引起末梢溃烂和更严重的腐烂，以及结扎在动物阉割手术中的作用，或者在割除肉疣和肉瘤手术中的表现。但是，虽然人们都相信古人的见解，将结扎看作一种治疗疾病的手段，很少有人透彻衡量和理解结扎的基本原理，也没有人真正认识它的用途，或者在治疗中有效运用它并得到帮助。

有的结扎非常紧，有的则紧度适中。我认为一个紧的或者说合适的结扎是，在肢体被结扎后，在结扎处以外的血管之上感觉不到任何脉搏。我们可以在截肢手术中用这样的结扎来控制血液的流动。同样，它也可以运用于动物的阉割术或者肿瘤的切除术中，因为结扎会阻拦所有的营养物质和热量的汇入，我们看到动物的睾丸和大肉瘤变小、萎缩，最终脱落。

而我认为不太紧的结扎是，可以牢牢地握紧一段肢体，略微感到疼痛。这样的结扎法，在结扎处以外，我们仍然能够感觉到一定程度的动脉脉搏。这样的结扎可以用于放血手术中。在放血手术中，用带子将手肘上方固定，但是不要太紧，此时用手指按压腕部，仍能感受到动脉的搏动。

现在，让任何一个人在另一个人的手臂上做这个实验。他既可以运用在放血手术中所用的带子，也可以用他的手轻轻地抓住那个人的手臂。受试者最好是个瘦弱的人，静脉管非常清晰。实验的时间最好在受试者刚做完运动，身体火热，脉搏强劲，大量的血液流入四肢的时候。这样，实验的结果比较明显。

在这样的情况之下，用带子扎紧其肢体，在他能承受的范围之内尽可能紧地包扎。我们会先观察到，在结扎处之外，无论是腕部还是身体其他部位的动脉都没有了搏动。与此同时，在结扎处上方，动脉随着每次的扩张，而越胀越高，跳动得也越来越猛烈，附近部位也由于充血而肿胀，血流仿佛是要冲破阻碍而流通一样。简而言之，这时的动脉显得异常充实。在这种情况下，手开始时仍然能保持自然的颜色，但是过了一会儿，手开始变得冰凉。这是因为这时没有血液进入手部。

让绷带维持这样的状态一小会儿，然后松开一些，使其变得不那么紧，就像在放血手术中的那样。这时，我们可以看见整只手和手臂的颜色立即变深，血管开始扩张。动脉跳动十下或十五下之后，静脉变得肿胀，手因为过度充血而变得膨胀。这是由于这种不太紧的结扎，没有我们之前所说的疼痛、温度升高或者没有真空以及其他原因，血液便流了出来。

如果将手指放在结扎的带子边上动脉搏动处，在松开结扎的瞬间，我们将会感觉到血液仿佛在手指之下流过。而受试者在结扎松开的瞬间，也能明显地感觉到温暖或者其他情况，即一股血流突然通过血管传向手部。而手部在同一时刻感觉到热量，变得膨胀。

我们已经提到，在紧紧的结扎之时，与之相关的上方动脉膨胀且搏动，而不是下方。相反，在不太紧的结扎中，下方静脉膨胀且扩大，与此同时这里的动脉却在缩小。只有结扎处外的血液的力量所产生的强压，可以使静脉扩张到这样的程度，使前臂的静脉显露出来。

任何一个细心的的观察者，通过这一事实都可以了解到，血液经由动脉进入四肢，当动脉被压紧时，血液便无法进入四肢。手的颜色不变，没有血液进入，它也不会扩张。但是当动脉的压力解除，如解除止血带之后，血液就会有力地、不断地被推进手中，然后手开始肿胀。这是完全可以说，当动脉搏动时，便有血液流入，就像不太紧的结扎时所看到的那样。但是当运用很紧的结扎时，动脉停止搏动，不能再传输血液，动脉只能在结扎处上方膨胀。此时压紧静脉，静脉中的血液也无法流动，这表示，结扎处下方的静脉比结扎处上方的静脉更为肿胀，也比手臂上没有绷带时的静脉更为膨胀。这个实验清楚地表明，结扎阻止了血液通过静脉向其上方回流，使其下方的静脉保持在长久的扩张状态中。但是，动脉则不同，它受心脏搏动力的影响，仍将血液从心脏输送到结扎上方的部位。这也是很紧的结扎和不太紧的结扎的区别。很紧的结扎不仅阻挡血液在动脉中的流动，也阻碍其在静脉中的流动。然而，紧度适中的结扎，并不阻止脉搏在心脏的搏动力量下推动血液流向肢体，仅需压紧静脉，阻止血液流回心脏。

不太紧的结扎会使静脉胀大扩张，整个手部充血，试问，这些血液从哪里而来？结扎下方聚集的血液是通过静脉而来的？或者是来自动脉？或者是某些隐藏的孔穴？这些血液不可能通过静脉而来，也不可能来自隐秘的通道，血液一定来自动脉，正如我们之前所说的。显而易见，血液是不可能来自静脉的，因为如果不移除结扎，静脉中的血液便不能流回心脏。如果移除结扎的话，所有静脉会突然全部塌陷，将它们包含的血液推向表面，与此同时，手部也恢复了其自然的状态，手部肿胀和充血状态也消失了。

再者，用不太紧的结扎方法绑住受试者的手臂或手腕一会儿，结扎的下方会变得肿胀，颜色铅灰并且冰凉。当带子被拆掉时，血液向上回流，到达肘部或者腋部。在此过程中，受试者会有一种凉凉的感觉。我曾认为，也许冷血回流到心脏就是放血后患者出现昏迷的原因。在放血手术之后，经常伴随着昏厥，即使是在强壮的个体中。这种昏厥经常发生在取下绷带的一瞬间，也就是人们所说的回血的瞬间。

此外，我发现，在结扎处下方的静脉不断膨大而肿胀时，在远端再扎紧的话，其间的静脉会松弛，而动脉却不受影响。由此得知，血液显然从动脉进入静脉，而不是从静脉流入动脉，或者两者有交叉汇流处，或者在肌肉部分存在血液可以渗透的部分。再者，这也证明了，静脉和动脉之间有着密切的联系，因为在肘上端进行不太紧的结扎时，前臂的所有静脉会一同肿胀。如果用柳叶刀刺破其中一支小静脉，其他的静脉也很快萎缩，几乎同时消除了膨大的状态。

这些事实能让任何人很容易明白结扎所产生的有趣现象，进而明白血液流动的可能途径。例如，当在肘上部做一个不太紧的结扎时，结扎部位以下的静脉被压紧，血液无法流出，但是心脏仍然在持续输入血液，结扎部位以下的部位充血膨大。事实怎么能不是这样呢？实际上，热量、疼痛和真空都可使血液吸入，但是只让部分静脉充满血液，而不能使静脉异常膨胀，不会使静脉突然急速涌进大量的血液，导致肌肉受伤，血管破裂。很难相信并且难以证实热量、疼痛或者真空能够造成这样的效果。

而且，结扎也会引起我们所说的血液的大量汇入，而不会引起疼痛、热量，也不需要真空。如果疼痛是导致血液流动的原因，那当手臂的肘上部分被结扎时，结扎下方的手和手指为什么会膨大呢？手和手指的静脉为什么变得扩张？显然，止血带阻止了血液流到手和手指。那么为什么结扎上方的静脉既没有膨胀或饱和，也没有任何引人注意的变化，也没有充血的迹象，但是，在止血带以下的部位，手部以及手指却变得异常肿胀呢？这是因为血液随着心脏的动力，仍在大量进入，但是却无法流出。

某些部位因严重受压，血液流入的通道是开放的，但是流出的道路是关闭的，这难道不正是阿维森纳所说的所有肿胀的原因？血液的流入使得结扎下方静脉的充血变得更加明显，静脉因为堵塞而肿胀。在局部红肿的时候，肿胀会一直持续，只要没有达到极限，在红肿的部位就可以感觉到有力的脉搏，尤其是在红肿发生得更为迅速的时候。这些问题我们之后再讨论。

在我身上发生的一件事情也是由于同样的原因吧。有一次，我从车上摔下来，碰到了前额，并且连接太阳穴的一条动脉立刻隆起。我感到动脉跳动了二十次之后，一个鸡蛋大小的瘤子突然胀出，但是我并没有感到热或者疼痛。瘤子产生的原因是在动脉附近的碰撞会导致血液以异常大的力量和异常快的速度流入受伤处。

现在，我们明白为何在静脉切开术中，我们要在伤口上方进行结扎，而不是在其下方。因为血液来自上方，而不是下方。在下方进行结扎，不仅没用，还可能起阻碍作用。如果血液来自上方，将结扎系在开口上方，就能使血液更为自由地流动。血液是从身体的远端静脉流向身体近端静脉的，但是肢体中的血液是从动脉被推入到静脉中的。结扎之后，血液不能回流，所以静脉充血肿胀。并且，正是因为静脉充血膨胀，任何静脉被突然刺破，都有能力将血液强有力地喷射到一定的距离。但是一旦静脉的回流路线被打开，血液便不会再大量地流出，仅仅会滴出几滴。众所周知，在放血中，结扎既不能太紧，也不能太松。如果太松，回流没有完全被阻断，血液将无法流出。如果太紧，血液流入的通道（即动脉），也受到了阻碍。

第十二章　通过证实第二个论点进而证明血液循环的存在

如果事实确实如此，那么我之前提到过的另外一个论点，即血液持续地通过心脏，也可以得到证实。我们看到，血液是从动脉进入静脉的，而不是从静脉进入动脉的。我们还看到，如果在手臂上恰当地使用结扎，再在结扎处下方刺破其中一处的静脉，手臂上所有的血液都会从伤处流出。我们还看到，血液流动得非常迅速，不仅刺破前结扎处上方手臂中所含的血液都流了出来，而且遍布全身的血液，包括动脉和静脉的血液全部都流出来的。

由此，我们必须承认：首先，血液随着心脏的搏动流出，这是结扎下方的力推动的；血液在力的作用下流出，这种力来自心脏的搏动。其次，血液从心脏流出，并且经过大静脉流入心脏。血液是通过动脉而不是静脉进入结扎下方部分的。动脉只在左心室接收血液，而在其他任何部位都不接收血液。如果没有心脏的推动，如此大量的血液是不可能从一条静脉（恰当地使用一个结扎）流出的，也不可能流出得如此迅速、容易和有力。

如果所有的事实都和我们所呈现的相同，那么我们就可以方便地计算血量，分析血液循环运动。例如，如果让一个人实施放血手术，让血液像平时一样自由和有力地流动，半个多小时之后，毫无疑问，大多数的血液会流出，昏厥、休克也会接着发生。这时不仅是动脉，身体中大静脉的血液也基本流干。由此可以得出结论，在半小时内，由静脉通过心脏进入动脉的血液与身体流出的血液是相同数量的。再者，如果我们计算出一只胳膊流出多少血量，或在不太紧的结扎之下，脉搏跳动二十或者三十下之后流出多少的血量，我们将可以由此得出，在同样的时间内，流经另一条胳膊的血量，以及流经下肢的血量、流经颈部的血量，以及流经全身所有动脉和静脉的血量。这些血液必然经过肺脏和心室，也必然来自大静脉。我们将会发现血液循环的必要性，因为我们所提及的那些血量不可能由消耗的食物直接提供，也大大超过身体这些部位所需的营养的血量。

我们能够进一步观察到，在放血手术中，这一事实可以通过其他方法得以证实。因为我们正确地绑住手臂，恰当地刺破血管，如果病人因此感到恐惧，或者因为其他原因而导致昏厥，这时，心脏的跳动就会变缓，血液无法自由流动，被刺破处的血液只会一滴一滴地渗出而已。原因是绷带的阻碍，血液的运输承受了比平时更大的阻力，再加上心脏运动的减弱，推动力减小，血流就无法通过结扎处。再者，也由于心脏的虚弱和逐渐衰弱的状态，血液无法像以往一般，大量地通过心窦从静脉进入动脉。正因为如此，女人的月经流血和其他种类的流血，都是可控的。此刻，如果被结扎后刺破血管的人不再恐惧，重获勇气，其脉搏持续增强，动脉再次开始有力地跳动，并将血液运过结扎处，这时血液就会从静脉的伤口处涌出并持续地流出。

第十三章　证实第三个论点，并由此证明血液循环

至此，我们已经讨论了身体躯干部流经心脏和肺脏的血量，以及在肢体及整个身体中从动脉流入静脉的血量。然而，我们仍需解释，血液是如何找到其通过静脉从四肢流向心脏的路径的，以及静脉如何和用何种方式由特定的血管将血液从身体外周运输到身体中央的。如果这些问题得以解释，我想血液循环的三个基础命题将会变得非常简单明了、成为事实并且明显是真实的了，它们也将会得到大众的认可。现在，我将从在静脉腔中发现的瓣膜、瓣膜的用途和实验所见来清晰地论证我其他的论点。

正如博学的里奥朗所称，法布里休斯是一位技艺高超的解剖学家，一位可敬的老人，他和雅各布斯·希尔韦厄斯首先论述过静脉中的瓣膜，瓣膜由静脉中可以张弛的膜组成，极为精细，呈C形或者半月形。这些瓣膜相距的距离不同，在不同的个体之中，所处的位置也不一样。它们是静脉边缘固有的物质，朝向静脉的干支。两个瓣膜相互联系（因为一般来说两个瓣膜在一起）、互相触碰，它们以其边缘互相接触。如果有物质试图从干支部分流向静脉分支部分，或者是从大静脉流入小的静脉，它们会阻挡这些运动。静脉瓣膜排列整齐，后面边膜正对着前面边膜的中凹处，而之后的边膜又对着更前面的边膜的中凹处。

虽然他们发现了静脉中的瓣膜，但是对其用途仍不能正确理解和解释，之后的解剖学家也没有总结出其他东西。人们通常认为这些瓣膜通过其自身的重量阻止血液流入更低的身体部分；因为颈静脉的瓣膜末端低垂，因此便阻止了血液的上流。换句话说，静脉瓣膜并不总是朝上的，而是朝向静脉的分支的方向，朝向心脏。实际上，我，还有其他人，曾经在肾静脉和肠间膜中发现了瓣膜，其边缘都指向大静脉和肝静脉。需要补充的是，在动脉中没有瓣膜，而在狗和牛等动物中，静脉瓣膜只存在于股静脉分支处、骶骨顶端的静脉中，以及腰腿分叉的静脉中，这些部位并不因直立而受到引力的影响。颈静脉之中的瓣膜，也不像有人所说，是为了防

止中风。因为，在睡觉的时候，头部更容易受到颈动脉中血液的影响。而瓣膜的存在也不是为了将血液滞留在分支静脉、小静脉干支或微静脉分支中，也不是为了阻止血液流入更为开放和宽阔的血管中。因为在分支静脉中并没有静脉瓣膜，静脉瓣膜常常存在于静脉分支的交叉处。静脉瓣膜的存在也不是为了减缓当下血液从身体中心流向各处的速度。因为血液本身流动得就很慢，大的血管要不断分支流入小的血管，从温暖的地方流入冷的部分。

其实，静脉瓣膜的存在，是为了防止血液从大的静脉流入小的静脉，防止小静脉破裂肿胀。静脉瓣膜的存在，使得血液沿着大静脉从肢体流向身体的中心，而防止血液从大静脉流向小静脉，从身体中心流向肢体。这些精细的瓣膜，开口朝向正确的方向，完全阻止了血液的反向运动。它们位置合理，排列整齐，如果血液溢出，或者没有被前面一个瓣膜所阻挡而流入两个瓣膜之间的缝隙处，渗透过来的血液会立即被下面一个瓣膜的凸出挡住，这个瓣膜与前面的瓣膜互相衔接，这样便有效地阻止了血液的倒行。

我在静脉的解剖中经常看到以下现象：如果我试图从静脉的一个分支中将探针置入更小的分支中，不管我如何小心，由于瓣膜的作用，我怎么都无法将其导入更深。然而，如果将探针反向导入——从外向里，或从静脉分支向静脉基部导入，则非常容易。在静脉的许多地方，一对瓣膜，其位置相对而又互补，当其中一个提高时，另一个也会一同升起，并通过边膜互相接触接合。它们的连接非常精确，不管是用肉眼还是其他检测方法，都无法看到它们连接处的即便是最微小的缝隙。但是如果此刻将探头从四肢上的静脉导入身体中心部位的静脉，瓣膜就如河流的水闸一样，非常容易地被推开。这样排列的目的明显是为了阻止来自大静脉和心脏的血液的任何运行，不管血液想向上流向头部、向下流入脚部或者从两边流向手臂，瓣膜都会阻止它们，一滴血液都不可能通过。它们阻止和抵抗任何从大血管流向小血管的血液，而帮助血液从小的静脉流入大的静脉，在一般情况下，这是自由开放的途径。

这一真理能够阐述得更加清楚。如果将一只手臂肘部之上绑住（图1，

AA），就如放血手术中一般。在静脉上，尤其是体力劳动者或者血管较粗的人的静脉上，我们可以看到一些结或隆起（B、C、D、E、F）。这些结或者隆起不仅出现在静脉分支和主干的交合处（E、F），在无分支的地方也出现了此现象（C、D）。这些结或隆起是由于瓣膜的作用而产生的。此时，如果你挤压其中一个瓣膜上部的血液，从H到O（图2），并用指尖深深地按住静脉，你将发现没有血液从上方流过，手指尖与瓣膜O之间的静脉将隐去，瓣膜O上（O、G）的血管将持续扩张。血液被挤出，这段静脉管空了。如果你此刻将另外一只手的手指按住瓣膜O上方的静脉，并向下挤压，你会发现你无法将血液挤过瓣膜。而且，你更加用力地挤压时，你将看到，按住静脉上方的手指和瓣膜之间的静脉更加的膨胀，而瓣膜之下的静脉仍然是空的（图3，H、O）。

就此，我们发现，静脉中瓣膜的作用和我们在主动脉和肺动脉的起始处发现的三个半月瓣的作用是相同的，都是为了阻止流经它们的血液倒流。

此外，依然如之前一样束紧手臂，使静脉充满血液，呈现扩张的状态。此时，如果你用指尖挤压静脉的某一部位（图4，L），再用另外一只手的手指将血液向上挤至另一个静脉瓣膜处（N），你将会观察到静脉的这个部分仍然是空的状态（L、N），并且血液不能回流，正如我们在图2中所见的那样。但是，如果移去先放上去的手指（图2，H；图4，L），来自下方的血液会立即充满静脉，手臂的D、C部位很快恢复了图1的状态。因此，很明显的，静脉中的血液是从外围流向中心的，在朝着心脏流动，而不会反方向流动。虽然静脉有些部分的瓣膜并没有如此精确地发挥作用，或者在静脉的一些地方只有单个瓣膜，无法完全阻止血液倒流，但是，大部分的瓣膜都可以起到阻止血液倒流的作用。在有的瓣膜没有完全发挥作用的地方，下一个瓣膜会继续其使命，阻止血液的反向流动。这种缺陷以排列众多的瓣膜和相继排列的方式来有效弥补。简而言之，静脉是血液流回心脏的开放和自由的通道，可以有效阻止血液沿着这条通道分散到四周。

但是，还有一个情况我们需要注意。手臂被绑住时，静脉会扩张，静

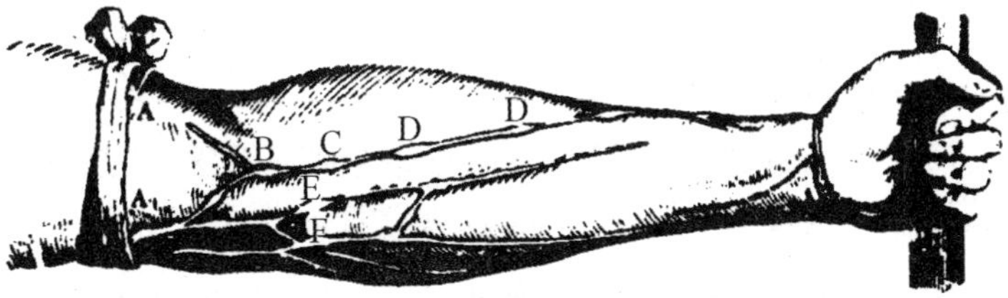

图1

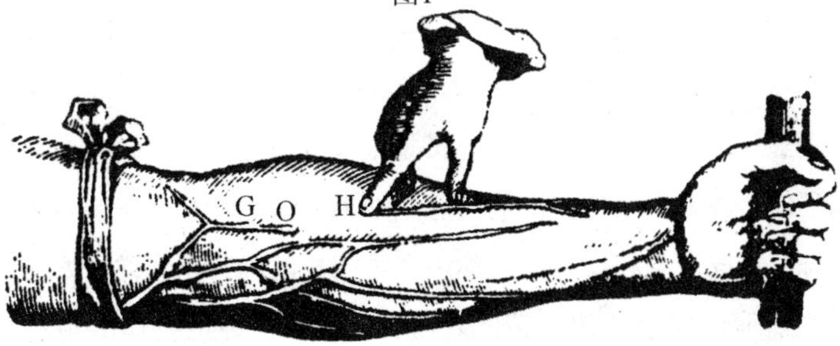

图2

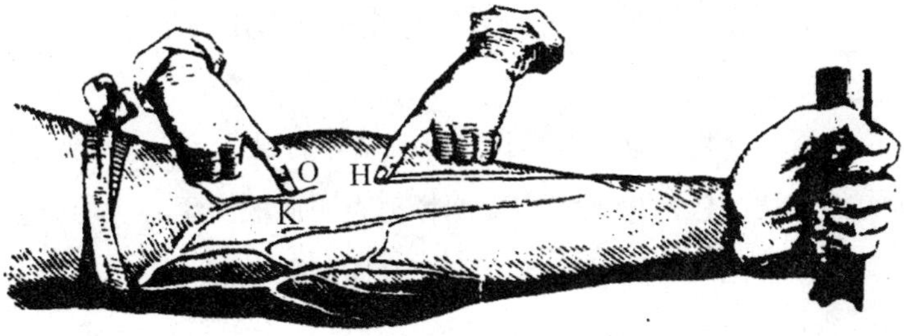

图3

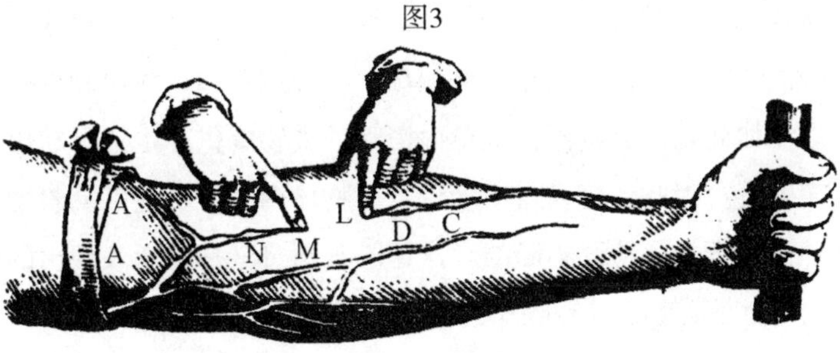

图4

手臂静脉图

脉瓣膜会突出。我们像之前一样，将食指压紧突出瓣膜的静脉，阻止任何往上流向手部的血液。然后，用另一只手的手指向上挤压血液，直到血液流过上方的另一静脉瓣膜处（图4，N）。这时两个食指挤压处之间的血管是空的。然后，将置于L处的手指松开片刻，血管会立即被来自下面的血液充满。将手指重新放上去，并以同样的方式将血液往上引，再移开下面的食指，血管又会回到之前膨胀扩张的状态。重复这样做，比如在短时间内重复一千次。这时计算你每次挤压到瓣膜之上的血液量，将其乘以一千，你会发现经过这一段特定血管的血量是很大的。我相信，这时候你将相信血液是循环的，并且是快速流动的。但是如果你认为在这个实验之中，破坏了自然状态的情况，我相信，如果你用尽可能长的静脉用同样的方法做实验，然后观察血液流向上方和充满下方血管的速率，你也会得出相同的结论。

第十四章　从循环例证中得出的结论

现在，请允许我简短地阐述我对血液循环的观点，希望得到认同。

所有的一切，包括论证和实验阐释都表明血液由于心房的力量通过肺脏和心脏，被分配到身体各个部分。在身体的各个部分中，血液通过静脉和肌肉中的孔穴进入静脉。通过静脉，身体各个部分的血液流向身体的中心，从较小的静脉流向较大的静脉。通过这个途径，血液最终流入大静脉和心脏的右心房。血液通过动脉流出，由静脉送回，流出和送回的血量是相等的。如此大的血量不可能单由消耗的食物提供，也远远超出营养肌体所必需的量。因此，可以得出结论：动物体内的血液被推动着做循环运动，这种循环运动是持续不断的。这是心脏通过其搏动所表现出的作用或功能，同时也是心脏运动和收缩的唯一目的。

第十五章　通过或然性推理进一步证实血液循环

此刻，如果我通过一些大家所熟知的推理来进一步证明血液循环不仅是身体必然，而且是必需的运动，我相信大家不会感到意外。首先，死亡是缺乏热量而产生的腐烂[①]，所有的活着的生物，身体都是温热的；而所有死去的生物，身体则是冷的。所以，在身体中必然存在一个可以容纳热量的部位和一个产生热量源泉。就像一个家一样，在这里自然的抚育、自然之火的源头得到了保护。在身体的这个特殊部位，热量和生命力被分给身体的各个部分。它如水源一样，提供身体必需的物质。体内物质的消化、营养以及所有的生命力都依赖这个源泉。心脏就是这个地方，它是生命的始基，我刚才提到的所有活动都开始于心脏并依赖于心脏的作用。我想没有人会否认这一点。

所以，血液需要运动，而且血液需要再次流回到心脏，回到心脏的目的是使其能够再次被输向远离源头的身体各部分。正如亚里士多德所说，如果血液不运动，就会凝结。我们知道，在任何情况之下，运动都产生和保存热量和元气，而静息则使热量和元气消失。因此，血液到了身体的肢体和外周部位，就会变得黏稠和凝结，失去元气，就如同死亡状态时一样。血液需要从其源头重新获得热量和元气以及一切生存所需要的东西，即，血液通过回流，得到了更新和恢复。

我们经常看到，由于外界的寒冷，四肢如何变得冰凉，脸颊、鼻子和双手如何被冻青，而在其之下的血液，如同倒挂的人或者尸体的下半身一样，显现出灰暗的颜色，同时，四肢麻木，很难活动，几乎失去了活力。此刻，没有什么能比从其源泉流出的血液和热量更有效、更迅速地恢复那些部位的生命、热度和颜色的了。但是，那些快要死亡的部位如何接收热量和生命力呢？或者，它们的血管内充满了凝结和寒冷的血液，这样的话，如果不首先摒弃这些寒冷的物质，它们如何接收热和新鲜的血液来重新获得生命力呢？除非心脏真的是生命力和热量的源泉，在心脏那里，能够使冷却的血液重新获得活力。新鲜、温暖、充满了元气的血液从动脉流出，推动冷却和衰竭的血液向身体中心流动，冷却和衰竭的部位因而恢复

① 亚里士多德《论年轻、生命和呼吸》，23，24。《论动物的部分》，Ⅱ，7。

了曾经失去的热量，原本已经枯竭的活力受到了激发。

因此，如果心脏没有受损，身体的各个部位几乎都会恢复生命和健康。但是如果心脏变冷，或受重病摧残，动物全身组织必然会受损腐烂。正如亚里士多德所说，当源泉受损，所有依赖源泉生存的器官将全部消亡[①]。或许这就是为什么悲伤、喜爱、忌妒、焦虑和所有类似的心理情感总是伴随着憔悴和身体机能减退的原因。也许，这些心理情感会造成血流不畅、消化不良，引起各种疾病，消耗身体机能。这是因为，每种心理情感都伴随着疼痛或喜悦、希望或恐惧，这些情绪的波动会给心脏带来影响，引起心脏温度、搏动和静息等发生变化，从而破坏心脏中血液的营养，降低了心脏的效应。这样一来，就会引起四肢和躯干形成各种不治之症，正如同在身体处于营养不良、热度缺乏的情况下从事体力劳动而染上的疾病一样。

再者，我们知道所有的动物都依赖其体内食物的消化来生存，食物的消化以及在体内的分配是完善的。所以，在动物体内一定存在一个部位或储存处，滋养物在那里得到完善，并从此处分配到身体各处。这个部位就是心脏，因为心脏是含有血液以供身体各部分使用的唯一器官。其他器官只是出于自身的需要而接收血液。心脏也有一个供血处，通过冠状静脉和冠状动脉为了自身的特殊需要提供血液，这点和其他器官相似。我这里所说的供血处，是心脏的心房和心室。心脏还是具有特殊位置和结构的唯一器官，它可以按比例将血液分配到身体的各个部分，根据动物的容积决定输送到身体各部分的血量的多少。心脏作为血液储存中心和源泉，时刻准备满足身体各部分的要求。

并且，像心脏这样的推动者和驱动者，可以产生一定的搏动和推动力，必然影响血液的分布和运动。首先，因为血液由于细微的原因，如寒冷、惊吓、恐惧等，会聚集在血液的源头，部分血液的聚集，就像桌子上的水滴聚集在一起。其次，血液受到肢体的运动和肌肉的压力，被迫从

---

① 《论动物的部分》，Ⅱ。

微小的静脉管中流向静脉的分支，再从静脉分支流向更大的静脉干支。因此，血液更倾向于从身体的外周流向身体的中心，而不是相反的方向，即便没有静脉瓣膜的阻挡，也可以完成这一运动。因为以上的原因，血液如果要从其源头流向细小、寒冷的血管中，就要违背其自然的运动方向，这就必然需要一定的驱动力或者推动力。只有心脏能够起到这种作用，其作用的途径和方式已经解释过了。

第十六章　通过一些结果进一步证实血液循环

尽管血液循环作为一种假说已经得到了论证，如果我们把证据反推回去，将会更加强化这一结论。这些证据（现象）尽管有些部分还有疑问和不明确的地方，但是应该承认，通过这些现象很容易得出我所提到的观点。这些现象涉及传染病、中毒、蛇和狂兽的咬伤、梅毒等。我们在一些案例中发现，一个人全身都感染了，但是首先被感染的部分却完好无损。例如，梅毒有时候会伴随着肩膀和头部的疼痛，或者其他的一些症状，但是生殖器官却安然无恙。我们还知道，被狂犬咬伤后，伤口会慢慢愈合，但是发热以及其他严重的症状却依然存在。由此，我们可以知道，身体的某一部分受到感染后，病原会随着回流的血液带到心脏，受污染的血液再通过心脏流出，感染全身。

在间日热这种疾病中，病原首先侵入心脏，然后进入肺脏，使病人气短，呼吸出声、吸气费力。因为生命的源泉被侵害，心脏的搏动开始频率加快、收缩力度变小且不规律，这导致驱动到肺脏的血液变浓，难以在肺脏里继续运行（我在解剖染上这一疾病的患者身体时亲眼见过这一情况）。不过，随着温度的升高，病原开始减少，通道被冲开，血液又开始流动，患者的体温也开始升高上升，心脏的搏动强劲饱满。热病完全发作时，从心脏传来的异常热度和病原一道通过动脉到达身体各处，正是用这种方法，这一疾病被造物主克服和治愈。

此外，当我们观察到外用药和内服药一样起作用时，我们所讨论的真理就得到了证实。在外用药物中，药西瓜和芦荟加强胃肠蠕动，斑蝥可以利尿，大蒜涂抹于脚掌可以去痰，强心剂可以提神，诸如此类的例子不胜枚举。如果我们说静脉通过其管口，吸收外用药物并随血液带入体内，而不是以其他途径吸收外用药物，也许是合理的。就和肠系膜的静脉从肠中吸收乳糜，再将其混合到血液中运输到肝脏一样。因为血液通过腹腔动脉进入肠系膜、上腹和下腹，从而进入肠中，在肠内得到静脉所吸收的乳糜，再经过众多的分支静脉进入肝门静脉，由此进入大静脉。这些静脉中血液的颜色和浓度与其他静脉中血液的颜色和浓度是相同的，这和许多人所信奉的观点相悖。实际上，我们也不可能设想在任何一个微管系统中存在两种相反的运动——乳糜向上运动，血液向下运动。这基本上很难发生，必须被看作不可能的。并且，万能的造物主会安排这样的事情吗？因为假如将乳糜和血液，或者未经消化的食物和消化过的食物，按相同的比例混合，结果将不是消化、融合、转换和血液化。反之，因为这样液体中物质各自被动运动，成为一种混合物，就如糖浆和水混入酒中一样。但是，当非常少量的乳糜和大量的循环血液结合在一起的时候，与大量的血液相比，乳糜的量非常小，甚至显得微乎其微，与全部是血液几乎是一样的。正如亚里士多德所说，当一滴水滴入一桶酒中，或者当一滴酒滴入一桶水中，量较大的物质并不会变成一种混合物，我们仍然能轻易分辨出其是酒还是水。

所以，在动物的肠间膜静脉中，我们无法看到食糜或者乳糜和血液混合在一起，或者明显地分开，而只有血液，其颜色、浓度和其他可以观察到的性质依然如同一般静脉中的血液。但是，在血液之中，仍然有少到微不足道的乳糜或者还未完全消化的物质，所以造物主创造了肝脏。在肝脏曲折的道路中，乳糜和未完全消化的食物的运动受到延迟，并经历了另一些变化，以免未消化、粗糙的乳糜进入心脏，损坏生命源泉的运动。

因此，在胚胎之中，肝脏几乎没有用途，而是脐静脉直接连通肝门静脉的孔穴或者其接合处。于是，胎儿肠中回流的血液，不经过肝脏，而是进入我们提到的脐静脉，与从胎盘中流回的天然血液相混合，然后进入心脏。因此，在胎儿的形成过程中，肝脏是最后形成的器官之一。我曾经观察到，人类胎儿的一切器官甚至包括生殖器都一起发育完备了，但是仍然找不到肝脏。实际上，所有器官，包括心脏自身，在形成的初期，都呈白色，除了在肝静脉之外，我们看不到一丝的血色。在生长肝脏的位置，只能看到一个不定型的集合物，就像因静脉破裂或者挫伤而产生的瘀血一样。

而在孵化中的鸡卵中，我们能够看到两个脐带：一个脐带来自完全连通肝脏的蛋白部分，直接连通心脏；另一个脐带来自蛋黄，终止在门静脉。在小鸡体内，起先所有的营养都由蛋白提供，但是当它成形并且破壳而出后，营养则由蛋黄提供。因为，在小鸡破壳而出很多天后，我们仍然能够在其腹部看到蛋黄的部分，就如其他动物的乳汁一样滋养着它。

不过，这些问题最好在我对胎儿形成的观察之中讲，届时将讨论很多问题，包括以下这些：为何胎儿的器官形成有先有后？在这些器官中，又是谁决定或影响了谁？还有许多涉及心脏的问题，比如，为什么就像亚里士多德在《论动物的部分》Ⅲ中所说的那样，心脏在其他器官发育完备之前，就首先表现出生命力、运动和感觉？也有涉及血液的问题，为什么血液也比其他身体器官先完成？为什么血液具有生命力，成为生命的本原，并且有运动倾向，并在心脏的控制下流进流出，仿佛心脏是为它而生一样？我们还会探讨脉搏的作用，为什么有的动脉搏动是死亡的征兆，而另一种则表示生命力即将恢复？在多种多样的脉搏中，每种脉搏的原因是什么？它们昭示着什么？此外，我们还要关注在危机期间和自然状态下关键的交换；营养的交换，尤其是营养物在体内的分布，以及各种流动液体之间的转换。最后，还有涉及医药学、生理学、病理学、症候学和治疗学等各方面的问题。我想运用我们已经论证过的真理，我们已经放射出的光芒，许多问题可以得到回答，许多疑惑可以得到解决，许多模糊之处可以得以消除。我发现这个领域太宽广了，要论述所有这些问题的话，我的这本小书将会变成一部巨著，甚至终我一生，都无法完成这样庞大的工程。

因此，在这里，实际上是在这一章节中，我将只探讨在心脏和动脉的解剖中呈现出的各种各样的特例和它们的作用以及原因。这样我才能利用我希望论证的真理解释许多问题，进而，这些现象又可以再次论证我的观点，使其更加显而易见。我将利用上文提到的所有解剖学证据来论证和阐释这一真理。

在我观察脾脏的用途时，有一点值得在这里提一下。在胃部分布着无数静脉的分支和细支，这些静脉是从后冠状静脉、胃静脉和胃腹静脉分支出来的，就像肠上分布着众多的肠系膜静脉一样。同样，在同一脾脏血管分支的下方，有沿着结肠和大肠进入肝门的静脉。血液通过这些静脉流回，一方面将废液从胃中携带出来——在胃中，这些液体非常的稀薄、多水，并没有完全变成乳糜；另一方面，来自排泄物浓稠而混浊的液体，与来自胃部的废液一同汇入到脾脏血管的分支，两种完全不同的物质相互调和。造物主混合了这两种完全不同的物质，并且用大量温暖的血液将其稀释（因为考虑到动脉管的大小，从脾脏送回的血量定然很大）。这两种物质被调匀后，被送到肝门。通过静脉的这种设置，这两种物质的缺陷得以弥补。

第十七章　从心脏的结构特点和解剖中所发现的现象论证血液的运动和循环

我发现，并不是在所有动物体内，心脏都是明显而独立的一部分。实际上有些动物，例如植物形动物没有心脏。这是因为这些动物都属于冷血类，而且体积不大、组织松软、结构简单，比如蛆虫、蠕虫，这些植物形动物从腐烂物之中滋生出来，无法保持其物种特征。它们没有心脏，也不需要将营养推入身体的各个部分。因为它们的身体是合生同质的，没有肢体。它们只需通过身体的收缩和放松，就能够吸收、排出和转移滋养物质。牡蛎、贻贝、海绵动物和所有植物形动物都没有心脏，这些动物的整个身体就可以起到心脏的作用，或者说，这些动物就是一颗心脏。许多动物，比如几乎所有的昆虫，由于它们身体很小，我们无法明显地看到其心脏。但是，我们仍然可以借助放大镜观察到在蜜蜂、苍蝇、黄蜂等昆虫体内的脉动。在虱子中，我们也能看到同样的现象。由于虱子的身体是透明的，用放大镜观察时，你会看到食物经过肠时，就像是一个黑点或色斑。

但是，在一些无血和冷血动物体内，如蜗牛、海螺、虾和贝类等，存在一个搏动的部位，是一种心室或者心房，但是没有心脏。但是这种动物体内的搏动非常缓慢，实际上，只有在一年中较为温暖的季节我们才能观察到这种搏动。在这些生物中，这一部分的构造使之能够实现搏动。这些动物也由于拥有较为复杂的身体器官，加之身体物质具有一定的密度，必须由一个部分进行搏动，分配营养液体。不过在这些动物中，这种搏动并不总是发生，有时在寒冷的季节就不发生。这种因为外界环境或者其他原因导致的时有时无的搏动，很好地适应了这种生物变化不定的特性，于是这些生物有时好像活着，有时又好像已经死亡了。加之，这些动物有时表现出动物的活力，有时又如同植物一般。一入冬就隐藏起来的昆虫也是这种情况，这时的昆虫好像已经死了，或者仅仅显示出一种植物的存在方式。但是，这样的事情会不会发生在诸如青蛙、乌龟、蛇、燕子等拥有鲜红血液的动物体内呢？这是一个值得质疑的问题。

在所有大型温血动物体内，必须有一个推动力来推动和分配营养液体，并且，这个推动力还必须相当大。在鱼、蛇、蜥蜴、乌龟、青蛙和其他相同种类的动物体内都存在一个心脏，其心室和心房齐备。因此，正如亚里士多德所观察到的那样[①]，所有有血的动物都拥有心脏，心脏的推动力使营养液体强有力并快速地流动到更远的地方，不像低等动物只有一个心房来推动。而对于那些体积更大、体温更高、发育更完善的动物，由于它们血量充沛，热量充足，充满元气，它们的身体也更大、更协调，这就需要一个更大、更强壮、更丰满的心脏。这样，就能更加有力、更加迅速地推动营养液体的流动。再者，由于更加完善的动物需要更加完善的营养，以及大量的热量供应，才能使滋养物完全地消化并尽可能地完善，因此，它们需要肺脏和第二个心室的存在，并迫使营养液体通过它们。

---

① 《论动物的部分》，Ⅱ

因此，每一个有肺动物的心脏，都存在两个心室——一个在左边，一个在右边。只要有右心室，就必然会有左心室。但是反之却不成立，并不是只要有左心室就会存在右心室。我所说的左心室是指它具有明显的功能而言，而不是相对于另外一个心室的位置。左心室的作用是将血液从心脏传输到整个身体，而不仅仅是只传送到肺脏。因此，左心室似乎是心脏构成的主要成分。左心室位置居中，更加显眼，构造精细，心脏似乎是为了左心室而存在的。而右心室只起到辅助左心室的作用。右心室没有达到心脏的顶端——即心尖，它也不如左心室强健，因为它的心壁厚度是左心室的三分之一，并且连接着左心室（如亚里士多德所说）。尽管如此，右心室却能力巨大，因为它不仅要为左心室提供物质，同样，还要为肺脏提供营养。

然而，经观察得知，胚胎中却不是这样，胚胎中的两个心室并没有明显的区别。两个心室就如同合生的坚果那样，各方面几乎都相同，右心室的顶端与左心室的顶端同样高，就像是双尖的圆锥。所以，正如我之前所说，在胎儿中，血液不是经过肺脏从右心室进入左心室，而是直接流过管口和动脉导管从大静脉进入主动脉，再从主动脉分配到全身各处的。因此，两个心室具有相同的功能，由此它们的构造也相同。只有当肺脏开始发挥作用时，我们所说的通道就被阻塞了，两个心室在强度和其他方面的区别才开始显现。在这种情况下，右心室只负责驱使血液流经肺脏，而左心室则负责将其推向全身。

再者，在心脏中还有许多柱状物以肌肉束和纤维带的形式出现。亚里士多德在他的《呼吸》的第三册和《论动物的部分》中称为神经。这些柱状物有长有短，有的露出来，有的则包裹在心脏壁的沟中；有的单独存在，有的凹陷下去。它们由细小的肌肉构成，辅助心脏，帮助心脏更加有力、更加完善地收缩，更加有效地将血液挤出。在某一种程度上，它们就像船上的绳索，被精细巧妙地安排着，在心脏收缩时，从各个方面将心脏缠绕起来，使心脏更加有效、更加有力地从心室中挤出血液。

显然，在有些动物体内，这种柱状物很明显，而有的则并不明显。在拥有这种柱状物的生物体内，存在于左心室中的柱状物通常比右心室的数量更大、力量更强。有些动物的左心室内存在这些柱状物，但是右心室里却没有。在人体内，左心室的柱状物比右心室的多，在心室里柱状物又比心房里的多，有时候心房里甚至不存在这些柱状物。在身体强壮、肌肉发达的农民体内，这种柱状物较多，而在身材瘦弱的人或者女性体内则较少。

有些动物心脏的心室内部非常光滑，完全不存在肌肉带和纤维，或者类似的中空凹陷结构。比如鹧鸪等小型鸟类、家禽、青蛙、乌龟和大多数的鱼类，都不具备腱索，也没有纤维束，心室中也不存在任何的三尖瓣。

有些动物心脏的右心室内部非常光滑，但是左心室内却具有纤维带，比如鹅、天鹅以及大型鸟类。原因正如上文所述，这些动物的肺脏像海绵一般，松散而柔软，心脏并不需要很大的推动力就可以使血液通过肺脏，因此，右心室不存在我们所说的纤维带，或者其中的纤维带很微弱，不像肌肉般强健。然而，左心室中的纤维带却很强劲，数量也更大一些。这是因为，左心室要将血液推动到身体的各个部分，需要更加强劲的推动力，所以左心室需要强健。这也是为何左心室占据心脏的中心位置，并且其心壁比右心室厚三倍，并且运动更加强劲的原因。

所有的动物，包括人类，凡是具有强壮的体格，健壮并与心脏有一段距离的肢体的，其中央器官就必然更加厚实、充满力量并且肌肉发达。这是明显的，也是必然的。反之，体格柔软纤细的物种，其心脏也弛缓柔软，心脏内部的纤维带较少或者根本没有。

再看一下心脏中瓣膜的用途。心瓣在心脏中整齐排列，由于心瓣的作用，血液一旦进入心脏的心室就无法回流。血液被推进肺动脉和主动脉，就决不能流回心室。当心瓣升起并结合时，它们就形成了一个三尖形，就如被水蛭咬的伤口一样。心瓣受到的力越大，它们就越加牢固地阻止血液的回流途径。三尖瓣就如门卫一样，守卫在大静脉和肺静脉连接心室的入口，以免血液受到心脏强有力的驱动时回到静脉中。但是，并不是所有动物都有三尖瓣，即使有三尖瓣的动物也不全都构造精细。有些动物的三尖瓣结构很精细，有些动物的则很粗糙。但即使在只有粗糙的三尖瓣结构的动物中，我们总能看到，只要受到心脏或大或小的驱动时，三尖瓣便会关闭。

在左心室，为了关闭起来使左心室更有效、更有利地搏动，只有两个瓣膜，形状就像僧帽一样，呈长圆锥形，这样两个瓣膜可以互相从各自的中间部分接合起来。这一情况误导了亚里士多德，使他错误地认为左心室分成两部分，由心瓣横向分开。由于这两个心瓣的作用，血液不能流入肺静脉。这样左心室可以有力地推动血液流向身体的各个部分，使这些部分获得滋养。左心室的二尖瓣，不管在力量、大小，还是在闭合的精确度上，均胜过右心室中的心瓣。

因此，心脏必然有心室，因为心室才是血液的源泉和储存所。但是大脑则不然。基本上所有鸟类的大脑都不存在脑室。比如鹅和天鹅的大脑几乎和兔子的一样大，但是兔子的大脑中存在脑室，而鹅和天鹅却没有。同样，动物如果只有一个心室，就必然会有一个附加的心房，柔软、膜质化、中空，并且充满了血液。动物若有两个心室，就有两个心房。但另一方面，有些动物只有一个心房，却没有心室，或者只有一个类似心房的囊，或者血管本身有的部分可以特别膨大实现搏动，比如我们在黄蜂、蜜蜂和一些昆虫中看到的那样。我对这些昆虫做过一些实验，这些实验表明，这些昆虫的尾部不仅会表现出搏动的现象，还会表现出呼吸的现象。这个部位有时拉长，有时收缩，速度时快时慢，就像呼吸一般。当这些昆虫受到风吹或者需要大量空气时，就会出现这种呼吸现象。关于这些问题，在我们的《论呼吸》中有更多的阐述。

如我之前所述，心房同样进行搏动和收缩，并将血液输送到心室。所以，只要存在心室，心房就非常必要。心房的作用远不止像人们普遍认为的那样，是血液的源泉和储存所。难道心房的搏动没有其他的作用吗?

心房，尤其是右心房是血液的最初推动者。就如我之前所说，心房是“最早存活，最终死亡的器官”。心房把血液输入心室，心室通过有力的收缩，将已经流动的血液——因为心房的作用而流动起来的——迅速而有力地挤出心室。就像一位击球员，如果趁着球回来时击出的话，远比随手扔出球更有力、击得更远。而且，和众所周知的观点相悖，我认为，不管是心脏还是其他任何物体，都不可能通过自身的扩张，在扩张的同时将物质吸入到其中的凹陷处。除非像海绵一样，起先被压缩，然后再回到自身的基本状态。但是在动物体内，所有的局部运动都来源于某些部分的收缩。结果，正如我一再表明的那样，由于心房的收缩，血具有运动能力的动物（就如亚里士多德所述[①]），它们的运动器在每一次运动中是如何收缩的，vtvpov是如何演变成vtvoi，nuto，contraho的，为什么亚里士多德深知肌肉的作用，却仍然谨慎地将动物体内的所有运动归因于神经，或者归因于身体某些部分的收缩，因此而将上文提到的心脏中存在的纤维带也称作神经呢？对于这些问题，如果大家按照我的观点去专门证明动物运动器官的运动机制，我相信是可以解释明白的。

我还是继续我们正在讨论的问题，即心房为心室提供血液的作用。我们可以设想，心脏结构越严实紧密，其心壁就越厚，心房的肌肉也就越强健有力，也就会越有力地向心室推入血液。反之亦然。而有些动物的心室是一个囊，这个囊由膜构成，包裹着血液。在鱼类中，这种囊代替了心房。囊的膜很薄，但是可以储量大量的血液，这个血囊悬浮在心脏之上。有些鱼的囊比较强健，如鲤鱼、白鱼、沙丁鱼等，体内的囊像肺一样强健。

在一些体格健壮的人体内，心房非常强健，有明显的肌肉束和交错的纤维带，但是他们心室的力量却和其他人的相近。我必须要承认，在不同的人体内发现这种差异，令我感到非常震惊。应该指出的是，胎儿的心房大得不成比例，因为在心脏成形之前心房就存在了，心房一经形成就行使其功能。因此，像我们之前所陈述一般，心房发挥了整个心脏所应该发挥的作用。我之前对胎儿的形成所做的观察，就像上文指出的那样（也如亚里士多德在研究孵化中的鸡卵中所论证的一般），有助于了解这一问题。当胎儿柔软得如蠕虫一般，或者如大家所说处于初期时，他体内只有一个小血点或者搏动的囊，显然属于脐静脉的一部分，由脐静脉的始端或者末端膨大而形成。随着胎儿的发育，胎儿的轮廓渐渐显现出来，胎儿的躯体

① 在《论精神》一书和其他论述中。

也开始变得致密，这时，我们所说的那个囊就变得更加强劲，它的位置也发生了变化，并且分成为两个心房，在心房的上方开始形成心脏。这时的心脏还不能发挥作用。随着胎儿的进一步发育，骨骼开始形成，并且与其他软的组织区分开来，并且可以运动时，心脏开始跳动，如我之前所说的那样，将血液经由两边的心室从大静脉输入动脉。

所以，造物主是神圣的，不会做任何徒劳无获的事。她既没有在不需要心脏的时候创造心脏，也没有在其功能变得必需之前让心脏产生。但是，在各种动物的同一发展阶段，即开始形成各部分时，就如卵、蠕虫和胎儿，每一部分都要求是完善的。从大量关于胎儿形成的观察中，可以证实这一点。

最后，希波克拉底在其著作《肌肉论》中将心脏称作肌肉，这不是全无道理的。心脏和肌肉的动作和功能均相同：通过收缩来移动其他的一些物质。不过心脏移动的是血液。

再者，我们可以依照大多数肌肉的状况，依据心脏肌肉纤维的位置和一般结构来推断心脏的运动和功能。所有的解剖学家都同意盖伦的观点，承认心脏是由各种各样纵横交错的纤维构成的，并且这些纤维互相联系。但是如果用高温加热心脏，心脏的纤维看起来就不一样了。在心壁和心膜之上的纤维都是卷曲的，就如括约肌内的纤维一般。这些纤维呈柱状，它们纵向伸展，并且斜着拉长。这样，当所有的纤维同时收缩时，圆锥尖（心瓣）被这个纤维柱拉向基部，四周的间壁做环形收缩成球状——简而言之，就是整个心脏收缩，心室变窄。因而会发现，这个器官的活动显然就是收缩，它的功能就是将血液推入动脉中。

我们不会不同意亚里士多德的观点，认为心脏是很重要的器官。也不会探讨心脏是否从大脑接受指令进行运动，从肝脏获得血液，或者心脏是否是血管和血液的起源等一系列的问题了。那些同意这些说法却反对亚里士多德的人，他们其实没有看到，或者没能正确地理解主要的论据，即心脏是第一个存在的器官，在大脑或者肝脏出现之前，心脏就有了血液、生命力、感觉和运动，或者在这些器官表现出它们各自的功能之前，心脏的功能就已经明显而充分地表现了出来。心脏具有发挥出它独特的作用之后，就如同体内一种内在的生物，限于身体其他部分而存在。由于心脏是最早形成的器官，造物主就让它使用、滋养、维持、完善整个生命体。心脏作为其工作和居住的场所，就如一个王国里的国王，国家的主要和最高的权力都掌握在他手中。心脏是所有力量产生的根基和源泉，其他部分的能力都依赖于心脏的供给，整个生命体的任何能力都依赖心脏的力量。

许多和动脉相关的事实将会进一步阐释和证实这一真理。为什么肺静脉不搏动，难道它也是一种动脉管？或为什么肺动脉之中有脉动？因为动脉管的脉动来自血液的冲击力。为什么动脉管壁的厚度和力量和静脉管壁的厚度和力量有如此大的区别？因为动脉支撑来自心脏强有力的颤动和快速流动的血液。所以，完美的造物主总是考虑到各种情况，使她的作品能够与之相适应。我们发现离心脏越近的动脉，在结构上与静脉的区别就越大。接近心脏的动脉更强健并具有韧性，而在远离心脏的地方，如脚部、手部、大脑、肠系膜和睾丸等部分，两种血管的结构非常相似，基本无法只通过肉眼加以区分。这种现象有充足的理由作为支撑：血管离心脏越远，心跳产生的力量对其的影响就越小，其扩张也就越不明显。随着距离的延长，心脏所带来的冲击力也就消失了。

加之，随着心脏的搏动，被挤出的大量血液必然充满了动脉的干支和分支，血液在每一次分配、转换和分散时都会慢慢减少，力量随之变弱。所以，动脉最细的血管分支和静脉非常的相似。这不仅指其在构造上的相似，还指其在功能上的相似。它们的搏动非常虚弱、难以察觉，或者说在它们中，几乎不存在搏动。除非心脏的搏动异常剧烈，或者在细小血管中某些部分因为炎症、外伤等原因变得膨大。比如，有时候，我们能够感觉到牙齿中、肿大的瘤子里和手指中的血管搏动。在其他的时刻，我们根本感觉不到这些搏动的存在。根据这一个症状，我非常确信，脉搏在自然状态下迅速有力的年轻人，他们在患热病时会感到疲劳；而体质较弱的年轻人，在患热病时，按压他的手指，我很容易感到他手指中的血管搏动。另一方面，当心脏跳动虚弱无力时，不仅在手指中，就连在手腕甚至太阳穴上，都无法感觉到脉动。在那些因为呼吸急促而昏迷的病患，或者窒息、神经混乱的病人，以及虚弱而垂死之人的体内，你会发现这一点。

在这里，外科医生应该了解，在截肢手术、切除肿瘤手术和治疗伤口的过程中，血液有力地流出，这些血液来自动脉。但是血液也不总是一下子就出来，因为小一点的动脉并不搏动，尤其是当我们用了止血带之后。

因为相同的原因，肺动脉不仅在结构上和动脉相同，而且像大动脉一样，在其血管壁的厚度上与静脉差别很大。不过，大动脉需要经受来自左心室巨大的冲击力，而肺动脉经受的来自右心室的冲击力显然要比前者小很多。就如心脏的右心室的心壁比左心室的心壁更薄一样，肺动脉管壁也比大动脉管壁要薄弱。同样，肺脏的组织比肌肉以及身体其他部分的组织更加松散、柔软。相应地，肺动脉的分支血管的管壁和从主动脉衍生出来的血管的管壁也有所不同。这种差异是普遍存在的。就好像，一个人肌肉越发达，力量越大，其肌肉也会越结实；因而他们的心脏也就越强劲、厚实、紧密，纤维也越丰富；进而他们的心房和动脉也就越厚实、紧密和强健。而在诸如鱼类、蛇类和鸟类等许多动物体内，其心脏的心室内侧光滑，没有心瓣，其间壁单薄。它们的动脉壁和静脉壁在厚度上区别很小，或者没有区别。

此外，为什么肺部具有如此大量的血管，包括动脉和静脉（因为肺部血管的总量超过了颈部血管的总量或者股部血管的总量）？为什么肺部血管中含有如此大的血量，就如我们通过实验和观察得出的结论一般？（实际上，这个事实是由亚里士多德提出的，他提醒我们不要被失血过多而死的动物尸体所迷惑，犯下错误。）这是由于心脏和肺是血液的源泉、储藏室和最后完善的工作间。为什么在解剖中，我们发现肺静脉和左心室中充满的血液和肺动脉与右心室中充满的血液特征相同，都是黑色凝结的血液？这是因为血液不停地经由肺脏从心室的一侧流入另一侧。总之，肺动脉具有动脉的结构，肺静脉也具有静脉的结构，从构造、功能和其他各方面来看，肺动脉也是动脉，肺静脉也是静脉，这与通常的看法不同。肺动脉为什么有如此大的孔口？那是因为它需要运输的血量远远超过营养肺部所必需的血量。

我们在解剖过程中注意到的这些现象以及其他现象，如果进行正确的评估，似乎足以清楚地说明并完全地证实在这本书中我们力争的事实。与此同时，也颠覆了通常的观点。因为通过其他方式，我们将很难解释心脏和血管的构成和设置目的。

关于牛痘预防接种最早的三部作品

The Three Original Publications On VaccinAtion Against Smallpox

〔英〕爱德华·詹纳

主编序言

1749年5月17日，爱德华·詹纳出生在英格兰格洛斯特郡伯克利一个牧师家庭。离开学校后，他被安排到当地一个外科医师门下当学徒。1770年，他去了伦敦，师从伟大的外科解剖医生约翰·亨特。1773年，他完成学业回到伯克利开始行医。但他并没有因此而疏远自己的老师约翰·亨特，而是一直与老师保持着密切的联系，并经常去伦敦拜访他。爱德华·詹纳在伯克利度过了自己的一生，1823年1月26日因中风去世。

詹纳在牛痘预防接种方面取得了重大成就。当时在英格兰西部农村地区牛痘是一种非常常见的疾病，詹纳很早就开始观察和记录与之相关的病例。大量的观察结果使他非常认同当地农民的一种看法：感染牛痘病毒并痊愈的人将不会得天花。1796年，詹纳开始第一次人体种痘实验，他给一个八岁的男孩种了牛痘。在这个男孩很快地痊愈后，詹纳又给这个男孩种了天花痘，但是这个男孩并没有感染天花病毒。实验结果证明他之前的想法是正确的。

詹纳将他的这一发现和实验内容写成了论文，但是这篇论文却由于各种原因没有出版。直到1798年在一次医学专家举办的招待会上，他的这篇论文才得以面世。但是，这篇论文并未获得人们的赞扬。直到圣托马斯医院的外科医师克莱恩用詹纳的方法对天花患者进行治疗并取得了成功，这一方法才开始被医学界广泛认可。

尽管第一篇论文被医学界诟病，詹纳没有放弃他的调查研究，在接下来的几年里，他接连发表新的研究成果，最终他的观点逐渐被人们所接受，并开始在医学界实践应用。英国国会也分别于1802年和1806年奖励了詹纳1万英镑和2万英镑，以此表示对他做出贡献的认可。1807年，巴伐利亚开始实行强制接种天花疫苗，之后几年欧洲大多数国家都相继开始强制接种天花疫苗。自詹纳的这一发现以后，天花已不再是全世界的灾祸。

查尔斯·艾略特

致

巴斯的帕里医学博士

亲爱的朋友：

在当今这个主张科学研究的时代，牛痘这种具有高度传染性的疾病在本国和邻国肆虐了数十年，竟从未受到人们的关注，这是一件多么令人震惊的事！在一些专业人士和其他群体中，我发现了很多有关这种疾病的观点。这些观点互相矛盾，且令人费解。为了真正了解这种疾病，我在当地情况准许下，详细地调查了这种疾病的病因与后果。

下面几页是我的调查结果。我满怀敬意地把它献给您。

您真诚的朋友

爱德华·詹纳

1798年6月21日

于格洛斯特郡伯克利

预防天花的疫苗接种

I
《关于牛痘预防接种的原因与后果的调查》（1798年）

人类背离了大自然最初给他们设定的状态，去追求壮丽的爱情、奢华的享受，以及对娱乐的痴迷。这正是人类多病的根源。

人类凭借着自己的知识，了解了许许多多的动物，而这些动物原本并未打算成为人类的同伴。狼被人消除残暴后依偎到贵妇的膝下[①]；猫，原本是我们这块土地上的小老虎，它应该生活在森林里，现在却被驯服并接受人类的爱抚；出于各种各样的目的，牛、猪、羊和马，在人类的关照和控制下，被饲养了起来。

马从被驯化开始就易患一种疾病，兽医称为马踵炎。这种病会使马蹄发炎肿大，并分泌一种奇怪的脓汁，这种脓汁可以使人类患病。这种疾病与天花病极其相似，我认为它在很大程度上就是天花的起因。

设想一下，在一个以生产乳制品为主的村庄，饲养着大量的奶牛，挤

① 约翰·亨特先生通过实验证明狗是由狼退化而来的。

奶的活儿被随意地摊派给男女用人。一位佣人刚刚给患上马踵炎的马敷完药，接着又被派去给奶牛挤奶。由于他没有注意清洁问题，手指沾染了带有病毒的脓汁，这种病毒极易被感染，在挤奶过程中，一方面奶牛感染了这些病毒，另一方面这些病毒也进入了牛奶中。最终大多数的家畜和人都被感染，导致这种疾病在整个农场蔓延。这种疾病因此而被命名为“牛痘”。

牛痘起初出现在牛乳头上，形状为不规则脓包。起初，它们呈浅蓝色或青灰色，如果不及时治疗，这些脓包就会恶化成溃疡。据说这种疾病的治疗非常棘手[①]。患病动物因此病而身体不适，产奶量大大减少。

挤奶工被感染初期，手部先出现发炎斑点，然后是腕部。如果不加以治疗，这些斑点就会化脓，外围开始呈现类似烧伤时产生的小脓包。通常，这些脓包会出现在手指关节处和指尖处。脓包的表面呈圆形，外周比中间高，远观脓包的颜色接近蓝色。

随着病毒感染程度的深入，病人腋窝两侧开始出现肿块，并出现全身性症状——脉搏加快，高热后全身乏力，腰部和四肢疼痛，呕吐。病人还会感觉头痛，甚至会出现间歇性精神错乱。病人的症状因感染程度不同而有所差异，通常会持续一到四天，并在手部留下溃烂的疮疤。有些部位的疮治疗起来非常困难，伤口愈合得很慢。因为病人不注意，用受感染的手接触或抓挠，从而引起嘴唇、鼻孔、眼睑和身体的其他部位溃疡。在我观察的所有病例中，只有一位患者的手臂出现了极少的疹子，非常小，呈鲜红色，未发展到成熟阶段就消失了。而其他患者发热症状逐渐消失，且均未出现皮疹。因此我不能确定这些疹是否和先前的症状有关。

疾病从马[②]传到奶牛的乳头上，再从牛传到人，这个传播过程已得到证实。从某种程度上讲，不同种类的病态分泌物被机体吸收后会产生相似的作用。但是，以这种方式受到感染的人能永久地免受天花感染。这让牛

① 在这个乡村，照顾病牛的人们找到了阻止这种疾病发展的快速治疗方法：与用硫酸洗锌和铜的原理一样，人们用化学方法清洗这些病态分泌物。

② 詹纳有关马踵炎和牛痘是同一疾病的结论被证明是错误的，但是这并未使他的主要结论（即牛痘和天花的关系）失去价值。——编者

痘这种疾病变得非常奇特。

为了支持这个非同寻常的事实，接下来，我将为读者们列举大量的病例[①]。

病例一——约瑟夫·梅里特，现在是伯克利伯爵的一名花匠。1770年他受雇于附近的一个农场主，他的工作是挤牛奶。当时这个农场的几匹马陆续出现了溃疡，梅里特需要照顾它们。不久之后，梅里特挤奶的奶牛感染了牛痘，梅里特的手上也出现了几处溃疡，随后他的两腋处出现肿胀和僵硬症状，他在此后几天都不能从事日常工作。先前这个农场从没有买过奶牛，也没有雇用过感染了牛痘的人。

1795年4月，这个地区爆发了天花疫情，其中梅里特一家人的症状非常严重，全家人都感染了天花，需要特别指出的是，梅里特一直和他们待在家里，虽然此时距他患牛痘已经过去25年，但他自己却并未因暴露在传染源中而感染，而他的家人，却无人幸免。

我找到梅里特，将天花脓汁注入他的手臂，但他并未因此而感染天花。只在刺破的皮肤附近出现一种红疹，呈现丹毒的样子，并没有表现出其他天花患者的症状。

我谨慎地、一丝不苟地验证了这项记录的真实性。如果这个案例出现在人口密集的大城市，人们有理由怀疑事情的真实性；但这儿人口稀少，一个人躲过了天花这种事总是会被如实地记录下来。在这个特殊事情上，出现记录不准确的可能性几乎没有。

---

① 观察脓包频繁而自发地出现在牛乳头上是有必要的，这可以和原始病原体所造成的不同后果进行对比。这种病毒传染到挤奶工时，其手部会出现感染，并因病毒在体内的扩散而导致身体不适。但是比起这种病毒在马身上导致的脓包，牛身上的脓包要温和得多，它不受蓝色或铅色染剂的影响，而马身上的脓包却非常显著。牛身上不会出现丹毒，也没有表现出崩蚀性溃疡的症状，被感染的牛很快就会结疤痊愈，并无明显不适。这一点也与马完全不同。牛通常在春天发病，这个季节牛吃的是青草而非冬天的干草，这使其产生更多的乳汁给小牛喂奶。无论从哪个角度看，我都不认为这种疾病与我正在医治的疾病相似，因为它不会在人机体中产生任何特殊效果。然而我必须在此阐述这个最伟大的推论，以免错失辨别引起天花感染的免疫观点。

病例二——莎拉·波特拉克也居住在这个地方。27年前[①]，她给附近的一位农场主当佣人时感染了天花。

那是1792年。莎拉·波特拉克给她的孩子喂奶，当时她不知道这个孩子当时已经感染了天花。随后她一直留在被感染的房间里，她认为自己在这样的环境中一定会感染天花。但她并未出现任何身体不适症状。后来，我在她的双臂上接种了天花脓包，然而她并未被感染。

病例三——约翰·飞利浦是这个镇上的一名商人。早在9岁时他就患过天花。在他62岁时我给他接种了从最活跃的脓包中提取出的脓汁。从一名出现发疹性高热的男孩身上提取脓汁后，及时注入飞利浦体内。注射脓汁的部位很快出现了叮咬样的疼痛感。接着，开始出现红疹，第四天红疹的范围已经很大了，同时他的肩部出现一定程度的疼痛和僵硬感。但是，第五天这些症状开始消失，又过了一两天身体不适的感觉就彻底消失了，没有对机体产生任何影响。

病例四——玛丽·巴吉，住在这个教区的伍德福德，1791年她接种过天花痘脓汁。接种部位很快出现了亮红色的疹且大面积地扩散开来，不过，几天后就消失了，没有产生任何天花感染症状[②]。她常常被雇用去照看天花病人，但从未因此感染上天花。31年前，这位妇女在一位农场主那里干活时感染过牛痘[③]。

病例五——H夫人，她是在这个镇上一位非常受人尊敬的女士。她在很年轻的时候患过牛痘。

---

① 我选择的这几个病例，在用天花痘脓包进行实验时，都距首次感染牛痘或者天花有相当长的一段时间了。选择这些病例的目的，是想表明机体因病产生的变化并未随时间而改变。

② 需要注意的是，天花脓包受到机体的抵抗时，可能会刺激接种部位，使其发炎，这种炎症的蔓延速度甚至比天花的传播速度还快。这几乎成了判断是否受到传染的标准，似乎一种变化在皮肤血管里经历了生命期，不是在斗争中产生就是在斗争中灭亡。同样值得注意的是，无论这种变化是天花还是牛痘产生的，突然出现的皮肤炎症与接种天花脓包所产生的炎症特征是一样的。

③ 牛痘在奶牛中流行时，常常通过牛奶桶的把手传染给虽然没有挤过牛奶但是接触过牛奶桶的人。

她感染牛痘的方式很不寻常。当时，她家的奶牛感染了牛痘，家里的佣人在挤牛奶时被传染了。H夫人在处理这些佣人使用过的餐具时被传染。她的手出现了严重的牛痘疮，这些疮又感染了她的鼻子，鼻子发炎且肿得厉害。

这件事过去不久，她的一位亲戚患了天花，非常严重，甚至有生命危险，H夫人定期去照顾她。但是，即使暴露在天花病疫区，她也没有再感染上这一可怕的疾病。

1778年，天花在伯克利横行，H夫人并不是十分放心自己的人身安全（当时她正处于天花病疫区，但她的身体并未出现不适症状）。我给她接种了活的天花痘脓包，和前面的病例一样，她出现了相同的症状——手臂出现红疹，但没有对机体造成影响。

病例六——患过天花的人不会患牛痘或者患牛痘的病情很轻，奶农们是非常了解这点的。因此只要牛群中出现这种疾病，如果可能的话，这些佣人就会被招来，因为人们认为这些人不容易受感染，否则整个农场的生意几乎不可能继续发展。

贝克先生是一位住在这儿附近的农场主。1796年5月，贝克先生家里爆发牛痘疫情。这是由一头牛传染来的，这头牛从附近集市里买回来时就已受到感染。在挤牛奶时，其他牛（共30头）全部被感染。这家有一个男仆，两个挤奶女工和一个小男仆。他们和农场主一起每天给奶牛挤两次奶。

结果，农场主和小男仆完全未受牛痘感染的影响；男仆和其中一名女工的手上出现了脓包，但未造成机体紊乱。但另外一名从未患过天花的女工莎拉·云茵却未能轻松躲过这种疾病。她被牛传染并出现了非常严重的症状，只能卧床，几天都不能从事她在农场里的日常事务。

1797年3月28日我给这个女孩接种了天花病毒，小心地把脓汁擦进她手臂上划的两个小口里。如上述病例一样，接种的伤口周围出现了一点炎症，但很快——在第五天——炎症全部消失，未对机体产生任何影响。

病例七——先前的病例很清楚地表明，患过牛痘后，机体就不会轻易患天花。反过来，患过天花的人，给感染牛痘的奶牛挤奶后，也不会因为接触牛痘而出现太多不适，通常只是手上出现脓疮，但机体不会出现紊乱，也不会感到太多不适。我将在下面这个病例里说明这一点。

1796年夏天，伯克利镇安德鲁斯先生的农场出现了牛痘疫情，如上述案例一样，牛痘是从附近集市上买回的一头受感染的牛开始传染的。除了农场主（对这个后果他感到非常害怕），其他人（包括他的妻子、两个儿子、一位男仆和一位女仆）在挤牛奶时都接触了牛痘。除了男仆，所有人都患过天花。所有接触过牛痘的人的腋窝出现疼痛和肿块前，手上都出现了脓疮，并且有些不舒服。患过天花的人的不适症状比没有患过天花的男仆要明显轻很多。男仆不得不躺在床上休息时，其他人并没有感觉到过多不适，仍旧能继续做他们的日常工作。

1797年2月13日，我有机会给威廉·罗德威接种，他就是上面提到的男仆。我把天花脓汁注入他的两只手臂，分别注射在右手臂的表皮切口处和左手臂的真皮刺破处。第三天，两处都可观察到发炎症状，之后，右手臂的刺破部位炎症很快消失，但是切口边缘出现了一小块丹毒。到第八天，右腋部位出现了持续半小时的不适症状。但是炎症很快消失，期间机体没有产生任何受感染的症状。

病例八——伊丽莎白·云茵，57岁。35年前，她作为仆人和附近的一位农场主住在一起。那时，她是一名挤奶工。爆发牛痘时，她和那家的其他人一起感染了牛痘。与其他人相比，她的病情很轻，只是左手的小指上出现了一点脓疮，几乎没有感到不适。

牛痘疫情的轻微爆发，以及它在伊丽莎白身上短暂出现，使我很高兴有机会在她机体里试验天花脓汁的免疫功效。

1797年5月28日，我在她左手臂上做了两处表皮切口，并小心地把脓汁擦在上面，以此来为她接种。很快，接种的部位出现了刺痛感，并出现了皮疹。直到第三天这两种症状才开始减弱。到第五天，不适的症状就完全消失了。

病例九——患过牛痘的人，可以避免机体感染天花；已经患过一次天花，并活下来的人，他们就再也不会患上天花了。但是这些人还是会再次受到牛痘的感染。下面的病例将会论证这一点。

威廉·史密斯住在这个教区的普瑞顿。1780年他患上了牛痘，那时他和附近的一位农场主住在一起。农场主的一匹马踵上长了脓包，农场主在照顾这匹马时，接触到脓汁，因此在照顾牛时将疾病传给了牛，进而牛痘又传给了史密斯。当时，史密斯的一只手上有溃烂的脓包，并且出现了先前描述的那些症状。

1791年，另一个农场爆发牛痘。那时史密斯在那儿是一名佣人，他第二次患病。1794年，他不幸地第三次罹患这种病。值得一提的是，史密斯第二次和第三次患病时的症状，与第一次一样严重[①]。

1795年春天，我为他接种了两次天花脓汁。他的机体并未因天花脓汁而被感染。后来，他和那些患天花的人接触，虽然那些人的病情已经发展到了传染性最强的状态，但史密斯都未受任何影响。

病例十——1782年，西蒙·尼科尔斯作为佣人和布朗米吉先生住在一起。布朗米吉先生是位绅士，住在教区自己的农场里。西蒙被雇去给主人的一匹马敷药——这匹马的踵上长有疮——同时他又去给牛挤奶。结果，牛被感染，在他给马敷药数周后，牛乳头上才出现患病症状。此时，他已经辞去了布朗米吉先生家里的工作去了另外一个农场。当时，他的身上并没有出现任何脓包。但他刚到新工作地不久，他的手就出现了被感染的迹象，而且他也感到很不舒服。他对新主人科尔先生隐瞒了自己的病情，依旧做挤牛奶的工作。于是，他将牛痘传给了牛。

几年后，西蒙被雇用到一个爆发了天花的农场。那时，我给他和其他几个病人接了种。在那些病人被隔离的整个时期，西蒙一直和他们待在一起。虽然他也因此手臂发炎，但无论是炎症还是与被感染的人接触，都未对他的机体造成一点影响。

病例十一——威廉·斯丁奇克布是尼科尔斯的同伴，也在布朗米吉先生的农场里当过佣人。牛患上牛痘时，他也不幸地被牛传染。他的左手感

① 这种病例不常见。通常第二次发作程度要轻一些。

染严重，有几处溃疡，左腋下出现了一个巨大的肿块。右手上出现了一小块肿块，右腋没有出现肿块。

1792年，我给斯丁奇克布接种了天花脓汁。除了一点红疹外，他没有其他不适。当时有一群人也同时接种，其中一些人比接种过的人的常见症状严重些。斯丁奇克布有意与这些人接触，但并未因此而感染。在目睹同伴的症状时，他想起自己患牛痘时的情况与现在同伴身上表现出的症状有惊人的相似之处。

病例十二——1795年，在这个郡的托特沃斯村里，亨利·詹纳先生——伯克利的一名外科医师，给穷人们接种了天花脓汁。在这些被接种的人中，有八位曾经患过天花。其中一名叫海丝特·沃克利的患者，1782年在这个村的一位农场主那里干活时，我给他看过病。无论是手臂接种还是与在同一时间接种的其他患者处在同一社圈里，这位女患者和其他患过天花的人都未受到天花的感染。这种安全状态显示出好的征兆，因为那时许多贫穷的妇女怀有身孕。

病例十三——我碰到一个病例，这个病例曾经接触过马踵和马的排泄物中的脓包，并因此被感染。也因为这次感染，他的身体从没感染过天花。

还有另外一个病例，与前者的经历类似，在他的身上，天花只导致他出现了轻微的症状。

但第三个病例尽管与前两者经历类似，但并未因此而躲过天花的威胁。

托马斯·皮尔斯是这儿附近一名锻工兼蹄铁匠的儿子。他从未患过牛痘，但是他父亲的马的踵上长了脓疮，托马斯给马敷药后，这个小伙子手上就长了脓疮，手化脓了且不时有剧烈的疼痛感。六年后，我把天花脓汁反复注入他的手臂里，除了产生轻微的炎症，没有其他症状出现，脓汁敷上去后炎症很快消失。之后我让他处在天花病毒的环境中，他从未受到一点影响。

有一点值得注意且为许多人熟知，那就是通过给村里那些既是锻工又是铁匠的人接种来尝试谈论天花感染，这是被禁止的。像上面的例子一样，他们不是完全抵御传染就是以不寻常的方式感染这种病。难道我们不能用一个合理的方式解释这种现象吗?

病例十四——詹姆斯·科尔是这个教区的农场主。在用天花脓汁接种几年后，他患上了这种传染病，其传染源和先前提到的病例一样。他的腋窝有点疼，痛了三四小时，并感觉到轻微不适。他的前额出现了一些疹，但很快便消失，并没有发展到化脓的地步。

病例十五——虽然先前的例子显示机体在吸收病马踵上的疮产生的脓汁后几乎能够抵御天花的感染。但下面的病例显示这种方法不是完全可靠的，除非这种病是马身上的病态脓汁，以牛乳头为传染媒介传给人体。

亚伯拉罕·里迪福特是这个教区石头街的一位农场主。在给踵患脓包的母马敷药后，他的双手感染上了脓包且非常疼痛。两腋处出现了肿块，他感到剧烈的疼痛，这种疼痛很常见。一位外科医生邻居为他治疗，这位医生了解到他手上的脓包症状与牛痘产生的症状相似，而且他也很了解牛痘在人体中产生的作用。这位医生告诉亚伯拉罕不必害怕感染天花。但是他的判断被证明是错误的。因为在以后的二十多年，他感染过天花，这种病以轻微症状出现过几次。除了我们通常可以观察到的脓包的一般症状，还出现了一个不同的症状，尽管很难描述，但的确可以观察到，这种病的真实存在毋庸置疑，我邀请来诊断这位患者的其他医生也同意我的这个观点。当我用脓汁给他家里患天花的人接种后，出现了常见的症状。

病例十六——莎拉·内尔姆斯是这附近一位农场主的挤奶女工。1796年，她通过奶牛感染了牛痘。感染部位是手，先前她的手被刺轻微刮伤过。随着病情发展，出现了一个大的有小疙瘩的疮和常见症状。脓包非常明显，这确实是牛痘的症状，因为这种病通常发生在手上，我已经在括号里做了附加说明。手腕的两处脓包是轻微擦伤的表皮感染病毒引起的，但是在我观察患者时，如果有的话，铅色染剂不是很明显。食指上的脓汁在早期就出现了症状。事实上，这并未发生在这位年轻的妇女身上，但在其他病例中发生了。当它再次出现，为了说明这种病，我把这种症状附加了进来。

病例十七——为了更精确地观察感染过程，我选择了一位大约八岁的健康男孩来接种牛痘。脓汁是从一名挤奶女工[1]的脓包中提取来的，这名女工通过奶牛受到感染。1796年5月14日，我把取来的脓汁注入这个男孩手臂的两处表皮切口里，伤口未到真皮，每处大约半英寸[2]长。

第七天，他开始表明腋窝处不舒服。第九天，出现寒战，没有胃口和轻微头痛等症状。这一整天他都感到身体不适，晚上有些不安。但接下来的日子他完全没事了。在切口化脓的过程中，切口处的外观与天花脓汁以相同的方式产生的现象几乎一样。我观察到的唯一不同是由病毒活动引起的透明液体的状态，我本以为其颜色很暗，还有在切口处出现的皮疹比我们通常看到的用天花脓汁接种产生的皮疹的丹毒症状要多一些。但是所有这些症状都消失了（在接种处留下了结痂和焦痂），未给我或者我的患者带来一点麻烦。

在男孩轻微感染牛痘病毒后，为了确定他是否产生了免疫，7月1日我用刚从一个脓包上取下的天花脓汁给他接种。我在他的双臂上做了几处轻微的刺痕和切口并把天花脓汁注射进去，结果他没有发病。并可以在他手臂上观察到与常见病人患牛痘或天花后接种天花脓汁出现的相同症状。几个月后，我再次用天花痘苗给他接种，机体没有产生明显症状。

这时，我的调查研究中断了。直到1798年春天，那时由于早春时节的潮湿，这附近许多农场中马的踵感染了脓包。随后奶牛群中爆发了牛痘。这为我观察这种奇怪疾病提供了一个机会。

1798年2月末，一匹母马的踵开始长疮，这匹母马的主人在附近教区拥有一个乳牛场。农场的男佣托马斯·维尔高、威廉·威瑞特和威廉·海恩斯时常给它做清洁。后来这三位男佣手上感染了脓包，接着手和腋窝的淋巴结肿大，高热后出现冷战、疲乏，四肢疼痛症状。一个突发症状使病情终止了，二十四小时里，他们没有感到任何不适，除了手上的脓包，所有症状全部消失。海恩斯和维尔高因为接种过天花，他们描述患病时的感

① 来自莎拉·内尔姆斯手上的脓包。见前例。

② 1英寸=2.54厘米。

受与那些患这种病的人的感受相似。威瑞特没有患过天花。每天海恩斯到农场当挤奶工，他第一次给马踵清洗十天后，牛群中就出现了这种病。与通常发病症状一样，牛乳头上出现了蓝色的脓包，但因及时采取了医治措施，脓包没有继续溃烂。

病例十八——约翰·贝克是一位五岁的小孩，在1798年3月16日接了种，脓汁是从托马斯·维尔高手上的脓包里取来的。托马斯是一位被母马脚感染的佣人。约翰在第六天发病，出现的症状与牛痘脓汁引起的症状相似。第八天，身体不适的症状消失了。

手臂上脓包的外观有些变化。虽然这和天花脓包有些相似，但是这没有与牛乳头上产生的脓包或牛乳头上的脓包传染到人体后产生的脓包那样明显。

这个实验是为了阐明这种病以这样的方式传染时，它的发病过程和后果。我们已经观察到，当牛身上的病毒被证明对人体有传染性时，它将没有我们所想的那样可靠，即它能使机体免受天花感染，但牛乳头上产生的病毒却能很好地做到这点。无论它是否是从马传到了人，都如目前的病例一样会出现一个相似的结果，其他有待解决。这个试验现在本该完成了，但在这个试验后不久小男孩在救济院感染了传染性狂热病，因此我认为他不适合接种。

病例十九——一位五岁的小孩威廉·萨默斯和贝克在同一天接种，脓汁是从一头受感染的母牛的牛乳头上提取来的，这头牛来自先前提到过的农场。第六天，他感到身体不适，呕吐过一次且出现了轻微病症，第八天他看上去完全康复了。由病毒感染引起的脓包形成过程与病例十七相似，只有一点例外，就是此病例不受铅染剂的影响。

病例二十——疾病由威廉·萨默斯传给了一位九岁的男孩威廉·彼得，他在3月28日接种。接种后第六天他说腋窝处疼痛，第七天出现了与其他接种患者一样的常见症状。病情在发作后的第三天就消失了。这与天花发热非常相似，因此我去诊查他的皮肤，我认为可能会出疹，但什么也没出现。男孩手臂上被刺破的部位出现的皮疹与我提到的天花接种产生的皮疹很相似。我把脓包开始消失和乳头晕从中心消退的过程描绘了出来。

病例二十一 ——4月5日，几个孩子和大人接种，痘苗来自威廉·彼得的手臂。大部分人在第六天患病，第七天痊愈，但有三个人在接种手臂上出现大面积的丹毒炎症后第二次发病。看上去像是脓包引起的，脓包扩散到六便士硬币一半的大小，并伴随着一定程度的疼痛。其中一位患者是一名半岁婴儿。把水银药膏敷在发炎部位后（在天花接种的相似症状中推荐使用的一种治疗方法），症状消失，没有造成任何困扰。

一位七岁的女孩汉娜·依科赛先前很健康，她是上述提到过的患者之一。在手臂上三处不同部位的切口处接种了病毒后她受到了感染。结果，在第二十天出现的脓包与天花脓汁引起的是如此相像，以至于一个有经验的接种员在那段时间都几乎不能发现一丝的不同。现在经验告诉我，脓包在从出现唯一变种到它完全消失时一直是透明的，而不像天花一样直接出现化脓。

病例二十二——4月12日，我把从汉娜手上取来的脓汁分别注入一岁半的约翰·马克拉乌，七个月大的罗伯特·F·詹纳，五岁的玛丽·彼得和七岁的玛丽·詹姆斯的手臂。

在这些人中，罗伯特·F·詹纳没有受到感染。其他三人的手臂都明显发炎并出现常见的感染症状。由于担心先前病例中丹毒出现，我决定做一次切断丹毒病源的试验。在患者感觉到不适十二小时后，病毒引起了水疱，我把等量生石灰和肥皂做成的温和腐蚀剂，在其中两位患者的水疱上敷六小时①。孩子只是感到轻微不适，丹毒被有效阻止了。的确，这种方法产生的效果（比我想象中的）很好，因为在敷药半小时内小孩身上的疼痛就消失了②。然而，这些预防措施似乎又是无用的，因为第三个孩子玛丽·彼得经历了常见的患病过程：很快结痂，没有出现任何丹毒。

病例二十三——我从这个孩子手臂上取出脓汁并注入一个七岁的男孩

① 也许用腐败青金石摩擦几下也可能有同样的效果。

② 在为天花病接种后，用同样的方式治疗会产生怎样的效果？

子巴吉的手臂上。第八天他患病，出现了常见的轻微感染症状，手臂上没有出现炎症，只是脓包周围出现了天花接种后常见的皮疹。

很多次给患牛痘的人接种天花的尝试是不成功的，因此似乎没必要在以后试验中给所有患者接种。但我认为有必要观察其中一部分人受天花脓汁感染后的症状，特别是威廉·萨默斯，他是这些病人中第一个受感染的人，其脓汁取自母牛。他接种的天花痘苗来自一个刚出现的脓包。但是如先前的例子一样，他的机体没有受到一点影响。我让我的侄子亨利·詹纳先生给这个男孩和威廉·彼得接种。亨利给我的报告如下："我给彼得和巴吉接了种，他们是最近感染牛痘的两个男孩。第二天，切口部位发炎并且在周围出现苍白的炎症性斑点。第三天，这些症状还在加剧且手臂发痒严重。第四天，炎症消退明显，第六天炎症几乎消失，没有出现任何不适症状。

"为了证明接种用的天花脓汁处在最佳状态，我用它给一位从未患过牛痘的人接种，之后他以常见的方式患上了天花。"

这些试验使我感到宽慰，它们证实了脓汁从一个人传到另外一个人，这样经过五代后就失去了它原有的特性。巴吉是相继从威廉·萨默斯那里受到感染的第五人，萨默斯是从牛那里受到感染的。

现在，我对这个课题和所涉及的其他问题做了大量研究观察。从而为我的探究得出结论。

虽然，我认为可以不必再提供进一步的证据来支持我的结论"牛痘能保护人体免受天花感染"，但是让我感到非常欣慰的是约翰·班克斯阁下把这篇论文给农业委员会的主席萨默维尔勋爵看了，他在这项调查的基础上发现多兰德先生同时进行的实验证实了这项结论。多兰德先生是一位外科医生，他住在离这儿较远的一个奶牛场里，在那儿他做了这些观察。虽然对于引出"感染源是一种罕见的出现在马身上的病态脓包"这个观点，我不能立刻用确切的实验来证明它，但是我列出的证据似乎足以证明这个观点了。

那些不习惯做实验的人不会意识到一些事件的巧合，这些事件对它们的操作来说是必须注意的，那些巧合结果被证明具有决定性；男士长时间从事专业追求而不会被打断，这常常会在他们快要完成的时候让他们感到失望。但是，对这个疾病常见的来源问题，我没有犹豫的时间，我相信他不会出现在牛群中（除了来源于一头在混杂牲畜中的牛，先前它就受到感染，或者来源于一位受了感染的仆人），除非是有人在照看踵感染了的马的同一时间段里又去给这些牛挤奶了。

1797年春天，我打算尽力完成这项调查，但干燥的气候使我不能如愿，而后，附近地区也没有爆发牛痘。因为，春季常常阴冷下雨，马蹄经常浸泡在雨水中就很容易患病。

马踵病病毒感染牛乳头时，其活性大大增加。给患有马踵病的马包扎伤口的人很少因为接触马踵病脓汁而被感染，挤奶女工却经常因为给受感染的牛挤奶而感染牛痘。病毒在疾病发生时是最活跃的，即使还没出现脓包。的确，我不确定病毒是否以脓汁的形式隐藏起来，脓包里的这种性质就完全消失。我被说服相信这种性质会消失[①]，脓汁只是一种稀薄的、呈灰色状的液体，它是从牛踵上新形成的裂缝处流出来的，有时与排出的丹毒水疱相似，这种液体常常能致病。我也不确定牛乳头是否在任何时候都易受感染。在春天和初夏，牛出疹感染率比其他季节高，它这段时期的患病症状让我觉得它一定是在这个时期感染了病毒。这些观点必须用实验证明。但是很明显，牛一旦接触牛痘病毒，是不能抵御感染的，如果挤奶时挤奶工的手已经感染病毒，那么无论在什么样的状态下，牛乳头都有可能受感染。

我不能断定牛或马身上的脓包是否都能感染人的健康皮肤，可能不会，除非是表皮很薄的部位，例如嘴唇。我知道一个可怜小女孩的病例。她手上有一处牛痘脓包，因其灼热她便用嘴吹手，后来嘴唇上出现了溃疡。由于其工作性质所致，农场雇用工人的手常常受伤导致表皮擦伤，如被刺刺伤，因此当他们处在有感染性的脓包的环境中时，总是会受到感染。

---

① 从马踵的旧脓包上极易提取脓汁。我常常把这种脓汁注入用小刀在牛乳头上划的刮痕处，除了出现一般的炎症，我没有发现其他症状。

我观察到一个奇特的现象，牛痘病毒虽然能够使人体免受天花的感染，但是它自己的功效不会发生改变。我已经举了一个病例[①]来证明这点，现在我将用另一病例来证实这点。

伊丽莎白·云茵在1759年患过牛痘。1797年她接种了天花脓汁，没有出现任何症状。1798年她再次感染上牛痘。我见到她时，那已是她受感染的第八天了。我发现她感染后的症状是常见的倦怠、寒战，交替发冷发热，脉搏快而且不正常。这些症状出现之前腋窝出现过疼痛。在她的手上有一个有小疙瘩的大疮。

另一个观察结果同样让我感到惊奇。先前病毒从马传到牛这个媒介，它的作用还不确定，那时它的活性不仅变强而且一直有全部的这些特定属性，即在人体引起的症状与天花发热出现的症状相似。同时，它出现的奇特变化能够使它永远免受天花病的感染。

猜想天花的来源是一种罕见的病态脓包，这种脓包是马身上的一种疾病产生的；意外情况可能会一次又一次地出现，对新的变化仍然起作用，直到它获得有感染性且有害的结构。在这样的结构下，它常常给我们带来毁坏。这种猜想可能不合理吗？从传染性脓包在牛身上引起疾病而发生的变化考虑，我们周围出现的许多传染疾病有它们自己现在的特征，这些特征不是因为单一的原因，而是多种原因共同作用的结果，难道我们不能这样想吗？例如，麻疹、猩红热和溃疡性喉咙痛都会在皮肤上出现斑点，这些病都来自同一病原，假设在适应新组合的特性时在性状上出现了变种。难道这很难想象吗？鉴于许多传染病的病原相互之间有很强的相似性，因此我会提出同样的问题。

除了考虑在相同与不同之间存在的变种，当然还存在许多性状。在这些形式中天花以自然的方式出现。大约七年前，一种天花在格洛斯特郡这个地方的许多镇和村上传播。这种天花性质温和，几乎没有听说严重病例出现。结果，这一点没让下层人感到恐惧，与其他人接触也没有顾忌，好

---

① 见病例九。

像他们周围没有传染病似的。我没看见也没听过因接触而受感染的病例。也许我能够用一种精确的方式表达这个观点，即随意选五十个人让他们处在这种传染病的环境中，使他们受到感染。就像他们已经用普通的方法接种了天花脓汁，本应患上轻微的疾病。在这种无害的方式中，它表明它不会因季节或气候的任何特性而产生。因为我观察这个过程已有一年的时间了，我没有发现其在外观上任何变种。那时我认为它是天花的一种①。

我已经注意到在先前的一些病例中注意力都放在了脓包的状态上，那时的脓包还没注入牛痘患者的手臂里。我认为这在实施这些试验时起着重要的作用。给天花患者接种的那些人恰恰也注意到了这点，它能够防止后患。鉴于加强必要的预防措施，我冒昧地偏离主题来指出一些令人不愉快的事实，这些事实与在这个试验中的操作适当有关。

曾有一位内科医生在这附近一带给人接种多年。他常常把呈液体状的天花脓包保存在一块麻布或棉布上，然后把它们放进一个药水瓶并用木塞塞住，把瓶子放进一个暖和的容器里。在这样的条件下天花脓包能够快速地产生腐烂物。脓包被取出几天后，开始腐烂，把它注入患者的手臂，随后切口部位产生炎症，并出现腋腺肿大、发热、出疹等症状。这是什么病？当然不是天花，因为从脓包腐烂开始，它的特性就丧失或变化了，因而不能导致接种者患天花。通过这种方式接种的人会出现与感染天花一样的症状，貌似不会患病。许多人原以为他们自己很安全，结果还是不幸成为受害者。据我了解，一些试验者用灭活的天花脓包进行的试验也出现了这样不幸患上天花的情况。这很可能也是由于天花脓包保存不当引起的，借此我将论述我最为重要的观点。谨慎起见，我再次偏离计划，进一步观察研究接种这个主题。

注入皮肤的天花脓包的数量将影响患病的严重程度，我不知道这点是否是通过试验证实的。但是我有强有力的理由来做出假设，即是否由于刺

① 我的朋友希克斯医生住在布里斯托尔。在这种病流行期间居住在格洛斯特，是当地医院的一名内科医生（疾病首次出现后很快就传到那里）。他有机会对这种病做许多观察，目的是把这种病传达给大众。

痕或切口太深，以致脓包能穿透并损害脂肪膜，因此大大增加了患病的严重程度。我知道一名接种者，在接种时他开的切口很深（他诉说的），能看到一点脂肪，然后在切口处注入了脓包。在这些严重病例中，大多手臂上都没有出现炎症和脓疮。在接种过程中我没有观察到任何致命症状。除了脓包是注入位置的原因，而不是皮肤这个原因，我不能用其他原因解释这种现象。

我对另一个试验接种者的接种方法记得很清楚。他先捏起患者手臂上一小块皮肤，用带线的针穿过，这根线先前在脓汁中浸泡过。线穿过了穿孔部位，因此能和细胞膜接触。这项试验出现的疾病症状和前例一样。虽然现在不是每个人都能用这种经过计划且粗放的接种方式，但是这些观察结果在接种者为皮肤相对较薄的婴儿治疗时可以为柳叶刀加上双重保护。

哈德威克医生是我的朋友，他是一位令人尊敬的人，住在这个郡的索德伯里。在萨顿引入更现代的接种方式前，他给许多的患者接种过。他做得很成功，出现严重病例数目与后来引进方法后出现的一样少。哈德威克医生的方法是在皮肤上开一个很浅的切口，然后用浸过天花脓包的线穿过。患者开始感觉不适，然后就能很好地适应，这在当时很常见。这时，他让病人躺在床上并适度保温。现代治疗方法的先进之处是一直把病毒保存在皮肤上，而不是后期对疾病的治疗。这难道不可能吗?

我并不是说当患者发热口渴的时候让他们暴露在冷气中，给他们喝冷水能减轻这些突发症状，并能减少脓包的数量。但是，重复我先前的观察，我不能解释一个医生接种成功的病例，也不能解释另一位医生治疗的患者出现严重症状的原因。这两个病例的治疗方式没有本质的不同，没有考虑为致病而使用的脓包注射的方式不同这一点。因为脓包注入机体后并未被机体吸收，而是使动物机体内产生特异反应而发挥作用。人体的不同部位适应或转化病毒的能力不同，例如皮肤、脂肪膜或者黏液膜都能够通过脓包颗粒在这些部位的刺激下产生天花病毒，每个部位在受脓包感染前均能产生一些变种。当天花以偶然的或以已提到过的自然的方式传染，或人为地通过皮肤传染时是什么构成了这些天花的差异呢?

难道是真正特殊而且具有传染源的天花颗粒被淋巴吸收并按原样传输到血液里了吗？我想不是这样的。是下面这样的情况吗？通过在表皮下注入脓包或在溃疡的表面涂脓包，难道我们不应该认为在天花的一些阶段，血液里有充足的脓包能传播疾病？但是，试验也证实这样的致病方式是不可能的，虽然已证明用水充分稀释了的天花脓包敷到皮肤上会致病，但是，超出适当的界限去调查这个话题就会偏离主题。

牛痘是在什么时期受到关注，这里没有记载。我们最年长的农场主在他们很小的时候就知道牛痘了。当牛痘在他们农场出现的时候，其症状与现在没有差别。他们甚至不知道这与天花有联系。也许，广泛引进的接种治疗方式促使了这一发现。

它在这个国家的出现并不久，因为以前挤奶的工作只有妇女在做，我相信现在以乳制品生产为主的其他许多国家也是这样的。因此，以前牛不可能会因受到男仆从马[①]踵那里带来的脓包而受感染。的确，传染源对这附近的农场主来说是新知识，但接种治疗最终产生了良好的效果。从警惕到现在开始接受，牛痘在这里很可能完全消失，或者患病率很低。

有人可能会问：这项调查是仅仅出于好奇还是其他有意的目的？我将做出解答。虽然接种治疗的效果良好，并且自它首次出现后通过实践进行了改善，但是它常常造成皮肤的损伤，有时即使用最好的治疗手段也会出现致命性的后果。

这些后果一定程度上令人担忧。但是，据我了解牛痘未曾导致任何致命后果，即使用最不利的方式处理，也只会造成手部大面积的炎症和脓包。很明显，这种病能在天花感染时期使机体处于安全状态。特别是在以前的情况下那些我们判断容易不幸患病的家庭，难道我们不可以这样推断吗？我们主要害怕的是天花中脓包的数量很多，但是牛痘中却没有出现脓包，似乎感染性脓包也不可能因臭气而致病，或者通过其他意外的方式。

① 我从权威机构那里了解到在爱尔兰的许多地方虽然有很多奶牛，但这种病却不为人知。原因很明显，与乳牛有关的工作都由妇女来做。

脓包可能不仅仅在病毒和表皮之间。因此，一个家庭中的一员可能在任何时候感染上脓包而不会有传染给其他人或传播令整个乡村恐惧的疾病的风险。

我观察的几个病例证实了我的论点：这种病不会通过臭气传播。当试验还在继续时，第一个用牛痘脓包接种的男孩与两个从未患过牛痘和天花的孩子虽在一张床上，但男孩没把病传染给他们。

一位年轻的女士患牛痘非常严重，她的手和腕关节出现了几处疮而且已经化脓了。她和一位从未患过牛痘和天花的同伴睡在同一张床上。她的同伴没有出现任何微恙。

另一个病例是一位年轻女士患者。她的双手由于牛痘引起几处大的脓包，当时她是一个婴儿的保姆，但是她并未把疾病传染给婴儿。

其他观点认为牛痘接种比天花接种更可取。

我们常常观察到易感染脓包体质接种天花后所导致不幸的病例。这似乎并非取决于这种病出现的方式。因为它以相反的方式出现的概率与它发生在那些轻微患过这种病的人身上的概率是一样的。

很多人由于某些习惯抵抗了注入皮肤的天花脓包的常见感染，也有一些人后来在生活中受苦于苦恼的想法，即在以后的传染中他们是不安全的。一种现成的驱散焦虑并出于这种目的的方式很明显会出现。就像我们看见的那样，机体在任何时候都可能遭受牛痘引起的发热性攻击，根据一些著名的生理学原理，难道这种现象不可能在许多患慢性疾病的机体发生，因而可能会减轻病情?

虽然我认为机体在任何时候都可能感受到牛痘的发热性攻击，但是在这之前我有一个病例，只有局部被病毒感染。但是这个病人既能抵制住牛痘病毒也能抵制住天花病毒的可能性并不是没有。

伊丽莎白·萨弗勒特是一名乳牛场女工，她住在这个教区的新园农场。所有的乳牛和挤奶工都患有牛痘。虽然这位妇女的手指上出现了几个脓包，但是她腋窝处并未出现肿块，她也没有感觉到任何不适。偶然一次，她接触到天花感染者后，患上轻度天花。汉娜·皮克也是一名乳牛场女工，疾病爆发的时候她和伊丽莎白·萨弗勒特在同一农场工作，她也受到了感染。但是这位年轻妇女的手上不仅出现了脓包，而且她感觉有一两天身体都很不舒服。这之后，我几次尝试着给她接种让她患上天花，都未成功。从前面的例子，我们注意到动物机体对一种疾病的患病规律与另一种疾病相同。

下面这个最近发生的例子能够说明除了马的脚踵外，动物身体的其他部位很可能也能产生导致牛痘的病毒。

在小马的大腿上出现了大面积具有丹毒性质的炎症，却找不到具体病因，这匹小马是米勒先生的，他是伯克利附近一个叫罗克汉普顿村庄的农场主。炎症持续了几周，最终以三四颗脓包的形式终止。热敷发炎部位，所用的敷料剂与农场雇用的其他挤奶工所使用的敷料剂一样。农场有二十四头乳牛，全部都患有牛痘。挤奶工以及农场主的妻子、一男一女仆人都被牛感染。先前患过天花的男仆受牛痘的影响很小。女仆在许多年前感染过牛痘，同样她受到的影响也很小。而农场主的妻子既没患过天花也没得过牛痘，她的病情很严重。

小马使牛患病，然后疾病传给挤奶工，这种疾病是真正的牛痘，而不是假的牛痘，这是毫无疑问的。但是，如果能查明农场主妻子身上天花脓包的来源，那就更加令人感到欣慰了。但是，对于她的情况，这里有一个奇特之处，它阻止我进行实验。

对于已经确定的这项调查，我已经进行了很长一段时间了，因此得出了基于实验的研究结果。为了给对这件事情津津乐道的人提供讨论的机会，在实验中，我偶尔进行了一些猜想，因为反对意见会有利于更详细的调查。同时，从本质上讲这对人类有益，受到这点鼓励我将继续这项调查。

Ⅱ

《关于天花或牛痘的进一步观察研究》（1799年）

虽然我没有能力超出天花接种的最初限制来探求其原因和后果，但是我认为，它激发了我进行调查的决心。鉴于为阻止那些患有假病的人接种，我们应该马上谈论先前发生的事实，来指出那些类似于天花的病症，以免将其作为天花病来进行接种，结果使这些人真正患上了天花病，我认为这一点很重要。同时加强先前论文中提到的有关这个话题的预防，即，一旦脓包在机体开始产生作用，就应该立即抑制接种脓包。由于缺乏对动物和人体中疾病真实性的区别的认识，以及缺乏对动物机体能产生变异，并能使其免受天花感染的那个阶段的区别的认识，不良后果可能会接着发生，这种来源不会引起经验不足的实验人员的怀疑。

在我最近出版的一本书里，包含了我亲自观察到的一些事实的联系，其中有一些是推测性的观察。自皮尔森医生建立了一项有关我主要主张的调查后，对我高度赞扬。一个事实是，牛痘能使人免受天花的感染，我可以说，所有的例子中没有一个例外。我自己又得到进一步的证明，它们将会被一并附上。最近，我收到一位非常受人尊敬的绅士的一封信（英根浩兹医生），这使我受宠若惊。他告知我，在威尔特郡附近做这项调查时他发现卡恩附近的一位农场主在患过牛痘后感染上了天花。天花的特征在每个病例中都很突出，这说明了上述事实无可争议。从这位医生提供的信息中了解到，农场主是在乳牛的乳房释放出刺激性的臭气时感染上牛痘的。

一些其他的病例同样向我描绘了这种病的病征，特别是它典型的症状，以及病人后来患上天花的症状。目前，对于这些事实我不会发表任何详细的评论，但我希望，我以后不得不提供的这些总体评论会有效地说明，这个曾经存在过的观点像假牛痘一样非常值得怀疑。

我将继续列举其来源，或者在我看来像假牛痘一样的东西。

第一，来源于牛乳头或牛乳房上的脓包，这些脓包里没有特殊的病毒。

第二，来源于腐败或其他不明显的原因引发变质了的脓包（虽然先前含有特殊的毒性）。

第三，来源于处于晚期阶段的溃疡上的脓包，溃疡是由真正的牛痘引起的。

第四，来源于人类皮肤上脓包，这种脓包是人感染到马身上产生一些变态脓包所引起的。

对于这些问题，我必须提出一些评论：我不能决定牛乳房和牛乳头上的脓包疾病会扩大到什么程度，但是动物身上的这些部位是一定会不同程度遭受这种性质疾病的困扰。因为这些疹（有可能全部）能够使人体患病，这项调查中的那些人暂时不争论也不挑剔，直到他们能精确断定哪些是真正的牛痘，哪些不是，这对他们来说难道不够谨慎吗？

例如，一位不熟悉但听说过这些疾病的农场主，可能因自己农场爆发这种疾病而认识了附近的一位外科医生。这位外科医生急匆匆地做试验，取下脓包，接种，出现溃疡，两腋不适，机体可能受到感染。因错误安全观，这种方法产生于接种员和患者头脑中。因为一种疾病可能仅仅由于一次简单的出疹而传播。

就像我先前所说的那样，这次调查的第一个目标应该是准确辨别真正牛痘的独特脓包和假牛痘的脓包。在通过经验确定这点前，我们都好像是在雾中寻找目标一样。比如，让我们假设在同一时间，天花和牛痘在这个村的居民中传播，这两种病以前都未在这个村发生过，这里的人也不知道这两种病，这会带来多么大的困惑！这两种病出现的发热症状和脓包的相似度是如此惊人，曾患过牛痘的病人对于他以后不会受天花感染的想法很放心，就像真正患过那种病的人一样。时间和将来的观察会在它们间画一条辨别线。

我猜想，被广泛理解之前，它会和牛痘混在一起。有报道称，有些人发现自己患牛痘后，很容易感染天花，对于这种报道的指责应该停止。为了说明这点，请允许我讲述下面的故事。

莎拉·梅林住在这个郡的伊斯汀顿教区。她十三四岁的时候在农场主克拉克的农场里当仆人，克拉克在附近的一个石屋村拥有一个约十八头奶牛的农场。其中三头奶牛的乳头和乳房感染了大面积白色水疱。莎拉每天给这三头牛挤奶，与此同时还有两位仆人帮她给剩下的牛挤奶。很快，莎拉受到感染。虽然在上面三头指定牛的乳头和乳房上出疹几天后，也给其他的牛挤过奶，但是其他牛没有受到感染，即使在女孩的手开始疼痛后。

其他两位帮忙的仆人在挤奶时没有区分牛，她们仍未受到感染。女孩每个手指上都出现了几个大的白色水疱——每个手指大概有三到四个，双手和双臂都发炎并肿胀，但没有出现机体不适的症状。脓疮处用家用药膏涂抹后就开始好转，没有继续溃烂。

因为这种病被叫作牛痘，同时患者在头脑中也是这样的记忆，于是她就没有在意天花。但是，许多年后当她处在感染天花的环境中时，她受到了感染，且病情严重。

如果有熟悉天花习性的人听到这个故事，他会毫不犹豫地说这是假牛痘病例。想一想女孩手上那无数水疱的差异，这些水疱没有发展成溃疡就消失了，在农场这种疾病没有表现出传染性。再想一想虽然出现了大量的水疱，但病人没有感觉到不适。

这也许是最容易让人受骗的形式，人们常从牛感染发疹性疾病而关注这种形式，当然这需要更多的注意力来辨别。最好的判断标准也许是那些照顾受感染牛的人所使用的标准。他们说牛乳上的白色水疱不会侵蚀丰满的部位，如同那些普通的蓝色脱落物一样，但它们只会感染皮肤，很快就结痂，没有感染性。

我在先前的论述中提到过牛的一个过渡期，我认为那是假发疹期，是牛在春天从饮食贫乏到丰富的阶段，为了供给大量牛奶，牛乳房上的血管比平时更丰盈。但有另外一种发疹来源，我相信这种来源常见于英国西部所有养奶牛的郡。一头天生只有一个小乳房的牛，在出售前一两天，既没被人工挤过奶也没有其他小牛靠近过，因此牛奶异常累积后，牛的乳房和乳头变得非常肿胀，结果是发炎出疹，又化脓。

我无法断定，以这种方式产生的疾病是否能够通过独特方式感染机体，曾有推测表明它是牛痘产生的原因，但我调查中的每个病例都让我不能接受这种假设。相反，我发现一位挤奶工感染这种诱发疾病后，仍然像以前那样能够患上天花。

我认为在我第二个工作之前的事也很重要。我希望这会给那些急于打算对我的观察做出结论的人留下深刻印象，无论他们是否参与过调查。为了把这个观点放在一个最明确的位置（因为牛痘脓包和天花脓包的功能的相似度很明显），我们有必要考虑有时在用有缺陷的天花脓包为天花接种后发生的现象。有关这个主题的简明记录是按照我在这儿附近的观察提出的。通过给伦敦医药学会回忆录做参考文献，我认为这个简明记录也许会被看作仅仅是凯特先生[①]所详细说明的事实的确证。我不得不在与艾尔先生的交流中，再为这丰富的证据增加更多的证据。艾尔先生是郡塞汶河弗兰普顿的一名外科医生。我认为这是值得做的，因为他很正直，以允许我将这些公之于众：

先生：

我已阅读了你最近的一部有关天花接种的作品，我感到很满意。在其他许多古怪的情况中，我尤其对特殊状态下无效脓包的相关知识感到困惑。我认为你最好先把下面我所了解的事实列举出来。这些事实一定能够论证你先前在论文的56页和57页中提到的观点。

1784年3月，我在这个郡的阿灵厄姆进行了一次常规接种。我用活性天花脓包给患者接种，这些人的病都是良性的。但是后来脓包用完了，我所想要的那种状态的脓包又很难获得。因此我从一个脓疮中提取脓包，后来证明这种脓包不能满足我的预期目的。在后面提取的脓包接种的五个人中，后来四人感染上了天花，其中一人死亡，三人恢复健康。另外一人我告诫过他，尽可能避免一切感染天花的机会，因此他一生都未得过这种病。大约两年前他因另一种病去世。

虽然这些病例中有一例患者很不幸，但是我认为医学人员不会觉得我在治疗时粗心或有疏忽；因为我认为表象很可能已经让

① 见格雷夫森的《德查尔斯·凯特医生在伦敦医药学会回忆录》第四卷第114页所写的《天花接种后的许多异常现象》。

每个人都相信，这些患者可以在以后免受天花感染。每个病例中的炎症都发生在手臂，并伴随着严重疼痛的发热症状出现在腋窝处。一些人的手臂上出现的炎症和脓比用完好脓包产生的要严重得多。其中一人的手上有一处脱了一些腐肉的溃疡。大约是在第八天出疹，这些疹比通常消失得早，没有化脓。从这些情况看，我想任何一个医生都会怀疑这些患者确实感染了天花。我承认在疹快速消失时，我产生了一些轻微的怀疑；同时为了尽可能地确保他们的安全，我把其中一位患者交接给一位比我年龄大很多的医生医治。一听到这个病例的情况，这位绅士就断言这位患者将来会免于感染。

下面的事实同样能为你在这个主题上观察到的真相提供强有力的证据：

1789年，我在这个郡的赫斯特农场给科利的三个孩子接过种。正如先前的病例一样，手臂适时地发了炎，出现腋窝疼痛和发热症状。第十天出疹，两天后就消失了。我必须说明一下，接种所用的脓包是从我的一位朋友那里获得的；但是毫无疑问这脓包当时的情形不对；因为从这些病例与五年前发生在阿灵厄姆的病例的相似度来看，我有些担心他们的安全，要求再次给他们接种；我得到了允许，我很小心地在脓包最好的状态时提取。所有的孩子在这第二次接种后都患上了天花，且所有人的病情都很严重。我认为这些事实证实了你有关不同状态脓包的观点；因为在我提到的两个病例中，它都能够产生与真正天花相似的症状，虽然这最后被证明不是天花。

因为我相信向公众交流这些病例是我的职责，因此你有权按照你的需要使用这封信。

诚挚的，约翰·艾尔

1798年11月10日

于格洛斯特郡塞汶河畔弗兰普顿

“另外：我能非常确定地保证，在阿灵厄姆接种用的脓包取自真正的天花脓包。我亲自从一位病情严重的患者身上取来的。我想有必要说明这点。”

的确，天花脓包在腐烂的过程中会发生改变，这如同在自然界中发生的潜在而又难以理解的过程一样。因为这样能使天花脓包产生致病的效力，它通过这种方式能够在将来感染时保护人体，虽然我们发现与此同时它也能引发一种与天花相似的疾病，会在切口的皮肤处产生炎症和脓包（的确，常常比产生的真正症状要严重得多），腋下腺体肿胀，一般的不适，出疹。这位绅士被强烈地说服了，我在最近的论述中提到过他的实验。通过处理脓包，他能够引发轻微的天花。他一直觉得这是一项有用的发现，直到出现的严重后果才使他承认自己的错误。

之后，许多住在农场的人偶然地处在有牛痘病毒的环境中，当时的状态与上面描述的天花相似。一些曾患过这种病的人没能免受天花的感染。对此，难道我们不应该感到惊奇吗？脓包在牛乳头的脓疮里爆发时，通过暴露在外，从它出现的地方到发炎的皮肤表面，同时还暴露在偶尔被牛奶弄湿的环境中，因此脓包通常可能处于变腐烂的状态。因此，在腐烂过程中会经历一些改变。当然，有时它一定有机会接触到挤奶工的手以此使他受到感染。我们感到困惑的是：除了在瘟病初期和令人作呕的阶段，患者需受皮肤之苦外，没有其他的天花接种方式。必须说明的是，每个牛痘患者的病例，无论是有目的受到感染，还是其他原因都将被认为是接种的实例。现在请允许我对英根豪斯医生给我讲的一位农场主的病例做一次观察报告。农场主是在脓包已发生腐烂变化后受到感染的，这很可能是根据英根豪斯医生对农场病牛从乳房排放臭气的观察得出的。我必须说明的是，当牛因牛痘而出现不适症状时，它能使旁边的人嗅到一些难闻的味道。我曾常常站在患病的兽群中，我没有因它们特殊的臭气而感觉到疾病的存在。的确，在这附近一带，通过利用牛水蛭的毒性，对这种病进行早期检查。人们认为这种病不接触也有传染性，但这是没有根据的，因为一个牧场的牛不会感染另一牧场的牛（尽管也许只有树篱作为隔离物），除非那些自身带有感染性脓包的人来照顾过这些牛或给这些牛挤过奶。当然，即使最小的脓包颗粒被敷到易受感染的部位，它都能产生作用。在人与人之间，这种病似乎很明显只通过接触产生。至少，我所有的通过臭气来感染的尝试迄今为止都被证明是无效的。

天花脓包的改变，是从一种能在机体发挥完全且有力的效果到其特殊性质完全消失的状态改变，我们合理地判断它经历了一系列中间变化。下面这些在十个接种病例中的奇怪事件是特里先生特意告诉我的。这些实践似乎表明：脓包从患者身上取下来之前，它的原始性质就已经开始发生改变，换句话说，它可能发生了分解。丹尼尔先生说："我给十个小孩接种用的脓包都是在同一时间从同一对象身上取下来的。与他们接种前相比，我没有观察到任何奇怪的症状，在疾病消失前我也没有发现任何明显的症状。在两个三个月大的婴儿的切口部位出现了丹毒，其中一位的丹毒从双臂扩散到手指头。另一位婴儿的切口附近的细胞质出现了脓肿。剩下的孩子中有五六位腋窝处出现脓肿。脓包取自已发展到晚期的特殊天花，此时一些脓包已经变干了。之后把脓包放在玻璃上或将其烤干。所有的孩子都长了脓包，且脓包化脓了，因此我想他们以后将免于感染天花，至少像我曾接种过的那些人一样安全。在我以前行医过程中没有出现过手臂长溃疡的情况。"

先前我保存天花脓包的方法不正确而且很危险。鉴于此观察结果，这里我必须说明一下，这点似乎未被清楚地认识到。我发现，人们将这种方法与其他正确的保存方式弄混淆了，我将做出进一步解释。当脓从符合条件的脓包里提取出来并通过正确的方式保存，经过很长一段时间它都不会失去它的独特性质。比如，脓先被放在户外一些像玻璃那样的简洁容器上干燥，之后被保存在一个小药水瓶[①]里。但是，当它在湿润且温暖的环境中被保存几天后，虽然如我先前观察的那样，有缺陷的脓被完全激活后，其引起的症状和天花很相像，但我认为它不能导致全部病症的产生。

---

① 这样保存，牛痘病毒的活性最高，三个月后就拥有所有的特性。

最先形成病毒或构成真正牛痘脓包的一定有我先前提到过的功能，即引起机体患一种特殊病。这是真的，因为后来发生的事没有一件让我对此产生怀疑。但是，因为我现在正在努力使大众尽可能地不相信错误结论，所以我应观察这个脓包恶化成溃疡的现象（除非及时检查，否则脓包很容易在这种状态下发生变化），我猜想拥有不同性质的脓包也许迟早会被适当敷到溃疡上（通过偶然的方式），它可能导致溃疡腐烂，同时自它被激发，机体可能产生出来；虽然它可能会经历那个阶段，在那个阶段里被分泌的脓的特殊性质将不存在，但会受到感染。因此，通过呈现明显的特征，它能仿效真正的牛痘。

从先前对腐烂天花脓包的观察，我认为必须说明腐烂的牛痘脓包也能产生疾病，局部和全身均有症状，但是这样患病也许对将来天花感染没有免疫作用。先前一卷中提到过凯特先生，他讲述的一个叫玛丽·米勒的病例中，接种手臂上的炎症和脓比平常严重，尽管机体没有因病毒作用而发生特殊变化；然而这会在患者感染天然的天花七周后出现，这会经历天花的过程。一些艾尔先生告知的病例将进一步证实这个事实，因为此病例中的脓明显地在接种部位产生了大面积的溃疡。

牛痘是奶牛的自发疾病，还是如我想的那样由马传染给这种动物的脓包引起的？这还是个问题。对此问题虽然我现在不打算详细讨论，但是我会离题列举一些深层次的观察结果。为了接受一些曾出现过的奇特观点，我将详尽地列举更多的理由。虽然这些观察结果加在一起并不等于有效的证据，但是它们能构成一种强有力的推定证据，我想这个证据对其他人的影响与我一样，不会归咎于轻心。

第一，我认为来源于观察到乳牛出现牛痘的地方（除非能追溯到牛或仆人受感染的地方），按照我所描述的方式，农场的马先感染上了这种病，当然马是由一些挤奶工来照料的。

第二，来源于整个奶牛场的流行观点，也来源于那些照料过病牛的人所坚持的一种观点。

第三，来源于爱尔兰和苏格兰没有出现过这种病，在这两个地方，男仆是不会被雇用到奶牛场①工作的。

第四，来源于对马身上产生的病态脓包的观察，这些脓包通过偶然的方式，常常将一种疾病传染给人体，这种病和牛痘很像，以至于在许多病例中很难区别它们②。

第五，来源于男孩手上脓包的发展和一般症状，我用脓给这个男孩接过种。脓是从一位受马传染男子的手上提取的。

此外，来源于机体后来出现的症状与牛痘的相似度③。

为了支持这个观点，我担心所列举我们农场的一般性证据离题太远；但是，请允许我介绍有关这个话题的一封来信摘录，这封信来自这个郡卡尔福特·希尔的摩尔先生，他写道：

“1797年11月，我的马患了马踵炎；后来一段时间，我的牛感染了一种疾病，附近农场主称这种病为牛痘（他非常熟悉牛痘这种疾病），同时他还认为我的佣人也会受到感染：这被证实了；因为佣人的手上、脸上和身体的其他部位都出疹了，脓包看上去很大且不像天花，因为一年半以前，他接过种，那时他患病很严重。脸上的脓包可能是手接触感染的，他习惯用手擦额头，因此额头的脓包最大、最密。

“在疾病持续的那段时间，这个男孩与农场主的儿子接触过，他们两人以前都未患过天花，但是他们都未感受到任何不适。他没有感到任何过于严重的不适，这个疾病没有阻碍他所从事的工作。除了上面提到过的小伙子，没有其他人照料过马，也没有其他人挤过奶。

“我坚定地认为，马脚后跟上的疾病，即剧毒的马踵炎是佣人和牛所患疾病的来源。”

① 这个信息是第一个当事人提供给我的。

② 当病毒被注入皮肤，健康皮肤似乎不容易受到这种病毒的感染，但是如果先前因小事故出现疾病，那么病毒的效果通常很明显。

③ 这个病例（像列举的事实的推定证据一样，关于这个病例，在我后来的论述中，我没有轻视它）似乎被那些对它做出评论的人弄错了或者轻视了（见病例十八，第145页）。在我有机会观察天花能产生怎样的症状之前，这个男孩不幸因发热死于一个教区的济贫院。

但是，我将回到和这个话题研究更直接相关的目标上来。

从牛痘和这种疾病的相似度来看，马的机体和局部均受到变态脓包感染。因为附近的老百姓对这个术语有误解，所以一旦感染上这种病，常常就把它叫作牛痘。推想一下，这种病在农场的佣人中出现，同时牛痘在牛群中爆发；再想象一下，一些佣人通过这种方式受到感染，另外一些佣人从牛那里受到感染。在农场，佣人后来无论在哪里受到感染，他们都会被记载为已患过牛痘。但是，受到马感染的人对于将来的天花感染是没有免疫能力的，因而，把通过这种方式产生的病毒接种给其他人，其他人也不会因此产生免疫，仍然有患天花的危险。但是在大众更加充分地认识牛痘的这种特性之前，别人可能会贬低我提出的关于这个话题的证据。想了解先前的有关直接受马感染后的特性的例子，请看《关于牛痘预防接种的原因与后果》；通过更多的例子，请允许我增加下面的情报，这些情报来自一位叫福佑斯特的先生，他是这个郡桑伯里镇的一名外科医生，这位绅士对人体的牛痘症状非常熟悉。

“三十三岁的威廉·莫里斯是这个郡阿蒙兹伯里镇考克斯先生的佣人。1798年4月2日他向我求助。他告诉我，四天前他发现双手僵硬、肿胀，疼得没法继续工作；头部出现疼痛，后背和四肢也有轻微疼痛，高热之后出现阵阵寒战。通过检查，我发现他还在受这些症状的‘侵袭’，而且出现了严重的虚脱症状。他双手内侧的许多部位出现了皲裂，右手拇指的中间关节处有一处小的腐蚀性溃疡，有大豌豆那么大，正在流出脓状的液体；右手中指上有一处相似的溃疡。这些溃疡呈圆形。他描述这些溃疡开始的外观就像烧伤引起的水疱。他诉苦说极度疼痛，这种痛从手臂蔓延到腋窝。脓疮的这些症状和外观很像我说的牛痘的症状，他是因挤牛奶而患上那种疾病的。他向我说，他挤牛奶的时间不到一年半，而且奶牛身上没有长过脓包。我问他他的主人是否有一匹患过马踵炎的马，他的答案是肯定的，他进一步说过去的三周多，自己通常每天给马敷药两次，还说自己双手的味道和马脚后跟的味道很像。4月5日，我再一次见到他。他仍然抱怨说双手疼痛，发热症状也没完全消失。溃疡扩展到七先令金币那么大，左手食指的第一关节处又出现了一个我先前没有注意到的溃疡，和右手的溃疡一样疼痛。我吩咐他把手浸在热米糠和热水中，然后把腐蚀剂敷在溃疡上并用温和的泥罨剂把手包住。第二天他有所好转，大约两周多后恢复健康，但是有溃疡的拇指和食指的指甲脱落了。”

这个病例中，在脓疮上敷了腐蚀剂后症状突然消失这个情况是值得观察的；因为溃疡的刺激，它们被保持下来。

我先前已经描述过当牛痘通过偶然方式发展到任何程度所出现的一般性症状，从我见的许多病例来看，这些症状描述都是准确的。但是，从接种后出现的轻微不适症状来看，在机体受到感染后脓包很快就会形成结痂或者人为地敷上适当的药后脓包就会被抑制。因而我又认为这些症状的严重性也许归因于炎症和溃疡的刺激（当溃疡发展到某种程度就会像偶然感染的牛痘），脓疮出现时引起体质上的症状虽然呈现脓包的特征，但是机体一点都不容易感受到。一些人偶然受到牛的感染后，疾病在局部产生轻微的影响，这时机体会受到轻微的感染。据我看，被接种的人无一例外地出现这种症状，只有脓包出现，没有因接种而出现任何的炎症，也没有产生溃疡。下面的病例将会证实这个观点。

大约在上一个米迦勒节时，这个郡史东豪斯村的一个农场出现了牛痘，并逐渐地从一头牛传给另一头牛，这样持续到11月末。11月26日，一头牛身上的一些腐液脓包被提取出来，并在大翎羽上干燥。12月2日，苏珊·飞浦斯，一个七岁的孩子，我在他的手上做了一个擦口，这个擦口很浅几乎都没有血流出来，之后把先前的一些脓包注入擦口。最后，出现了常规的炎症，而且前五天炎症一直在恶化，当很多沉淀物出现时，我想不会再有任何症状出现了。

第六天：症状稳定。

第七天：炎症开始加重。

第八天：在接种部位的边缘起疱了，其外观就像一粒中间有裂缝或凹陷的麦子。

第九天：腋窝出现疼痛。

第十天：头出现轻微的疼痛，脉搏110；舌头没有血色，气色看上去健康。

第十一天、第十二天：没有什么不适症状；脉搏在100以下。

第十三天：脓包周围出现粉化，四周有一些微小的融合性脓包，其范围有一英寸左右。其中一些脓包的尺寸在增加，而且在继续化脓。这个阶段手上出现的症状明显与D先生接种的天花症状相似。D先生是附近的一名外科医师。他从脓包里提取出了一些脓液，之前他并未见过牛痘，他说他并未发现任何差异[①]。现在孩子的手臂有结痂的倾向，这样的症状持续了两到三天，然后开始往溃疡状态发展，之后伴随着腋窝肿块的增大，开始出现发热症状。溃疡持续扩展了将近一周的时间，在此期间一直是患病状态，并且溃疡扩大到一先令那么大。此时，我将脓汁释放出来；颗粒物开始出现，溃疡开始愈合。这个孩子之前体质很弱，但是现在他非常健康。

二十岁的玛丽·赫恩接过种，其脓包是从苏珊·飞浦斯的手臂上提取而来的。

第六天：开始出现一个脓包，腋窝出现轻微的疼痛。

第七天：一个很明显的水疱形成了。

第八天：水疱变大，其边缘很红；此时的特征与天花脓包接种后的特征没有什么不同。

第九天：没有什么不适症状；脓包继续恶化。

第十天：这天晚上，患者有轻微的发热症状出现。

第十一天：没有什么不适症状。

第十二、第十三天：也没有什么不适症状。

第十四天：在手臂几英寸的范围内出现了淡红色的粉化物。在脓包开始显现出扩散的趋势时，敷上了含有汞、亚硝酸盐、摩擦粉、软膏和铈的腐蚀剂。擦粉部位用含有软膏、汞等的药膏包裹着。六小时后，经过检查

① 我提到腐蚀剂用于阻止脓包的恶化，因为我了解它们的功效；也许越简单的方法越能很好地达到目的，比如可能在矿物质和蔬菜收敛剂中找到。

发现粉化物完全消失。

敷用的含汞、亚硝酸盐、摩擦粉的药膏只够用三天，当脓包一直保持原状时，将药膏换为含软膏、汞和亚硝酸盐的一种药膏。这种药膏似乎比前者更有效，用了这个普通敷料两三天后，病毒就被抑制住了；但是，脓疮再一次有发炎的倾向，再一次敷上含有软膏、汞和亚硝酸盐的药膏，很快出现了预料中的效果。在第十天，那个女孩就像所观察到的那样患病了，但病情很轻，没有出现不适症状。后来，处在天花脓包病毒活跃的环境中，她完全抵制住了感染。苏珊·飞浦斯同样也经历了这样一个相似的考验。因为我觉得这些病例很重要，所以我已对它们做了详细的描述：首先，强烈要求使用这种能够阻止脓包发展的预防措施；其次，要指出（这点似乎是事实）一点，即大多数的身体不适主要不是因为病毒的最早活动引起的，但是如果疏忽了脓包，那么这种不适症状常常会作为第二疾病产生。这让我猜想怎样的实验最终一定能确定，患过天花的人以后不会再受常规牛痘病毒的感染；因为我观察到这种简单的病毒在没有发展成为水疱的时候不会对机体产生作用，而由其引起的轻微疾病可能很快消失，但它会很快出现在腐蚀性溃疡偶然引起的牛痘之后，且非常严重，这难道不可能吗？考虑到这点，我猜想先前对于这个课题的观察我可能出了错。

鉴于此，也考虑到其他因素，我可能会对这种疾病和天花做一下对比。最近，患者第一次感觉到所谓吸收病毒的作用。后来这些症状通常都会消失，那时新的疾病发作，与先前的症状不同，脓包经历了化脓、变成溃疡等不同的发展阶段，疾病也随着这些变化而变化。

虽然，先前在玛丽·赫恩的病例中提到过的敷用物被证明对制止脓包的发展和阻止任何第二症状有效，但是在脓包充分发挥它的作用后，我宁愿它被快速有效地破坏并转化成其他形式。适时被激活的脓包是很浅表的，它在皮肤上所占的位置还不足一枚银便士大。①

作为这项实践效力的一个证明，甚至在病毒对机体充分发挥其作用

① 见《天花接种来源及其效果研究》，第54页（早期文章）。

前，我应该给我的读者列举下面的历史记录：

通过参考天花接种的论述，我们可以发现在1798年4月，四个孩子用牛痘脓包接了种。其中两个病例的手臂上出现可观察到的患病症状后很快消失。玛丽·詹姆斯是其中的一个孩子，她在12月用新鲜脓包接了种，与此同时，她受到一位牛痘患者的传染。从任何角度看，受感染手臂的症状及其病情发展，都与我们观察到的用天花脓包给从未患过天花或牛痘的人进行皮肤接种所产生的症状相似。第八天，考虑到传染问题，她与其他没患天花的人隔离开来。现在我焦急地等待着结果，从她手臂的情况来看，我猜想这时她大概患病了。在我第二天晚上去看她的时候（第九天），我从照顾她的妇女那里了解到玛丽在那天晚上感觉比平常更热，但是并未感到焦躁不安；早上的时候，她的腕关节处出现了一处微弱的皮疹。皮疹几小时后便消退了，那天晚上我去看她时皮疹已经完全看不到了。通过反复仔细地检查皮肤，我没有发现一处疹。接种的手臂继续经历所有的症状即经历了发炎、化脓、结痂的所有阶段，然后结束。

第八天，我从这个女孩（玛丽·詹姆斯）手臂上提取出了脓，并把脓注入她妈妈和哥哥的手臂（他们都未患过天花和牛痘），她妈妈五十岁，她哥哥六岁。

接种后第八天，男孩感觉到身体不适，这样持续了两天，此时双手和腕关节出现了像麻疹一样的皮疹，而且手臂上也有厚厚的一层皮疹。第二天，他的身上出现了相似的呈大理石花纹的疹子，但是他并未抱怨，也没有感到不舒服。一些脓包出现了，然后大部分的脓包都消退而没有化脓。

第九天，她妈妈开始抱怨，有两天她感觉发冷并且头疼，但是皮肤上并未出现脓包，也未出现任何皮疹。

作为护士，一位年长的妇女在照顾这个家庭。她在婴儿时期感染过天花，但是她抵制住了。这位妇女现在受到感染后，其病情很轻，只出现了少量的疹，而且只有两三处化脓了。

在阻止牛痘病毒继续发展后，玛丽·詹姆斯的机体似乎抵制住了天花病毒的感染。我们不能因为她这样的单一病例而清楚地做出正面结论，也不能因为其他三位患者后来受感染的记录而做负面结论，但是这些事例放在一起也许能引起人们的关注。

我曾清楚地描述过一种天花的轻微变种已经出现了，而且通过现今提及的方法，我们也许有能力随意制造出另外一个变种。

脓包在玛丽·詹姆斯的手臂上被抑制后，有人告知我她在之后十二小时感到身体不适；但是，现在她身边的人告诉我她不适的时间间隔变少了。尽管如此，在牛痘接种的病例中，在没有确凿的证据表明患者已受到至少十二小时的影响时，我是不会推荐使用任何敷用物来减轻脓包的症状的。在使用敷用物之前，脓包要经过很长一段时间才会消失，的确没有任何危害。总之，它会尽可能地发挥与手臂的状态一致的全部作用。

过去有一种很流行的观点，就是认为牛痘能够保护机体免受天花的感染；但是，如果牛痘接种没有基于一个新而突出的观点，那么这两种病在机体产生的作用的相似度可能决不会被准确地观察到的。这次的实践也向我们展示出先前被隐藏的东西，即因注入病毒而形成的脓包的增加和发展，这些症状和天花接种引起的脓包的相似度非常明显。

随着接种病例的增加，我越来越相信症状很轻微只是由病毒在机体的主要活动引起的。就像牛痘偶然严重的感染患者出现的那些症状完全是次要的，这些症状由发炎和溃烂作用引起的。对我来说，这种单一病毒拥有一种独特的刺激特性，但是由于让天花病毒失效的只有单一牛痘脓包，因为我们掌握了减轻刺激的方法，如果有脓包产生，症状会很轻，不会有任何后果。

那时，根据目前牛痘接种的发展情况，我们可以得出一个推断，即只有某种意外情况才能导致这种严重疾病的产生，幸运的是每个人都有能力避免这种情况。我指的是由牛传染而来的这种病。在这个病例中，如果挤奶工的手偶然感染了一定程度的脓疮，每个脓疮都会发展成感染性病灶，同时还会受到病毒的影响；机体出现症状的严重程度与脓疮的数量和局部受感染的状态一致。因此，可以得出：一个人无论是无意还是有意感染上病毒，都会受到这些伤害，人的体质也可能在这种情况下下降。

由于我们掌握了减轻脓疮的手段，这事关脓疮是否会导致严重的后果；同时由于这些脓疮与天花很像，特别是在融合性方面。当其以可怕的形式出现时，难道不应该提倡发挥局部敷药的优势来消除这种疾病的致命性吗？我现在不论述这种疾病在哪个的治疗成功率最高。我把提出的这个观点作为进一步论证和实验的基础。

在接种感染牛痘的尝试中，我常常受阻。有时在擦伤或刺伤后会发炎，过几天后炎症就会消失而不会产生进一步的影响。有时则会产生脓液，但是机体不会受到感染[①]。我们知道天花病毒也会导致同样的症状。

这附近农场的四五个佣人也接了种，脓是从一头受感染的牛身上提取而来的。他们的手臂上都出现了少量的炎症，但是没有产生脓包就消失了；然而所有的佣人在给受感染的牛挤奶后一个月内都患上了这种病，其中的一些人的症状还很严重。目前。为了产生牛痘，除了接种天花这种方法外，通常没有实践过其他方法，但是这种方法也许会被改良。首先，我们将更加仔细地模仿偶然传染的模式，其方式是通过在皮肤上做一处最小的切口或刺痕以此来引起一处小结痂，然后去除这个结痂，使擦伤处与病毒接触。把一小段线浸在病毒液中（就像先前接种天花使用的老方法一样）并且把它放在皮肤的切口处，这样也许能成功地产生疾病；或者用少量能起水疱的石膏，真皮可能暴露在一个微小的点上，带来的病毒有可能与它发生接触。在提到过的病例中，我没能成功地从本质上产生这种疾病，实验所提取的脓来自牛乳头上的脓包，并且处于化脓状态。

虽然纯粹的脓包含在天花脓包中，但是它究竟能否产生真正的天花？我怀疑它不能。我们这样想，纯粹的脓汁出现在透明液体前，透明液体在机体内可能受到天花感染的影响，它总是有传染性；虽然一旦暴露脓包，其成分绝对会化脓，与此同时一定数量的透明液体可能混在其中，这只是根据我们的感觉——眼睛观察是看不到的。于是，这种液体的存在或者它无意地通过脓汁传播，也许看似总是会激活脓汁的作用，然而我们可以看

① 在研究的这段时间，我没有发现用脓包里新形成病毒接种的价值。

见当它完全消失的时候不会带来完美效果。

也许深入地讨论分泌物的学说太偏离主题，但是这并不是完全没有关联，我只是想说我认为脓汁和脓包里的透明液体都是分泌物，但是也许从机械构造上来说，分泌这些液体的腺体有本质的不同。除了腺体构造不同之处外，是什么形成了液体特性的不同？由于结构上的一些奇特的错乱变化，或者换句话说，一种腺体产生温和而无害液体的天然功能出现偏离，有可能产生一种剧毒毒物。例如：腺体在健康状态下分泌正常唾液，一旦患病就产生一种具有毁灭性的毒物。身体的血管部位形成小腺体和形成血管一样是毫不费力的，于是成千上万的腺体和血管得以产生，此时炎症在几小时内就会被激发①。

在这项研究的早期阶段（一定要确定是早期），在它不再是透明状态并形成脓包之前，我们不能非常确切地知道牛痘病毒的特性多久会发生改变，因此对于那些已经用脓包接种的人来说，主张天花接种是一件谨慎的事。患者不会因此谨慎提示而受伤或产生不适；一些人采用了同样的治疗方式，却在其生命过程中因接种而意外患上天花，这可以表明我提供一种谨慎的提示并不是多管闲事，这个提示是推荐另一种脓接种的方法，所用的脓处于最佳的状态。

现在，为了讨论，让我假设一百个人中有一个人在患牛痘后被发现容易感染上天花，难道这种方法就没有使用价值了吗？如果不考虑其他因素，尽管对认为它是无害的而感到心不在焉，但是已被证实接种天花对无数病例产生了危害，没有人能够否认这一事实。

在虚弱体质中，接种常常会引起瘰疬，这是一个被普遍认同的事实，因为这在常见观察中很明显。考虑这些非常重要。

因为从事这项研究的人会很仔细观察那些患过牛痘的人的天花接种情况，把他们收集的有关天花的事实提出来是有必要的，在此我必须把这点当作一个结论，但是迄今为止这点似乎没有发挥应有的效果。

---

① 霍姆先生在他关于脓汁和黏液的著作中证实了这个断言。

经历过先前的感染，机体并不能完全不受天花病毒的感染，这点是应该记住的；自然的天花和接种产生的天花，无论它们造成疾病的方式是温和的还是严重的，它们都不能完全消除感染性。当脓液注入皮肤，就能够发挥病毒的作用，虽然其程度有限。在照料过程中，我们观察到当皮肤大面积地暴露在感染环境中时，经常出疹，而且这些症状有时出现在发病之前。但是，如果这些接种的人曾患过牛痘，其天花接种处出现任何像疹或其他最轻微的不适症状，那么，我对这种疾病的特性所做出的结论可能会受到非议。

我认识一位绅士，他在许多年前因天花接过种，但是并未出现脓包，也未观察到任何身体受感染的症状，他对此不满，自此以后他经过了反复接种。结果，他手臂上出现了水疱，腋窝肿胀并且有轻微的不适感；这种情况并不少见。很可能，皮肤上的液体因而被激发，而这通常会导致天花的产生。

我曾通过给一位在许多年前患过牛痘的人的手臂注射天花脓包来使其起疱，并用一点液体给一位年轻的女士接种，结果很有效，她患上了轻微的天花，尽管提供脓包来源的患者机体受到了影响。下面与福佑斯特先生的交流仍然能给这个事实提供一条更加清楚的说明。福佑斯特先生说："1797年4月3日，因为天花，我给十四个月大的马斯特注射。像通常一样，他患病了，出了大量的疹，特别是在脸上，最后又康复了。他的保姆二十四岁，在许多年前患过天花，能很明显观察到她身上大量的麻点。她习惯让那个孩子靠在她的左臂睡觉，她的左脸颊贴着他的脸。在男孩接种期间，他大多数时候还是按那种方式睡觉。那个孩子康复后大约一周，她（保姆）说她的脸很疼，希望我给她的脸做一下检查。她的左脸颊上出了大量的疹，这些疹在继续化脓，但是身体的其他部位却一点都没有。

"在研究中我发现，在她出疹的三天前她突然感到一阵轻微的寒冷，头和四肢疼痛、发热。出疹后这些疼痛消失，现在是出疹后的第二天，她抱怨说咽喉有点痛。我不知道上面的这些症状是天花的作用还是最近的感冒引起的。出疹后的第五天我用柳叶刀在其中的两个脓包中蘸了一下，第二天我用脓包给两个孩子接种，一个两岁，另一个四个月大。与此同时，我用从马斯特那里提取来的天花脓包给他们的妈妈和姐姐接种。接种后的第五天，他们的手臂都发炎了，且症状很像；第八天，我给他们中年纪最大的用从患病的保姆那里提取来的脓包接种，其中最小的在第十一天接种。他们身上都出了大量的疹，从他们那里我又提取了脓包接种给其他患病很轻的人。妈妈和其他的孩子在同一时间患病，同样的也出了大量的疹。

“很快，村里的一位男子患上了天花，其症状属于混合型。当我确定孩子们都有效地感染上了这种疾病，我把他们带进他们的房间，然后用从男子那里提取出来的脓包给他们接种，但是没有产生任何作用。”

这些并不是当作罕见的事件，只是作为人体对天花传染的感染性的例证而提出，虽然先前它对其作用很敏感。

天花第二次出现在同一个人身上，程度不轻，这种现象是如此罕见以至于被看作奇迹，对于人类来说是件高兴的事！的确，自从赫伯邓医生发表了有关牛痘或鸡痘的论文后，为了顺从如此真诚可敬的当局，有关这样事件的观点被普遍放弃。我认为这是没有合理理由的；因为在许多案例中，伯克郡纽伯里的爱德华·威瑟斯先生是一名外科医师，他在《伦敦医学会回忆录》第四卷中记录了一个案例（我从中选取了下面的摘录），当我们看了像这样有说服力的案例后，我想没有人会再次怀疑这个事实：

“理查德·兰福德先生是这个郡（伯克郡）西弗特的一位农场主，年纪约五十岁。在他大约三个月大的时候患过天花，与此同时家中的另外三个人也患了天花，其中一人是一位男仆，他因这病去世了。兰福德先生的面容特征明显表明了这种病的毒性，他的脸上有很明显的麻点和伤疤，而且非常惹人注意，因此没有人会怀疑他患病的严重性。”

威瑟斯先生继续说兰福德先生再一次患上了严重的融合性天花，而且在患病后的第二十一天因为这病去世；当患者妹妹的儿子来拜访他的舅舅后把这病带到了这个家庭，这家的四个人包括患者的妹妹因天花而病倒，这件事让这个村重视天花的特性，不是这样严重也就不会引起如此重视。患者的妹妹病逝了。

“这个病例被认为是一件特别的事，因此教区牧师把这个详情记录在教区的记录簿里。”

在这种病的大多数病例中，第一个病例是融合性的；皮肤上溃疡（就像牛痘的一样）的程度事实上并不是病变，而是为机体提供了安全保障。

因为天花这个话题与我最近考虑的一个更直接的目标直接相关，这也使我有理由常常介绍这个话题。目前这被认为是一种不好理解的疾病。我创立的这项调查牛痘性质的研究将有可能促进对其更完善的调查。

皮尔森医生关于牛痘历史的调查为我的断言提供了大量的证据，即牛痘被证明能保护人体免受天花的感染，我并没有努力地去寻求更多的证据；但是我的朋友们很友好，给我提供了下面的信息，我将用他们的信息来总结观察研究结果。

德雷克先生（他是这个郡斯特劳德的一名外科医师，同时也是后来北格洛斯特民兵团的外科医师）来信的摘录：

“1796年春天，我给七十名男子、女子和小孩接种。许多男子都没有受到感染，尽管他们至少接过三次种，并且在整个过程中都和那些实际上患过这种病的人待在同一房间里，他们一直都在接触这病。将来，他们会对自己在预防方面感到担忧，在调查中，我非常详细地找出他们以前是否患过这种病，或者是否曾与在这种疾病环境中工作过的人为邻。但是最终我所找到的令我满意的信息是他们患过牛痘。因为那时我忽略了这样的疾病能感染人的机体，我过于相信自己，认为他们想象中的牛痘实际上是一种很轻微的天花。我在军官的面前提及过这个情况，那时我说了自己的疑惑，即这是否是天花。当陆军上校告诉我说他常听你说牛痘在格洛斯特郡盛行，而且如果一个人感染上牛痘，你猜想他以后会对天花产生免疫，对此我一点也不惊讶。这引起了我的好奇，当我访问格洛斯特郡时，我好奇地打听了这件事，我从你的著作和其他医学人员非常细心的观察结果来看，我非常相信那些人认为的牛痘确实如此，同时我可以安全地确认牛痘能有效地抵制天花。”

弗赖伊是这个郡德思里的一名外科医师，他给我提供了下面的信息：

“1797年春天，我给1475位患者接了种，这些人包含了所有的年龄层，从二周大的到七十岁。其中很多人曾经患过牛痘。具体的数量我不知道，但是我可以很肯定地说至少有近三十人。没有一个病例因天花脓包而受到影响，也没有任何人出现的局部炎症比曾患过天花的人手上的炎症更严重，尽管为了使患者放心，我总是会给他们注射四五次，有时甚至六次。在后来的时间里，我有一年的时间没有去拜访过这其中曾患过牛痘的患者，他们抵制住了天花的感染。我可以肯定地说我见到过不少于五十个人先前患过牛痘，现在用天花接了种，并且没有出现一个感染天花的病例，尽管他们总是继续与其他还在患病的接种病人接触，同时许多人有意使自己处在自然天花感染的环境中。由此我十分确信一个真正患过牛痘的人将不会再受到天花脓包的影响。

“几年前，我同样给许多人接过种，他们所患的一种疾病在附近蔓延，通常人们称它为猪痘，他们中没有一人再得天花①。

“大概有六位患者，他们从未患过牛痘也未患过猪痘，虽然给他们反复接种并且让他们与患这种病的人接触，但是他们没有感染天花，机体没有发生一点紊乱，手臂也没发炎；其中的一人是兽医的儿子。”

提尔尼先生是南格洛斯特郡民兵团的一名外科医师助理，他为我提供了下面的信息：

“1798年夏天，我给军团的许多人接了种，发现其中的十一位因在奶牛场生活过而患过牛痘。他们中只有一人没能抵制天花的感染，但是男子说他患病时住在格洛斯特郡的一个农场，当我在这个地方做了最严格而细心的询问后，发现在他提到所接触的人当中，教区的一个人说他给这个患者的手指敷过药。这很清楚地表明他有意说谎，他从未感染过牛痘。”②

提尔尼先生说许多患过牛痘的人接种后，手臂很快发炎，其中几个人的手上还形成了腐蚀性液体。

---

① 这是天花的一个温和变种，我在最近的《牛痘的论述》（第233页）中看到的。

② 对于这样描述的人，公众是非常谨慎的。

七月份，克莱恩先生应我的请求去试验痘病毒的功效，他非常友好地写信告诉我试验结果，下面就是其中的一段摘录：

亲爱的先生：

牛痘实验已经圆满成功。那个孩子在第七天患病，发热适度，第七天就退热了。注射病毒引起的炎症扩散成直径为四英寸的一个圆那么大，然后逐渐消退，没有伴随疼痛或其他不舒适的症状，没有出疹。

后来，我在他身上三个不同部位接种了天花脓包，第三天出现了轻微的炎症，然后就消退了。

李斯特医生先前是天花医院的内科医生，他和我一起照看这个孩子，他确信孩子是不可能患上天花的。我认为用牛痘病毒代替天花一定会成为医学史上所做的最伟大的进步之一；我越想这个话题，其重要性给我的影响越深刻。

无上的尊敬

亨利·克莱恩

1798年8月2日

林肯客栈牧场

由于这些通信交流，我得到了皮尔森医生的帮助，他偶尔会告知他在伦敦私下用牛痘病毒实践的结果，同时伍德维尔医生也为我提供了他在天花医院用同样的病毒大量接种的说明，看上去他们的许多患者都受感染而出疹，这些疹以一种与天花化脓相似的方式化脓。他们所使用的脓包是从第一个病例提取的。这个病例的感染源来自伦敦大型奶牛场的一头奶牛。在我的实践中，那些偶然被牛感染或因接种而患上这种病的人身上，没有已化脓的脓包，我想观察伦敦产生的脓包在这个村被试者身上的效果。我用一根在这种脓包中浸染过的线给两个孩子接种，并且，我将把这两个病例抄录在我的注释里。

斯蒂芬·詹纳，三岁半。

第三天：手臂出现了一处正常而明显的炎症。

第六天：出现了一个水疱。

第七天：水疱呈樱桃的颜色。

第八天：体温升高。双臂二头肌下腱的注射处现在出现了一些斑点。斑点很小，呈鲜红色。脉搏自然；舌头的颜色正常；胃口没有减少，也没有任何不适症状。

第九天：这天晚上手臂上接种的脓包开始发炎，这让孩子感到不舒服；他指着那个部位哭，之后很快受到感染，出现发热症状。在发病两小时后，我给他敷了用软膏和汞等制成的药膏，见效很快，敷药后十分钟后他恢复平常的样子而且开始嬉笑。药膏敷上三个小时后，手臂炎症明显消退。

第十天：手臂上的斑点消失了。但是脸上还可以看到三处。

第十一天：脸上有两处斑点消失了；另外一处也几乎看不见了。

第十三天：这个孩子手臂上的脓包已开始痊愈。

第十四天：脸上出现了两处新的斑点。手臂上的脓包几乎结痂。只要有液体存在，它都是透明的。

四岁的詹姆斯·希尔在同一天接了种，所用脓包和感染斯蒂芬·詹纳的一样。直到第五天脓包才起作用。

第七天：出现了一个水疱。这天晚上患者开始有点发冷；腋窝不痛也不肿。

第八天：他感觉非常好。

第九天：与第八天一样。

第十天：水疱比我通常看到的要严重一些，而且其表现出的特征更像天花，而不像牛痘在这个阶段所呈现的常见特征。

第十一天：脓包周围是红色的炎症，其范围有一先令那么大，点缀着小的水疱。第十四天前，脓包中都有透明的液体，之后以通常方式包上了壳；但是外壳或结痂被意外地擦掉了，这导致它愈合得很慢。

后来，这些孩子完全暴露在天花感染的环境中，他们没受到任何影响。

我的朋友亨利·希克斯住在这个郡的伊斯汀顿，应他的邀请我去给他的两个孩子接种，同时还有他的一些佣人和被雇用到他工厂的人，接种脓包取自这个男孩的手臂。接种的人数是18。他们都受到了感染，在第五天或第六天被刺的部位可以看见一个水疱。一些人在第八天开始感到有点不舒服，不过大多数人在第九天才有这样的感觉。他们的症状像先前描述过的病例一样持续了很短的时间，除了会在短暂休息时有所妨碍，这都不足以干扰到孩子们玩耍，也不会妨碍佣人和加工工人从事他们日常的工作。

大概在第十一天或第十二天，有三个孩子的手臂上出现了异常的炎症，先前几乎消退了的发热症状再次出现，并伴随着腋窝肿块的增加。在这些病例中（很明显地观察到患病症状由手臂的状态控制），我在接种的脓包上敷药，并且在一个小时内更换了三到四次药膏，用一块先前在葡酒醋杆菌液中浸泡过的脱脂软麻布盖住热疹，四周由蘸有冷水的布盖着。

第二天我发现这个简单的治疗方法很有效。炎症几乎消退，与之伴随的症状也随之消退。

以下其他患者自接种天花脓包以来，除了接种部位出现一点炎症外，没有任何症状发生。

为什么村里人手臂上接种牛痘脓包后，比伦敦人接种后更容易发炎？很难确定其原因。把我的病例与皮尔森医生和伍德维尔医生给我的病例进行总结比较，这似乎是事实；让我对伦敦那些接过种的人仍然感到离奇的是那些正在化脓的疹的外观。在我提到的两个病例中（一个由于接种引起，另一个由于牛痘偶然引起），他们只出现了一些红色的斑点，这些斑点没有化脓就消失了。先前摩尔先生佣人的病例也许确实是这个村的一个例外，但是这些疹没有通过臭气传染疾病的特性，除了这点它的性质还不确定。也许，我们所理解的不同是由病毒在生活在伦敦的人和生活在这个乡村的人的皮肤上起作用的方式不同而引起的。丹毒在伦敦与在这个村呈现的形式不同，这是一个众所周知的事实。在称牛痘病毒引起的炎症为丹毒这点上，也许我可以不那么苛刻，但是它必定与丹毒接近。现在，当继续在感染部位起作用病态功能可能根据其将发生作用的机体的特性而经历不同的改变，这难道不能用我们观察到的变种来解释吗？

一些接种，并且后来长了脓包的人都是刚刚从这个村来的，他们可能会拒绝这一事实；但是我认为人体肺部发生的变化是极其迅速的。然而，毕竟用这个村产生的牛痘病毒在伦敦进一步做实验最终一定能为现在看似晦涩难解的事情做出解释。

这个村产生的牛痘病毒在伦敦作用后，我观察到的主要不同之处是它被证明更有传染性，而且在手臂上不容易发展为炎症。先前的病例中，因接种病毒产生的脓包更像融合性天花中的恶性种类，在皮肤上厚厚地覆盖了一层脓包。这更像一个独特的天花脓包，只不过我没有发现在其中形成脓汁的病例。在结痂的过程中，脓包一直处于透明状态。

为了观察新生婴儿患病后的症状，应我的要求，我的侄子亨利·詹纳先生在一位刚出生十二小时的婴儿的手上注射了牛痘病毒。他向我汇报说那个孩子经受住了疾病的考验，没有明显的病状，我再次发现随后接种天花能有效地抵制天花脓包的作用。

我有机会在一个男孩身上实验牛痘的功效，他在接种之前患上了麻疹。麻疹的发病伴随着咳嗽，胸部有点疼痛，并且常见的症状也随之而来，疹在第三天出现，然后遍布全身。疾病开始发作，与通常相比没有任何不同。尽管牛痘在手臂和机体引起了常见的症状，但是没有任何发热症状出现；第六天出现了一个水疱。

第八天：腋窝疼痛，发冷、头疼。

第九天：几乎好了。

第十二天：脓包扩散到裂开的豌豆那么大，但是周围没有出现任何粉化现象。之后很快就结痂，男孩很快恢复了健康。但是值得一提的是在结痂之前暂停增加的粉化物按照常规方式增加过。

此时，我们观察到了一个与天花的普通习性不同的特征，我们观察到麻疹的出现抵制了天花脓包对机体的作用。

这项特有的综合性调查研究现在已经开始，主要是通过接种的方式（我再次重述我的真诚愿望，即做这项调查研究是应保持冷静和中立的态度，这样的态度应该是哲学研究所必需的），这项研究的关注点应该是牛痘疾病。我在人体里用病毒进行实验，所有这些实验结果是一致的。所有病例中，受到影响的患者都失去了对天花传染的敏感性；由于这样的病例现在越来越多，当把它们与这篇论文前部分观察到的结果结合在一起，我认为它们有效地打消了我与一些人进行争论的念头，这些人发表了与我的结论相反的报道，他们的结论是根据偶然收集的证据而不是其他证据得出的。

Ⅲ

《与天花或牛痘相关的事实与观察（续篇）》（1800年）

自从我先前有关牛痘接种的出版物发表以来，这种方法被广泛应用，我感到很欣慰。不仅在这个乡村，这种方法被争相使用，而且从这片陆地上许多受人尊敬的医学绅士（其中有奥地利维也纳的迪·卡罗医生、德国汉诺威市的巴尔赫恩医生）给我的来信来看，我了解到在国外这种方法也很受欢迎，在那些地方它发挥极大的作用。我很高兴地看到，少数人为贬低这种新方法所做出的微弱努力正在快速地消失，因为大量证据的出现支持了这种方法，反而使那些人受到蔑视。

在没有引起伦敦天花医院里内科医生重视的情况下，竟然进行了这项对一种与天花相似疾病的调查，这是不大可能的。

因此，本专业受人尊敬的伍德维尔医生，很早就伺机制定了一项调查牛痘性质的研究。这项研究在今年早期就开始着手了，五月，伍德维尔医生公布了他的研究结果，这个结果在一个很重要的方面与我的结果有本质不同。有五分之三的接种患者感染上了疹，大多数症状和天花很相像，以至于不能区分。对于这一点，我有必要做一些解释。

大多数因为牛而偶然接种的病例一次又一次地呈现在我的眼前，而且这附近的医学绅士告知我许多相似病例；我在1797年、1798年和1799年进行接种用的脓包取自不同的奶牛，没有一个病例出现与天花脓包相似的症状，但我也考虑到完全没被感染过的牛痘病毒，与伍德维尔医生所描述的皮疹不相似。相反，我认为这位医生说的皮疹产生于天花脓包的作用，这些天花脓包是随牛痘苗进入机体的。我认为这种情况的发生是由于许多患者在敷牛痘后接种了天花脓包（一些人在第三天，另一些人在第五天）；值得注意的是，通过那种方式产生的脓包是后来医学绅士们接种的来源，他们先前似乎不熟悉牛痘性质。

我想，下面的一个事情能有力地支持这个推测：牛痘在很早的畜牧时代就众所周知。如果那时牛痘脓包像天花脓包一样随着传染从牛转到挤奶工身上，难道这样的事实在农场不会为人所知并被记录下来？然而，我们周围的人和医学人员都没注意到这样的情况。

尽管很少见，但我有时仍能看见一些散乱的小脓包。大部分通常情况下会很快消失，但是有一些会停留很长一段时间，直至它们的顶端化脓。局部的表皮炎症，无论是自发出现的，还是由于一些像斑蝥、酒石化锑等这类刺激物引起的，通常会造成皮肤感染，这种感染不仅出现在发炎部位周围，而且还会出现在皮肤的其他部位，这就是大家熟知的交叉感染。按照这个原理，毫无疑问牛痘接种的脓包和它伴随的炎症在过敏体质中会造成感染。我提到的皮疹通常在接种三周后出现。但是这些无关紧要的状况不足以引起关注。

在天花医院里，牛痘接种过程中出现的一般性状况的变化同样也值得考虑。

虽然，一开始五个病例中有三个病例产生脓包的特征与天花脓包很相似，但是伍德维尔医生在七月份发表了他的最后一份报告，在这项报告中他说："自牛痘接种的报告发表以来，我已经总共照看了三百个病例；在这个数据中只有三十九位患者的脓包化脓了；注意，前一百个患者中，有十九人有脓包。中间的一百个患者中有十三人有脓包；最后一百人中只有七人有脓包。因此这种疾病似乎变得相当温和了；我认为应该把这归因于选择传播感染的脓包时的小心谨慎；为了这个目的，接种用脓包只能从一些特定的人身上提取，这些人体内的牛痘被证明很温和且好辨认。”①

我从上述各项病例中得出的推论是不同的。在我看来，这些脓包从消退到最后完全消失更应归因于牛痘病毒，牛痘病毒吸收了天花脓包②，前者很可能是起源，后者虽然与前者是同一种疾病，但它是经过了特殊的、目前很难解释的一种变化而形成的。

我有机会进行一项旨在阐明论点的实验。我猜想那些分布在格洛斯特峡谷富饶的草原上的牛可能产生了一种病毒，这种病毒在数量上与人工养殖的牛产生的病毒不同，为了给大都市提供牛奶，人工养殖的牛吃得更多，这是很可能的。春天在我居住的地方，我从伦敦一个奶牛场的牛那里得到了一些天花病毒③。并很快把它们送给马歇尔医生，那时他进行了大量的牛痘接种实验。在此，我把这位医生告知我的有关这项实验和用这种脓包进行特殊实验的结果告诉我的读者：

亲爱的先生：

我的邻居希克斯先生说过你想知道这里牛痘接种的过程，同时他不厌其烦地将我的病例治疗记录传送给你。在陈述为这个话题所做的观察前，我希望你能原谅我现在给你添的麻烦。但我第一次听说这件事时，我正在给两个患天花的孩子接种，只要我有机会提取到有用的脓包，我就用牛痘给他们接种。因此当有人告

---

① 天花医院引进牛痘接种几周后，我得到了这里备用的病毒。第一个病例产生了几个脓包，这些脓包没有化脓；但是在后来的病例什么症状也没出现。——E.J.

② 我的第一部关于这个话题的著作中，我解释过一个观点，即天花和牛痘是经过不同变异后的相同疾病。伍德维尔医生赞同这个观点的。不朽探索者的格言是两种病态活动不同不会在相同时间相同部位发生，承认上述理论也不会否定这个格言。

③ 这是由坦纳先生，后来由兽医学院的一名学生从肯迪诗镇克拉克先生农场的一头奶牛身上提取的。

知我能从你接种的人身上提取脓包时我特别高兴。在第一个病例中，我没打算把这种疾病扩展到我家之外，但是牛痘抵御天花的功效已经在大众的心里产生了广泛影响，这打消了我先前的念头，你将在这封信中附加的病例中觉察到这一点。从这封信中你将看到自3月22日以来我已给一百零七个人接了种；考虑到我居住的幽闭环境，这已经是一个庞大的数量。除了它在抵制天花方面的影响外，还有其他因素值得考虑，这种疾病独特的温和性、它众所周知的安全性以及对于每个病例它都不妨碍患者从事日常工作的这个特点。在我治疗的所有病例中，只有两三个病例由于手臂上出现丹毒炎症需要敷药，并且他们很快适应。其余的病例的机体出现了疾病，病情虽轻但很明显，其数量比同样数量的接种天花后患病的数量少很多。只有一两个病例，除了接种部位和感染部位出现脓包，其他部位也出现了脓包。牛痘似乎不是导致其他疾病的主要诱因，那些疾病常常在天花感染中被观察到，疾病消失后机体和感染前一样健康有活力。另一个原因可能是除了与脓包中的脓汁接触，人是不会感染上这种疾病的，假设一个家庭只有一两个人愿意在同一时间接种，那么其他成员是不可能十分安全的。

根据所有这些病例的观察结果，当牛痘用一种非常细心并被大家认同的方式处理时，有证据表明它比接种的天花更合适，用时更短、更安全；无论是接种处的局部感染还是机体疾病都不是很严重。我有机会观察了其作用于大量机体的效果，从三个月大的到六十岁的都有；我特别关注了这些效果，因此我能自信地谈论这个话题。在提到的这些病例中，你将发现脓包源的变迁没有对这种疾病的性质或外观造成改变或变化。这种变迁持续从一个人到另一个人（如果遵守在正确的时间仔细选择脓包）直到永远（我猜想），没必要再借助于牛的脓包源。

如果我的努力能够进一步解释这个话题，那么我将感到高兴，同时如果我能做进一步的观察并把它提供给你，那么我将感到更加满足。

我很高兴把自己名字签作，你的，亲爱的先生
约瑟夫·马歇尔
1799年4月26日
于格洛斯特郡伊斯汀顿镇

这位给我提供上述解释的绅士继续不遗余力地从事他的研究，他已经把这些结果在另一封信告知给我了，应他的要求我把这封信毫无保留地展现给公众。

马歇尔医生的第二封信：

亲爱的先生：

自先前给你写了那封信后，我继续用牛痘脓包接种。包括前面列举的例子，其数量已达到四百二十三例。详述每个病例的过程冗长乏味而且没用——我注意到先前列举的病例没有任何偏差，这点足以说明。手臂上出现的综合症状与你在第一部著作中描述的一致。当它们倾向于变得棘手时，用等量的醋和水做成的敷料能够起到预期的治疗目的。我一定得告诉你，当这种病在机体内充分发作时，我经常使用这种强烈的酸性物质。用探针头或其他方便的器皿蘸一点敷料涂在脓包上，并停留五十秒，之后用海绵蘸水擦掉，这样的方法在阻止脓包发展、促进伤疤形成方面从未失效过。

我已经使二百一十一位患者经受了天花脓包作用的影响，但是所有人都抵制住了感染。

我的实验结果（做实验时我非常小心谨慎）使我充分相信真正的牛痘是安全有效的天花预防物；我观察的病例中没有一个出

现任何棘手的问题，我也没有发现任何危险的症状；因为没有一个患者因病而不能从事日常工作。

在伍德维尔医生关于牛痘的出版物中，我发现了一个不同寻常的事实。他说他的大部分病人都患有脓包。我所有的病例中只有一个患者的肘部接种处出现了一处脓包，并且化脓了，这当然是更加特别的。这和切口处的脓包很像。

所有建立在大量实验基础上的观察让我得出这些明显的结论；那些已被引证或可能被引证来反对牛痘预防能力的病例不可能是真实的。因为如果这种预防能力不存在的话，那么在大量病例实验成功而没有出现一个例外是绝对不可能的。接种牛痘一定能很快代替接种天花，我对此不抱任何怀疑。如果新的实践带来的众多好处得到适当的认可，我们也许可以合理地推断出，为了公众利益能将它推广，因为公众的利益是真正有价值发现的可靠检验。

先生，因为这项具有极大实践利益的发现，人类受到了你莫大的恩惠。作为一个平民，我分享了大众的感受，特别是当你为我提供机会观察这种异常疾病的效应和大量神奇实验的过程时，我更有这种感受，这些实验将永久地记录在生理学的历史上。

你的亲爱的先生，

约瑟夫·马歇尔。

“附言：我应该说一下我接种并在信中列举的患者中有一百二十七位因你从伦敦奶牛身上提取的脓包而受到感染。我发现这些病例出现的症状与用这个村里产生的脓包接种后出现的症状没有差别。只有一两个病例出现了脓包，在这一两个病例中，只有一处脓包出现在接种的手臂上。局部炎症没有任何明显的不同。他们也没使用任何药，也没有停下日常劳作。

“我时常给一个家庭的一两位成员接种，过几周后再给剩余的成员接种。期间没受感染的人一直和受感染的人睡在一起而没有被感染；因此我十分确信只能通过真正的接触脓包才会感染这种病。

“最近我观察到一个奇怪的事实，我把它留给你来解释。

“我拜访了一位患融合性天花的患者，并用柳叶刀提取了一些脓包。两天后，我用牛痘给一位妇女和四个孩子接种，由于疏忽我用了先前提取天花脓包的柳叶刀来提取牛痘脓包。三天后我发现了失误，十分期盼我的五位患者能感染天花；但是令我欣慰且惊奇的是，我发现他们所患疾病是真正的牛痘，它的发展与我先前的病例没有任何特别的不同，但是所有患者都抵制住了其作用。

“我曾忘记提及天花接种的另一个主要优势，现在我想起来了；我要说的是怀孕妇女因天花接种感染上这种疾病后很安全。我给许多怀孕的妇女接过种，没有发现她们的病情与其他患者有什么不同。的确，这种病很温和，好像它总是在最安全的状态下感染的。”

借此机会，我应该感谢马歇尔医生和其他乐于提供接种结果的绅士们；因为他们一致赞成上述给出的观点，即病人患牛痘后再感染天花是没有危险的，我想他们的观点并不能给我们带来满足，因为大众还没感受到。当然特别的情况我会详细叙述。在接种开始时，我的一些通信者已提到过像天花一样的疹；但是这些病例中的脓包来自天花医院的原始存样。

我自已给许多的人接了种，所用脓包是从马歇尔医生的患者身上提取的，这些患者的病源于伦敦的奶牛。我没观察到任何脓包的出现，然后我把它传播给其他人，用过这种脓包后他们也出现了同样情况。H·詹纳先生告诉我他用这种病源给一百位患者接种后没有观察到脓包。这种病毒从原始产地提取后，在从一个人连续地传给另一个人的过程中其性质是否发生了变化只有时间能够说明。我现在使用的脓包已经用了八个月，无论在局部还是机体的作用方式上，我都没有观察到任何变化。因此我们有理由相信脓包的功效不会发生改变，同时也没必要寻找牛产生的新鲜脓包。

下面的观察结果是乐于助人的特尔尼先生提供给我的，他是南格洛斯特军团的一名外科医生助理，我很感激他先前提供的一篇关于这个话题的报道：

“从4月11日到4月末，我用牛痘脓包给二十五人接种，这些人包括妇女和孩子。一些人在11日就用希拉朴尼尔先生（军团的外科医生）从你那里得到的脓包接了种，其他人接种的脓包来自这里。我对接种部位的发展过程进行了仔细观察，在前几天——即从第三天到第七天其特征与天花不同，因为接种处的炎症很少；从这之后炎症增多，在第十天和第十一天炎症扩展到离中心处一英寸半的范围，从而导致手臂的剧烈疼痛。但是我想说的不是这些。通过每天在炎症部位涂水银药膏直到炎症退去，手臂好了，不需要再敷药，也没有再出现任何问题。最初九天，接种后机体出现的症状根本称不上患病，因为除了观察到轻微的头疼、疲倦、僵硬以及腋窝处有疼痛感这些症状外，我几乎观察不到其他症状。后来的症状最明显——持续了十二到四十八小时。在所有病例中，除了病毒注射部位外，我没观察到一点类似初期出现脓包，甚至是皮肤变色的症状。

“在所有这些症状消失、手臂康复后，我给其中的四个人用天花脓包接种，脓包取自另一个团的患者。在每个人的切口处我都注射了几次。第二天和第三天出现了轻微的炎症，除一位患者外，炎症都是在第五天和第六天前会消失。在加入这个实验之前，这个例外的患者在格洛斯特郡患过牛痘，这个人的注射部位发炎，手臂比他用牛痘病毒接种还要痛；但是，腋窝不疼，也没有任何机体感染症状。

我不得不再说一句，现在我对牛痘阻止天花感染的功效感到非常满意，它是天花最理想、最有效的替代物。

虽然牛痘病毒的感染性在那些大部分患天花的人身上已经消失了，但是在一些机体里它只是部分丧失，在另外一些机体里，其感染性完全保留。

迄今为止，大部分试验患者都完全抵制住了天花的感染；但是我发现一些人因接种在手臂上产生了完整的脓包，但是没有在接种部位周围产生红色的粉化物，也没造成机体疾病的出现，然而其他人按照最完整的方式患上了这种病。以下这种病例是桑伯里的外科医师福佑斯特先生告诉我的，我把它摘录进来。

我用你送给我的牛痘脓包给三个孩子接种。三天后我应邀去检查他们的手臂，有人告诉我其中的一个孩子约翰·霍奇一岁时患过天花，而且病情很严重，这在他脸上留下了大量的瘢痕，先前我不熟悉这种情况。第六天男孩手臂的症状好像是用天花脓包接种过，但是脓包更突出。第九天，他抱怨说头和背很痛，还伴随呕吐和高热。第二天他康复并像往常一样工作。被刺破的部位开始扩散，接种后出现了大范围的红晕。

此外，就两种疾病对比而言，动物机体在先前受到牛痘病毒影响后，其病毒作用遵循的规律与对天花病毒遵循的规律一样。

温彻斯特的外科医师莱福特先生和我的侄子G·C·主教为我提供了一些突出的病例，这些病例表明患者无意受到牛痘感染后，有阻止天花发展的功效。莱福特先生给我提供他在汉普郡做的大量成功的牛痘接种实践后，他写道：

“后来，我很快发现了下述情况，这可能值得你关注。我被邀请去给一位患天花的病人看病，询问之后发现在我去看他之前的第五天他开始出现炎症。这段时间，两个没有患天花的孩子一直和他们的父亲待在同一房间，而且常常和他睡在同一张床上。

“他们的母亲和我商量给孩子接种，但是她反对我从那位父亲身上提取脓包，因为他患有丹毒。那时我没法从其他地方提取脓包，因此我想尽一切办法说服他给孩子接种。

“不管怎样，他们还是用天花脓包接了种，虽然我不能炫耀这次成功，因为他们先前长时间并且一直处于天花感染的环境中。虽然如此，我还是很惊奇地发现牛痘竟以常规过程发展；我可以说天花完全消失了。”

詹纳先生的病例令人相当满意。他写道：

托马斯·斯汀奇克牧师住在离伯克利不远的伍德福特。他的一个儿子在布里斯托尔感染上了天花，然后回到他父亲的农舍。在男孩出疹后第四天，这个家庭包括父亲、母亲和五个孩子都用牛痘病毒接了种。尽管他们在同一房间，不得不待与患天花的哥哥睡在同一张床上，但是家里的其他成员只患上了牛痘，而没有感染天花。

我和我的哥哥H.詹纳先生一起照料这一家。

下面病例的特征太奇怪了，这不能被忽视。

R小姐是一位五岁大的女孩。天花接种后第八天她患病了，她开始严重高热。她的喉咙有点痛，脖子的肌肉有些不舒服。第二天，她的脸上和脖子上出现了一处皮疹，其症状和猩红热、咽峡炎的皮疹很像。因此我问R小姐是否受到这种病的感染，答案是肯定的。红色症状很快扩散到全身，这是其通常必经的过程，但是没有出现让我和陪同我的莱福特先生感到担忧的症状。从脓包的一般发展过程到化脓的状态与我们平常见到的没有明显的不同；但是其周围的红晕一直存在直到猩红热消退。像往常一样[①]患者一旦摆脱这种疾病，这种现象就会得到改善。

上面提到过的R小姐的妹妹的病例和她的病例一样有趣。她妹妹在同一时间感染上了猩红热，并且几乎在同一小时患病，症状持续了二十小时，脸上出现了微弱的猩红热疹，脖子上也有一些。接下来两三小时，疹突然消失，而且她妹妹不再受任何病痛的困扰。在她妹妹接种脓包部位的周围出现了常见炎症，并且越靠中心处越接近丹毒的状态，当我观察到这个现象时，便不再惊奇于她妹妹将从严重疾病向完全康复转变。但是这个记录最值得注意的地方是，之后第五天当她手臂上的皮疹开始消退，脓包变干时猩红热再次出现。她的喉咙开始疼痛，皮疹散布全身。她妹妹经历了这种病的常见症状。

实际上她们家有猩红热的病例。那时由家里的两位佣人在同一时间和两位小姐感染上这种病的。

一些人认为通过牛痘获得的天花免疫能力只是短暂的。不仅可以通过

① 我在麻疹病例中看到过相似的情况。当机体有麻疹时，来自牛痘病毒的脓包发展到化脓状态但是周围不会出现任何炎症，直到麻疹停止发挥其作用。

有关相似性质疾病的习性的对比，而且可以通过出现在大量病例中无可争议的事实来反驳这种猜想。在我第一部论述的前半部分已经列举了病例，我认为有必要再列举更多的病例；但是在我列举的病例中有一个患天花五十三年后才摆脱这种病的患者。当他完全抵制了天花，我想恢复阶段一定会说服任何有理性思维的人。如果认为有必要提出进一步的证据，我必须说特尔尼先生、詹纳先生和其他人提供给我的病例中，有许多人在他们用天花脓包进行无效接种实验前许多年就患过牛痘。

据推测牛痘无须接种而通过其臭气从一个人传染到另一个人。我的实验是为证实这个重要观点而做的。这些实验将明确我先前的观点，即除非接触，否则牛痘是没有传染性的。一些人手臂上的脓包着排放臭气，他们和其他没有患过牛痘或天花的人接触或睡在一起，我决不忍受这样的人。而且，在整个过程中，我反复地让没受感染的孩子在接种牛痘脓包的人附近呼吸，但是我所做的这些实验没有出现任何被传染的症状。然而，为了进一步检查这种重要的脓包，我要求詹纳先生做进一步的实验，这些实验也许能激发他支持或反对在这个话题上已建立的观点。后来他告诉我他给孩子们的胸口接种，他们的母亲没有患过天花和牛痘；他又给一些母亲接种，他们还在吃奶的婴儿也没有患过这些病；每个接种脓包的病例每天都在排放在脓包化脓的过程中产生的臭气，这些臭气的暴露没有引起一点可见的症状。在一位妇女分娩前大概一周，他给她接种，她的孩子很可能且很容易与脓包接触；但是像先前的病例一样，尽管这个孩子常常睡在他母亲的手臂上，并且在脓包处于完全化脓的状态时他的鼻子和嘴接触到了这些脓包，但是他没有受到感染。总之，牛痘的唯一特征包含在通过接触产生的脓包里，这种牛痘难道不可能通过臭气产生吗?

在后来的接种过程中，我观察到一种现象，这里值得一提。第六天男孩（他接种的脓包是新鲜的透明病毒）手臂上的被刺部位被一个粗糙的琥珀色结痂包住，而不是像牛痘通常在这个阶段一样开始出现水疱。结痂继续扩散，很多天就增加了厚厚一层，此时在其边缘出现了一个带疱的圆环，疾病经历了其通常的过程，这个男孩的腰部出现疼痛和轻微的不适的症状。我从男孩那提取了透明脓包，并将其接种在五个人的手臂上。其中一个人没有出现任何症状。另一个人身上出现了与通常外观无差别的脓包；但是其他三个人炎症的发展过程与给他们提供病毒的那个人的很像；出现了一个不牢固的结痂，而且后来其边缘形成了透明液体。由于他们受雇用从事劳力劳作，因此这些异常现象可能是由手臂新发炎部位与衣服摩擦引起的。但是我没有机会让他们接种天花。

与目前相比，在这项研究之前我对接种手臂的炎症更加担心；但是感染程度比希望的更严重，有时是预料之中的事。由于这种病能够被检查或者通过简单的方法就能完全消退，敷用物可能是完全不必要的，因此我不明白为什么患者会感到一小时的不安。因为大概在第十天或第十一天，手臂上脓包的外观将一定能表明这是不是预想中的常规发展。如果出现炎症，只能涂一滴浅绿色的醋酸盐[①]在脓包上，并保持其两到三分钟，然后用一块蘸了浅绿色混合敷料的亚麻布包在脓包附近的炎症上。前面的操作要一天重复两到三次，后面的操作只要患者愿意就可以做。

当结痂过早地被擦掉（孩子和劳动人群中经常发生这种情况），敷一点浅绿色的混合敷料到那个部位就能很快使表面凝结，这样就提供了一个阻止脓包的地方。

在先前关于这个话题的论述中，我已经说过人体在感染天花后常常会记住对它的感受（既可以通过臭气也可以通过接触）。为了进一步证实这个断言，我收到了各种各样的来信，它们为我提供了许多事实。我将选取一封。

亲爱的先生：

因你的《天花接种的性质和效果的观察研究》等著作，我认为整个社会都应对你表示感激。因为我想我将讲述的非常重要，我猜这一定能引起你的兴趣，特别是它能帮助你证实人体对天花

① 铅提取物。

感受的断言，尽管人体先前已经感受了它的作用。一次，我用天花给一个人接种。我从一位自然患天花的孩子那里提取了天花脓汁，他有许多明显的脓包。孩子的母亲想看一看我通过接种传染这种疾病的方法，在破开脓包后，像往常方法一样，我把柳叶刀的尖端插入我自己的手背，之后没有管它。直到第三天，我对这个部位有了感觉，这个感觉让我想起了这个实验；第四天，出现了常见的接种症状，对此我一点也不感到惊讶，观察到的炎症在第六天和第七天继续扩增，并伴有少量的液体，对此我也没有感到不安。反复的实验告诉我患这种病的人也会出现这种症状，不过会避开所有机体感染；但是我没有这么幸运，因为在第八天我身上出现了发疹性狂热的所有症状，而且比我以前接种出现的更严重，那是在八年前，那时我身上长有许多的脓包。虽然我治疗了许多天花疾病，并且在不同时期给两千多人接种，但我得承认现在我很焦虑。我认为目前的不适症状是由天花脓汁接种引起的，因此我焦虑地等待着出疹。在第十天，我不舒服地感觉到脸上靠近双耳旁的部位僵硬并灼热，狂热症状开始消退。脸上的三四颗脓包发炎时，其感染很快消退，但是脓包没有化脓，不久我就康复了。

我亦如此，你的亲爱的先生，

托马斯·迈尔斯

因为这项研究现在已不是处于初期阶段，所以我不能像以前一样对有关天花接种中的重点说太多肯定的话。

每位医学从事者都已大量地用天花接过种，或者治疗过无数以自然方式患天花的人。他们必须承认在这样或那样的形式中常常看见瘰疬感染，有时这些症状出现在患者康复后。就像我假定必须认可这个事实那样，我认为它将被所有认真参加这个话题的人认可。在那些最具传染性的用于刺激强大危害物的方式中，欧洲广泛引进的天花接种是否在其中，难道我不能问一下吗？我已观察了大量的这个方面牛痘的效果，我很高兴地宣布这种接种方式不能引起这种有害疾病的产生。

当我第一次在牛痘这个重要的课题上发表观点时，出现了怀疑论，甚至非常开明的医学人员都怀疑，这种怀疑论是值得高度赞赏的。一种新奇的学说与出现在医学史上的其他学说是如此不同，要承认这一种学说的真实性，如果没有经过最严格审查，就是一种冒失行为；但是，现在一旦开始这种详细审查，它不仅发生在我们周围，而且发生在欧洲一些专业人士中。当时，在大量的病例中一致发现，人体一旦按描述过的方式受到真正牛痘的影响，那么之后将不会受天花的攻击。难道我不能信心满满地祝贺整个国家和社会，祝贺他们在牛痘温和的形态中见证了解毒剂，这种解毒剂能消灭地球上一种每小时杀害一位受害者的疾病——这种疾病被认为是人类最严重的灾祸！

产褥热的传染性

The Contagiousness Of Puerperal Fever

〔英〕奥利弗·温德尔·霍姆斯

主编序言

奥利弗·温德尔·霍姆斯，1809年8月29日出生在马萨诸塞州的剑桥。他先后毕业于安多佛菲利普斯学院和哈佛大学。毕业后进入法学院，但很快就弃法从医。他先在波士顿学习，后来又到欧洲的医学院学习了两年，其中大部分时间在巴黎。回国后，他开始在波士顿行医，两年后他被任命为达特茅斯学院的解剖教授。从1838年到1840年他一直担任这个职位，此后他再次到波士顿行医。1843年，他发表了自己在医学领域唯一一部著作《产褥热的传染性》，这是他对医学界最大的贡献。从1847年到1882年，他是哈佛医学院解剖学和生理学领域的绝对权威。他1894年10月在波士顿逝世。

尽管他在医学领域出版的著作非常重要，但人们更多因为他卓越的文学才华而记住并赞扬他。他21岁时，发表了《前克伦威尔铁甲军》，引起了人们的关注；凭借诗歌、小说和一系列精彩的《早餐桌》演讲，他成为美国著名作家之一。

查尔斯·艾略特

产褥热的传染性

在这个严肃的话题上已经积累了大量、充分的证据，我在收集、处理和补充这些证据的过程中，许多见多识广的医学人员对这一事实存有质疑，我的行为也不被人理解。但我还是要将这一事实讲述出来。这个事实是：产褥热会直接或间接地从一个人传给另一个人。

根据目前我对这个观点的认识——我应该把这些怀疑看作一种证据，即怀疑论者没有调查过这些证据，或者调查后拒绝接受这一简单而又不可否认的结果。我和里格比先生一样，很遗憾地认为这是一种“不正大光明看待问题”的现象，我不愿强迫自己回到布伦德尔医生的偏见上去。但是对于了解一个重大问题，只经过一些微不足道的讨论就草草行事，这种方式我是不会同意的。明智且有经验的从业者有时也会怀疑还不明确的疾病是否真实存在，他们的怀疑或者确信，并不表示其他人没有权力再对此表示怀疑。关于某些不确定的事实或者观点，本应该由某人提出来，但是却没有人这样做。现在我将我对产褥热这种疾病的一些观点以及调查结果阐述出来，并且明确指出其中的疑点，希望获得所有选择探索医学的人的认同与解答。

有些人认为，所有重要的医学结论都能够通过记录和收集所有能找到的病例来证实。但是关于产褥热这种疾病，却在通常的病例中找不到证据。如果有人说找到了这样的证据，我认为这是值得怀疑的。大多数的权威专家都声称这种病不是传染病——很少有人对这些持不同意见的专家做比较——但他们其实只是根据自己对自己所接触的事实的观察或者根据个人的经验而形成这一观点，这不是很明显吗？要知道，在所有这些专家中，几乎没有一个人通过任何一种方式了解这种病的一半甚至十分之一[①]。

在过去数十年中，这种病例数目已达到了一个惊人的数量，难道这不是真的吗？此外，关于负面事实的作用，我们可以简略地把它们称作——事例，即这些病例的疾病并未被披露——尽管它们像其他事实那样值得注意，但是我认为在此之前，它们没有对我们这个课题做任何阐释。每个情况在被认可前都需要做大量且详细的解释。如果仅一位从业者治疗了一个产褥热病例，而无其他从业者紧随，那么这是不够的。我们必须知道在病发过程中他是否治疗过其他人，他是否从一个房间直接走到另一个房间，他是否采取过预防措施，如果有，那些措施是什么。几个妇女虽然暴露在一位患者的感染环境中，结果她们可能因非易染病体质而没有感染上这种病，弄清楚这点很重要。目前，如果仔细筛选这些反面事实，并记录每一个普通交叉感染病例，其数目可能已累计达到一百个。这样一来，尽管可能有九十九个从一开始就逃脱了被感染的厄运，但是不用说，我相信我们一定警觉和监视来我们这里住院的第一百位病人。如果有人打算以我所举的那一百个牺牲生命的病例作为例子，而且能清楚地说明在相同时间和地点有一万病例逃过了同样的感染，我将对他的功劳表示感谢，但是必须允许我坚持自己的实际结论，同时我请求他采纳或者至少检验这些结论。穿着白棉布衣服的孩子在打开的火炉前行走并不总会被烧死；相反的例子也许值得记录，但是如果这些例子被用来作为反对穿羊毛装和高防御物的理由，那么它们决不值得记录。

① 这篇随笔于1843年第一次发表于《新英格兰医学季刊》，并于1855年刊登于《医学随笔》。

我不太确定这篇论文是否能避免另一评论，但我希望这个评论建立在公正的基础上。有人可能会说大家太熟悉、太了解这些事实了，因此没必要正式地论证和阐释，还会说先前的见解没有什么新东西同时不需要在同行面前列举额外的报告。但是当我查阅两部作品，两部作品都广泛地引起了这个国家当局的兴趣，我领会了忽视这个异议的大量理由。德维斯的最后一部关于“女性疾病”的专著中明确地写道：“这个乡村迄今为止没有出现过产褥热这种病，这能为产褥热是传染病提供一点证据吗？”在《费城产科学》一书中没有发现一句话能让读者怀疑这种病存在传染性的观点。因此，我应该提醒那些把这些作品当作指导的人，他们可能忽视了一些危险源，这些来源就像不起眼的不规律饮食或便秘一样重要。无论一位内科医生对自己的治疗方式多么有信心，只要他在病人身上用毒药和解药，他专业服务的价值都值得怀疑。

下面将阐释实用要点：迄今为止，众所周知的疾病产褥热具有传染性，它常常由医生和护士从一位患者携带到另一位患者。

让我们从某些容易出现的问题开始。这些问题不是绝对必要的，因此它们会让这个话题变得更加复杂。通过做出公平让步和假设，不设定讨论的范围。

1. 假设被称作产褥热这种病的所有症状可能或者也许不具传染性或感染性。我不讨论作者们所提出结论的区别，因为对我来说这些事实不足以在可以通过传染病传染的症状和不能通过传染病传染的症状之间画一条绝对的界限。经许可，我应该只支持蒙·阮普汤姆斯医生根据他经验得出的总体结果（即这些相同症状是他所说的这种病的传染和散发形式）以及他最初的文章中阿姆斯特朗的观点。如果其他人能够指出任何一个区别，我就会留给他们来做这件事。但是在一位医生的患者中，有足够的病例来阐释这种病的普遍性，当以这个术语的本意来看时，它没有一点传染性。我可以参考罗伯顿先生和皮尔森医生的病例，这些病例今后会被引用。

2. 无论感染的独特方式是由医生通过空气带进病房，还是他直接将病毒带到手接触到的有吸收功能的表面，我都将不再争论这件事。许多事实和观点都支持这两种传染方式。但是，从医生和患者的接触形式看，不能说产褥热的传染方式不包括这些方式。

3．产褥热的传染总是随着这种病而开始，这是真的。所有的传染病常常不会伤害那些看似非常容易受其感染的人，这是真实的。即使刚从受实验者身上取来的牛痘病毒不能每天都发挥其正常的功效，尽管采取了各种措施来确保其作用。这在猩红热和其他疾病中更加明显。

4．假设这种病可以通过除传染外的许多其他原因产生和被修改，甚至是通过流行病和地方性影响。但这对正讨论的这种疾病来说并不奇怪。毫无疑问天花在很大程度上是通过接触而传染的，但是据记录，天花和产褥热的患病人数一样经历了周期性的增加和减少过程。如果有人问这样一个问题，即，如果我们猜测是接触传染，那么怎样解释在不同季节和不同地方，产褥热死亡人数不同的变化。我会通过户籍总署署长来信中的另一问题来回答。他说："当天花不流行时首府每周有五个人死于这种病。"他还说："解决的难点在于——为什么每周死亡人数是按10，15，20，25，31，58，88这些数字增加，然后逐渐地按相同规律减少？"

5．如果能够证明大量病人由于对这一问题的愚昧无知而牺牲，而非偶尔怀疑医生或护士在治疗疾病过程中可能出现的过失，我认为这是理所当然的；但是无论何时何地它们都会带来疾病和死亡而不是健康和安全，人类的本能将会压制所有为他们的责任而辩解的尝试。

亚伯丁的戈登在1795年发表的专著是一部有关产褥热的早期作品。他的许多证据偶尔被其他作品引用，但是他的表达是如此清楚，他的经历饱含男子的独特性和无私的正直感，因此这部专著能作为模范引用，而且常常收到好的效果。

"先前照看过这种病患的医生或护士，后来再给一些女人看病、接生或由这些护士照料她们，那么只有这些女人会患这种病。

"我有明显的证据证明它的感染性，即这种传染病像天花或麻疹一样容易传染，同时它比我所了解的其他传染病的传播速度更快。

"我有明显的证据证明每个与产褥热患者接触过的人都会带上有传

染病的空气，这都会让每个处于其范围之内的怀孕妇女受到感染。这不是一个断言而是一个前面已经证明的事实，这通过熟读前面的表格就能明白。”——参考有七十七个病例的表格，许多病例的传染方式很明显。

他又说：“这是一个我不愿提及的问题，我本人是把传染病带给许多妇女的凶手。”然后他列举了许多病例，在这些病例中这种病是由接生员和其他人传到附近的村子的，同时他声明：“我所治疗的所有这些病例充分证明产褥热的起因是一种特殊的传染病，而与环境中的有毒成分无关。”

但是，他最有利的证据在下面这些话中列出：“对这件事我得出了一个确定的结论，即在听说她们被怎样的接生员接生后，或者在分娩期间她们被怎样的护士照顾过，我能大胆地预测谁会感染上这种病，几乎对每个病例的预测都被证明属实。”

甚至在戈登之前，曼彻斯特的怀特先生曾说：“我认识另外一个镇的两位绅士，那个地方所有接生的事情都由这两个人做，值得注意的是其中一个人每年因产褥热失去几位患者，而另外一位却没常遇到这种疾病。”——似乎他把这种不同归功于他们治疗方式的不同[①]。

阿姆斯特朗医生在他的随笔中列举了大量的病例。这篇随笔是关于一位医生的患者中产褥热流行性。在桑德兰，“从一月一日到十月一日，总共有四十三个病例产生，之后这种病才消失；其中格瑞森先生和他的助手格雷戈里先生治疗了其中四十位患者，其余患者分别由三个助产士照料。”这篇随笔的伦敦版本附有一封来自格瑞森的信。在这封信中那位绅士参考他行医过程中的许多病例说“我不能假装很懂这种病的原因解释，但是如果在我行医过程中，对于公布这种病非常具有传染性，且能从一位产妇传给另一位产妇这一情况我有所犹豫，那么我就将显得胸怀不够宽阔。”“中低等阶级的人习惯常常拜访居住在附近的产妇，我有大量的证据来证实这种病常常是通过这种方式传染的。但是，让我感到痛心的是，我必须坦诚地说很多病例感染是因我导致的，尽管当我确定这种病具有传

① 《论产妇的照料》，第120页。

染性时，我就尽可能很小心地来阻止这样的事发生。”阿姆斯特朗医生继续说他了解的六个其他病例。这些病例在不同时间和不同地点以相同的方式（限于个体的拜访惯例）患病，然而如果可能的话，这种病几乎不会产生于他们周围其他患者中。其中两位绅士开始相信他们在一次治疗时传播了这种传染病。

我在一本美国期刊中发现了关于另一系列病例的一段简短注解。这些病例由戴维斯医生在“医学知识”中首次提到。这位绅士阐明了这种病具有传染性。

“1822年秋天，他碰到二十个病例，但是他附近的医学朋友一个也没碰到，‘或者至少很少’。他认为出现这种情况是因为他最近检查了两个死亡病例，除此之外没有其他原因。尽管他非常谨慎，但有时很明显还是由他把病传给了患者。”①

古奇医生说：“许多病例发生在一位行医者身上，而附近的另外一些行医者碰到的病例很少甚至没有，后者并非医术更好或者太忙。这种现象并不常见。一位医生在解剖了一位死于产褥热的妇女后，他仍穿同一件衣服工作。几天后他为一位夫人接生，后来这位夫人感染了一种相似的疾病并因此去世；随后又有两位他接生的患者很快相继遭受相同的命运；他想到这可能是由于他衣服上携带了传染病，于是他立即换了些衣服，之后再没发生类似的情况②。村里的一位妇女被雇用去当洗衣女工和保姆，她负责洗一位因产褥热去世的人的亚麻制品；后来，她照看的另一位产妇也因此病去世；第三位由这位妇女照看的产妇也遭遇了相同的命运，直到后来附近的人都因此害怕她，而不敢再雇用她。”③

1824年冬天，少数医生治疗的患者中出现了几例患这种流行病的人，然而其他同样忙于治疗的医生却很少甚至没有碰到这样的病例。其中一个

① 1825年的《费城医学期刊》，第408页。

② 本杰明·布罗迪先生提到的关于已故的约翰·克拉克的一个类似的奇闻，记录在《柳叶刀》里，发表日期为1840年5月2日。

③ 一份关于妇女常患的重要疾病的报告。第4页。

病例很明显。一位全科医生在大量的接生工作中，因产褥热让许多患者丧失了性命，于是他决定一段时间内不再接生，由他的搭档接替他的工作。这样进行了一个月，在这期间没有一个这种病的病例出现。那位年长的医生在得到有效的恢复后再次开始工作，但是他到来后就有第一位病例感染了产褥热然后去世。之后一位内科医生在讨论会上遇见他，当时这位医生并不知道他的不幸遭遇，这位医生问他产褥热在这附近是否流行，听到这他突然哭起来，然后讲述了上述情况。

“这个季节我在会诊中碰到一些病例，在这些病例中，一位医生在一个月的治疗中有四位患者都不幸去世。”

阮斯博山姆医生在伦敦医院的一次演讲中讲到这种病在某一特定地区传播或者只有某一特定医生在其行医过程中的几乎所有患者都感染了这种病，而其他医生没遇到一个这样的病例。他认为除了常见传播方式外，还有通过照看患者的护理人员的衣服传播这种方式。①

1840年1月在《伦敦医学公报》刊登的一封信中，曼彻斯特的罗伯特顿先生做了一项申明，这儿我把它用简洁的方式陈述于下。

1830年12月4日一位接生婆给一个女人接生，之后出现产褥热症状，这个女人很快就去世。一个月后，她给六十位妇女接生，这些产妇住在地域广阔的郊区的不同区域，其中有十六人患上了产褥热而且全部死亡。这是曼彻斯特在相当长的一段时间内发生的唯一病例。与提到的这个接生婆一样，与慈善机构有关的接生婆总共有二十五个，她们每周平均要接生九十位妇女，大概一个月三百八十位。这些产妇中没有人患产褥热，“但是此次，这位接生婆在每个地方都与其他接生婆接触，由于慈善机构的大量患者由这些接生婆在相同的住处给她们接生，在那个地方患者出现了产褥热”。

罗伯特顿先生说他这个月接生的一半多一点的妇女发热了；在一段时间所有人都逃过这种病的感染，而在另外一段时间三四个人中只有一两个人逃过感染；这种情况与另外一种传染病所观察到的结果相似。

① 《伦敦医学公报》，1835年5月2日。

布伦德尔医生说：“对一个充满情感和利益的事件，要准确获取它的真实情况很难。那些从未做过试验的人对这种事的难度只有一个模糊的认识。忽略细节，那么我可以满意地说，我从多个地区收到了一些个体在行医中的关于产褥热流行病学记录，然而在这附近的其他人中，我没观察到这样的情况。就像我讲的那样，一些医生的患者中以十、二十或者更多数量这样几乎连续的方式病逝，就像它们可怕的特征一样，无论传播到哪儿，产褥热似乎隐藏在其后。一些人认为在行医过程中休息一段时间是一种谨慎行为。总而言之，我承认这种发热会随时发生；它的传染性貌似有争议，这点我不否认；但是，我心怀谨慎地补充一下，在我自己家中，我宁愿那些我最尊敬的人被送到马厩里，不需任何器材，由她的仆人来接生，也不愿她们躺在最好的病房里，得到最优质的服务，却暴露在这种无情疾病的感染中。我怀疑闲聊的朋友、奶妈、产褥护士和医生本人是产褥病传播的主要渠道。”

在一次皇家医学和外科医学协会的会议中，金医生提到，许多年前，伍尔维奇的一位行医者的十六位患者在同一年因产褥热病逝。他被迫在一两年内放弃行医，他的工作由附近的医生分担，之后没有产褥热病例出现，附近的外科医生也没有这样的病例。

在那次会议上，哈钦森先生提到，三个连续的产褥热病例出现后，又出现了两例，所有这些病例都出现在一位男产科医师的治疗过程中。①

李医生做了如下的说明：“在1827年9月的最后两周，我们观察了五个严重的子宫炎病例，所有受感染的人在分娩期都由一个接生婆照顾。在那期间威斯敏斯特综合诊疗所的其他患者中（这些患者由那个机构的其他接生婆照料）没有出现发热或炎症类性质严重的病例。”②

我所引用的那些病例的重复发生情况是由那些怀疑传染病的人记录，并散播了半个世纪，而且可能有足够的理由让所有研究者相信这不只是一

---

①《柳叶刀》，1840年5月2日。

②《伦敦实用医学界》中的一篇论文《产褥热》。

个巧合。但是，经过大量的观察，我们发现收集了有关医生的一组同样不详的病例，这些病例是在遥远的乡村在不同时间和相隔很远的地方被发现的。让人难以置信的是，一些人是过于偏激和懒散，以至于不能接受严肃的，在他们耳边响起的，来自大洋两岸的丧钟这一现实——这个简单的结论是医生和疾病手牵手进入了毫无戒备的患者的房间。

那一系列病例是在这个村里被观察到的。因此我将继续说明这附近的病例。

弗朗西斯医生在他的《对丹曼的助产士的记录》中引用了霍萨克医生的一段话，在这段话中他提到了几个证明产褥热对产妇具有致命危险的病例，其中一些病例的疾病可能由助产士传给患者的。

1829年10月的《纽约内外科期刊》的一位作者说过产褥热事件只发生在一个人的治疗工作中，他说："我们已经知道这种病例在纽约出现了，尽管它不常发生。"

我提及关于这些病例发生的一点提示，其部分原因是我在美国医学作品中首次看到，但更是因为它提醒我们在一系列公布的事实背后存在一些不为人知的相似事件，这些没有写在科学记录里，但许多偏远地区的家庭却对这些记忆很深。

当然没有什么比塞伦的皮尔森医生对亲眼见证的病例做出的解释更详细、更清楚。在1829年1月的前十九天，他连续接待了五个产褥热患者，他治疗的每位患者都感染了产褥热，而且前三个病例非常严重。同年三月他有两位病情较轻的患者，六月又有一位，七月又有一位，这两位的病情很严重。"这段时间以前，"他说，"我没听说其他医生在治疗中出现这样的患者。那段时间后，在我治疗过程中，虽然有过几个很严重的病例，但没出现致命的病例。我总共治疗了二十个这种病的患者，其中四个是致命性的。我没注意到这个镇上有其他明显的产后腹膜炎病例，虽然我愿意承认在这点上我的信息可能不完整。有人告诉了我一些'混合病例'和'产后病态感染'的事情。"

在《费城内科医生学院的季度回报总结》[①]中可以发现在那个地方一名患者在治疗过程中关于这一系列病例的一些改善，这些改善非常显著。

目前，康迪医生向社会发出提醒，提醒人们注意产褥热独特的隐伏性和危害性。“在过去的数周内，一名产科医师很忙，几乎所有怀孕期间的妇女都由他在上述提及的地方（南部以及附近地区）照顾”，“这些妇女全都感染了产褥热。”

这位医生在参考最近流行的发热特殊症状时注意到了一个重要问题。即它能通过接触进行传染吗？一位照顾过这种病患的内科医生一直被允许从事产科医师的工作，且从未间断过吗？对于那些被通常认为是通过接触感染传播的疾病，虽然康迪医生不相信其一定具有接触感染的性质，但是通过他自己对最近流行的产褥热的观察，他开始相信这个事实即这种疾病能通过接触感染。在同一个地方，这种疾病的奇特情况只发生在一位医生的治疗过程中，这位医生是这个学会的会员，虽然他有丰富的助产经验，但几乎没有一个产妇在接生几周后逃过这场疾病；然而在同一地方其他助产士的治疗中没有出现一例患这种疾病的患者。该怎样解释这种情况？

卢特医生谈道：“我观察到，自他行医过程中出现了大量患有这种疾病的病例后，他便离开这座城市一周，回来后他没有穿过以前穿的任何一件衣服，但是他接生的第一位患者感染了产褥热且病情非常严重；因此，他不再轻易相信这种疾病在女人之间传播或者通过医生的衣服进行传播。”

发表这些评论的会议是在1842年5月3日举行的。日期为1842年12月20日的一封写给梅格斯的信发表在《医学检查员》[②]上，他说：“在上个暑假你帮助我一起治疗这些患可怕产褥热患者。”他还谈论了治疗这种疾病的经验，“在过去不到十二个月内总计产生了近七十个病例。”

在同一页，梅格斯声称：“的确，我相信在那个专业科室他的医术比其他绅士更好，这可能是因为他治疗了许多的患者。”这来自一个接生专

---

① 于1842年的5月、6月和7月。

② 1843年1月21日第一期。

家，他在很久以前向一位在讨论会上碰到的绅士保证过，他们相遇的那晚是十九号，后来一直有人在他休息[1]的时候召集他，这很难让人满意。

我必须提醒调查者特别要注意上述提到的《季度报告》，以及在《医学检查员》中发现的梅格斯医生和卢特医生的信。无论这些在调查员脑中形成怎样的影响，我相信它们至少能使他相信有理由去研究这个看似令人讨厌的话题。

在提到过的内科医师学院的一次会议中，瓦瑞顿医生说在参加了一次产后腹膜炎验尸，在这次验尸中，他用手把腹腔的东西取出来。接着几天后，他被邀请去给三位妇女接生。所有妇女都感染了不同形式的产褥热。这之后他又治疗了两位患者，她们在同一天患了这种病。后来，这五位患者中有两位病逝。

在同一会议中韦斯特医生提到了一个与他有关的事实，这个事实是诺森伯兰郡的塞缪尔·杰克逊医生告诉他的。杰克逊医生在诺森伯兰郡行医过程中，他连续给七个女人接了生，所有这些女人都感染了产褥热，其中有五人病逝。"那些曾希望我给她们接生的女人，"他说，"现在变得非常惊恐，离我远远的，其他的女人则邀请住在几英里[2]远的医生。这些女人和由接生婆照看的女人都很健康；在方圆五十英里内，除了两个人去世外，我没有听说任何人在分娩时去世，我后来查明这两个人的死是由其他疾病造成的。"按照他想的那样，经过彻底的清洁后，他的第一位患者还是感染了产褥热而且病逝。这让他怀疑这次的感染可能是由他先前照顾患者时戴的手套引起的。过了两个多月，又产生了两位患者。他找不出解释这些情况的原因，除非是他灌肠用的仪器，先前的患者使用过，这些仪器也被用于现在这些患者。当第一个患者发作时，他正在给因丹毒而大面积变成坏疽的手臂敷药，然后他立刻去接生，当时还穿着布满臭气的衣服和手套。这里我想提醒一点，这位诺森伯兰郡的塞缪尔·杰克逊医生正是不

① 《医学检查员》，1842年12月10日。

② 1英里=1.609344千米。

相信接触感染的德维医生当局的一员。

下面的三项申明是第一次向大众公布。所有提到的病例都出现在这个州，三分之二的病例出现在波士顿及其邻近的地方。

春末，这一系列病例中的第一个发生在离这附近很远的一个镇。镇上一个叫康的医生连续治疗了下面的患者：

1号，三月二十日分娩，三月二十四日去世。

2号，四月九日分娩，四月十四日去世。

3号，四月十日分娩，四月十四日去世。

4号，四月十一日分娩，四月十八日去世。

5号，四月二十七日分娩，五月三日去世。

6号，四月二十八日分娩，出现了一些症状，康复。

7号，五月八日分娩，出现了一些症状，也康复。

这些只是这位医生在提到的这段时间治疗的患者。“这些患者一直由这位医生治疗直到她们去世，只有第六位患者例外，她自五月二日由另一位医生治疗。（康医生在这段时间离开了这个镇几天。）康医生在提到的那段时间之前和之后治疗的患者没有一人出现任何产褥热的特殊症状。”

大约在七月一日，他到附近的村子给另外一位患者看病，这位患者分娩后两三天就去世了。

上述提到过的第一位患者在三月二十日分娩。“在十九日康医生给一位患病只有四十八小时就突然死去的男子验过尸；这位男子的大腿水肿，从脚踝上一点到腹腔有大面积的坏疽。”

康医生在验尸时轻微擦伤了右手。在接下来照看第一位患者的那天晚上他的手非常疼痛。二十号后他没有去看过这位患者，因为伤口非常疼痛，他只能待在家里，这种状况持续到四月三日。

上述提到的验尸后不久，在那个房间里出现了几个患丹毒的患者。在提到过的严重产褥热病例出现时，这个镇上同样有许多患丹毒的患者。

给第三位患者接生的护士在同一天晚上出现咽喉痛和丹毒症状，十天后因第一次发作去世。

给第四位患者接生的护士第二天出现了与那些患者一样的症状，一周后便去世，并没出现任何丹毒的外部症状。

“那时，这个镇或附近其他医生的患者均没有出现任何与康医生的患者相似的症状。在过去的几年里，分娩死亡的现象也发生在其他医生行医过程中，但是却没有出现产褥热这样的情况。”

信里的一些附加报告值得在此插入一下：

一位医生给一位附近的女人看病，这个地方就是产褥热患者2号、3号和4号所在的地方。这位患者在三月一日早晨分娩，五月七日晚上去世。这是否是一个产褥热的病例还值得怀疑。在分娩前的一年里，她患过溃疡病，出现过消化不良和腹泻。分娩前两三个月这些病痛大大加重；她变得非常憔悴而且很虚弱，如果她的确能活到产前，似乎她也不可能度过分娩期。结果她毫不费力地分娩；她出了大量的血，看上去很憔悴，她的耳朵里嗡嗡作响，非常疲惫；心跳加快而且很弱。第二天和第三天她的腹部出现一阵疼痛，且变得肿大，在第四天和第五天，这些症状加剧。在这之前和之后康医生都从事过接生的工作，那些患者都没出现任何特别的症状。

这封信中还提到了另一位医生，他在去年夏天治疗过一位患者，并且在去年秋天治疗了另一位患者，两位患者都恢复了健康。

另一位先生记录了去年十二月的一个病例，之后五周的又一个病例，再之后三周的另一个病例。所有这些患者都康复了。最近，在康医生治疗的第十八位患者所居住的村子里，一位医生治疗过程中出现了一个很严重的患者。“这位患者的腿上和手臂上出现了许多块丹毒。自那以后这位医生给三位患者接过生，这些患者都很健康。最近，这个镇以及附近的地方没有出现其他患者。几乎没有丹毒患者。”值得注意的是康医生的伙伴参与了上述提到的验尸工作，而且非常积极，在验尸过程中他因拇指指甲下面的刺伤而受到轻微的感染。在三月二十六日到四月十二日，他接了十二次生，所有的患者都很健康，没有出现任何特殊症状。同样值得说的是，在这十七天，他在验尸房间里给所有患丹毒的患者治病。我把这些事实归功于这位先生敏捷和仁慈，他的智慧和品格为患者的安全提供了充足的保障。

下面的两封信是一位先生写给我的好友斯托勒医生的。这位先生在行医过程中出现了产褥热患者。他的名字尤其让其他医生的名字没有必要被提及，相对于其他人，他在解释自己的痛苦经历时表现得非常直率而有礼貌。

1843年1月28日

Ⅱ……“你提及的时间是1830年。第一个病例出现在二月，那时非常寒冷。她在四号分娩，十二号去世。这个月的十号到二十八号，我给在分娩期的六个女人看过病，除了最后一位以及在三月一号和五号分娩的两位，所有患者都很健康。E夫人在二月二十八号分娩，然后患病并于三月八号去世。第二天，即九号我检查了她的身体，之后的晚上我给B夫人看了病，她受了感染并于十六号去世。十号的时候，我给另一位患者G夫人看病，但是她患病后康复了。三月十六号，我从G夫人家出发去给一位生病的H夫人看病，她于二十一号去世。十七号，我给B夫人做了检查。十九号，我直接从H夫人家里出发去给另一位患病的G夫人看病，她于二十二号去世。当B夫人在十五号生病时，我从她家走了几丈远的地方去给另一位妇女看病，她没有生病。直到这个月的二十号，我都穿着同一件衣服。现在我拒绝接生，直到四月二十一日，那时我已对自己做了彻底的清洁，我再次行医，之后再也没有出现任何产褥热疾病了。”

这些病例不止发生在一个小地方。两个最近的地方相隔半英里，我所居住的地方离这两个地方四分之一英里。其他地方相距两三英里，距我所在地只有一半那么远。据我了解，附近其他地方没有出现过这样的病例。所有这些妇女的身体状况都非常好，分娩也很正常，除了第一个人，据我推测这位妇女并未按时分娩，在我到达前孩子已经出来一半了，而且在分娩时受凉了，最后在一间空旷而冰冷的房间里接生。你要知道在这六个病例中，只有一个患者恢复了健康。

1817年冬天，我有两位病人患上了产褥热，一位非常严重，另一位不是很严重。两位都恢复了健康。其余的病人中有一位腿出现肿胀或股白肿，另外有一两位恢复得没有像平常那样健康。

“1835年夏天是我行医过程中的另一悲惨时光。七月一日，我去给一位在分娩期的夫人看病，之后她患了严重的疾病，而且还发热；但是我不太确定她所患的是否是产褥热。八号，我给一个人看了病，之后便好了。十二号有个人患了严重的疾病。这是一个不能确定的病例，从表面上看，这是由便秘和直肠受刺激引起的。这些妇女相距十英里，距我住处五英里。在十五号和二十号，有两位患者恢复了健康。二十五号，我去给另一位患者看病，这是位难产患者，出现了明确的产后发热症状或腹膜炎。她后来恢复了健康。八月二号和三号，在二十四小时内，我给四个人看过病。其中两位康复了；一人表现出一些常见的感染症状，然而这些症状在一两天后就消失了；另外一人明确患上了产褥热，但是最后恢复健康。这个孤女住在离我住处五英里远的地方。直到那时，我一直都穿着同一件外衣，而其他衣服我常常更换。六号，我给两位妇女看过病，其中一位一直都没有患病；但是之后另外一位L夫人患了病。十号，我给一位夫人看了病，之后她恢复了健康，在这之前，我换了所有的衣服并穿上了在接生房里没穿过的外衣。十二号，我被叫去给在分娩期的S夫人看病。当她生病时，我离开她那儿去给L夫人看病，L夫人于六号分娩，且L夫人的病情比平常更加严重了。但是，在我这次去拜访S夫人之前，我一直认为L夫人的情况很正常。这次拜访S夫人我穿了件男士紧身长外衣，在我回到S夫人那里时，我把外衣放在了另一个房间。十三号，我用镊子给S夫人接了生。很确定的是，这两位女人都死于产褥热。

“当我给患产褥热的这些女人接生时，我换过衣服；而且每次看完病我都用漂白粉溶液洗了手。在此期间，我给七个女人接过生，她们都恢复了健康而没有患病。

“在我行医过程中，我治疗过几个患产褥热的患者，一些患者去世了，一些患者恢复了健康。直到1830年，我一直相信产褥热能通过护士或接生婆从一位患者传到另一位患者；现在我认为前面的事实能有力地证明这个观点。我非常相信这个事实，因此我采纳了先前提到的计划。

“在上述提到的每个阶段，我相信我的身体和往常一样健康。我不记得有不健康的时候。

“我相信我已经回答了你所有的问题。在某些点上我可能说得过于详细；但是我想你最好有自己的观点而不是采纳我的意见。1830年，我给钱宁医生写了一封信详细叙述了我的病例。如果我给你的答复不够充分，也许康医生可以把我的信给你，在那封信里你可以找到你要的答案。”

1843年2月3日，波士顿

Ⅲ.“我亲爱的先生：昨晚我收到了你的便条，你说让我回答上面提出的问题，在去年夏天我碰到了产褥热患者，并对她们进行了观察。我很高兴能答应你的请求，并会尽力去做，但是因为在准备旅行的过程中很匆忙，我把病例记录弄丢了。但是主要的事实在我脑海中很清晰，我不会很快将它们忘记。因此，我想我能够为你提供你可能需要的信息。

“在我行医过程中出现的所有的病例都发生在1842年的五月七日到七月十七日。

“这些患者并不是出现在这个城市的某个特定地方。前两个病例的患者住在南城，接下来的一位患者住在北城，一个住在海洋街，另一个住在洛克斯百利。下面是患者发病的顺序：

“病例1. 顺产六小时后，夫人在五月七日下午五点分娩。九日夜里十二点（分娩后三十一小时），她感到一阵剧烈冷战，之前她的感觉和其他产后的妇女一样。十日她去世。

“病例2. 顺产五小时后，夫人在七月十日上午十一点分娩，但分娩过程中出现了剧烈疼痛。十一号早上七点钟她出现了一阵冷战。十二日她去世。

“病例3. 夫人在七月十四日分娩，直到十八日她都没有感到任何不适，之后便出现了产褥热症状。她于二十日去世。

“病例4. 夫人在七月十七日上午五点分娩，十九日早上之前她一直很好。二十一日晚上她去世。

病例5. 夫人在七月十七日晚上六点生下了她的第五个孩子。这位患者在她第三次分娩的时候感染了产褥热，用放血疗法和其他简单的救治方法而被治好。这次很遗憾的是我没有这么幸运。她没有像其他患者一样出现寒战症状，但是自分娩开始，她便抱怨说腹部非常疼痛而且牙痛。像其他病例一样，所有的救济方法对她来说都无效。同月二十二日她在剧痛之中去世。

由于炎热的季节而且我身体不舒服，因此这些人去世后我没有去做检查。钱宁医生和我一起治疗了最后三位患者，他提议对五号患者做一次死后检查，但是由于一些我不记得的原因，我没有得到他的检查结果。

“你想知道，在治疗这些不同患者时，我是否穿着同一件衣服。我不能肯定地说，但是我想我并没有穿同一件衣服，因为在治疗完前两位患者后，天气变得更加炎热了。因此我想我至少换过一件外套。三年来除了上述提到的这些患者，在我行医过程中没有一位患产褥热的患者，我也不记得之前有患者因产褥热而去世的事。去年7月，在我行医过程中还没有出现过产褥热患者的时候，我和一位朋友到村里给两位患产褥热的患者看病。之后，她们都康复了。”

这位先生在给我的一封信中也说，“我不记得那时流行过何种丹毒或其他特别的疾病。”

“我记录的这些病例并不局限于某种个别的体质或性格，然而它发生在强壮者和体弱者身上，年老者和年轻者身上——有超过四十岁的，最年轻的不到十八岁……如果像许多人猜想的那样，这种疾病具有丹毒一样的性质，他们也许在下面这个事实中可能为他们坚信的接触传染找到证据。在第一位病人患产褥热的前两周，我给一位患严重丹毒的患者看过病，这种传染病可能由我传给了患者；但是这种情况为什么没发生在其他医生身上，或者为什么总是出现在同一位医生身上？因为从我回来以后，我接待了一位多年患丹毒的患者，她的病情比我以往见过的要严重得多，后来我接生的患者没有出现任何诸如此类的问题。”

根据可靠消息，我很确定一件事。那就是“三年以来，一位医生在附近一个州做了大量的接生工作，在几周内他的八位患者因产褥热去世，其中七位确定无疑地患有产褥热。镇上的其他医生在同一时期没有因这种病而有患者去世。”从我与一些非常有经验的行医者的交流中所听到的来看，我认为通过广泛调查，许多这样的病例可能会被弄清楚。

当我们想起亲切的大自然是如何对待临产妇女时（那时她并未处在肮脏的充满有毒气的产科医院，也没待在有传染病气体的有毒房间里），令人悲伤的长串历史记录呈现出了其消极的一面。在户籍总署署长的第一份报告中所记录的那段时间里，在英格兰和威尔斯，一千人中出现因分娩和流产而死亡的人数不到四人。在第二份报告中，一千人中死亡人数约五人。在都柏林产科医院，由于科林斯医生的精湛医术，七年里一百七十八个接生工作中，只有一位患者感染了产褥热，或者说一千位接生患者中不到六位。二百七十八位患者中有一人死于产褥热或者说一千位患者中有三四位死于产褥热。但是这段时间这种疾病有地方性，如果不通过彻底的清洁来杀死病毒，那么这种疾病可能会继续发展，后果比产妇疫更可怕。

在私人行医过程中，不考虑因自动传播系统引起的病例，似乎这种疾病很不一般。曼彻斯特的怀特先生说：“在我接生的所有产妇患者（我可以有把握地说这个数量很大）中，没有一个患者去世，在我记忆中也没有一人有患产褥热、粟疹、低度神经紧张、恶性腐烂或产乳热的危险。”约瑟夫·克拉克医生告诉科林斯医生说他在四十五年大量行医过程中只有四位患者因产褥热而死。格拉斯哥一位杰出的医生在二十五年里治愈过大量的病人，他证实说他所见过真正的产褥热患者不到十二位[1]。

有两位先生在这个城市行医，他们有多年的接生经验。他们告诉我在他们的患者中没有一人因这种病而去世，他们其中一人说在与其他医生一起会诊时看见过这样的患者。在五百个接生病例中，只有一个病例出现了严重的产后腹膜炎。斯托勒医生已经就此在这个期刊的第一期里写了摘要。

鉴于这些事实，似乎出现了一个离奇的巧合。即一个男人或女人患过这种罕见的病后，可能有十个、二十个、三十个或者七十个这样的患者步其后尘，这种病像机灵的猎犬，在拥挤的城市里，穿过街道和小巷，以同样的方式，去干同一件事，许多人只知道它的名字。正是这一系列类似的巧合，让我们一想到匕首、火枪和白粉就把它们看作有害的东西。在临床中，由于对相似巧合的不注意，就会导致一些不愉快事情发生，进而，常常演变成必要文件即起诉书。当如此惊人的巧合发生时，有时候用于成人病例中的胎头刀，调整刀片后也派上用场。

现在，我来谈一谈这些病例，它们看起来是在直接接种过程中引起的疾病。

爱丁堡的坎贝尔医生说，1821年10月，他在一次验尸过程中帮忙，那位死者是患产褥热而死的。他把盆腔里的东西放在口袋里然后回住所。就在当天晚上，他又去给一位临产的妇女做检查，去之前他并未换衣服；这位患者后来去世了。第二天早晨，他又给一位妇女接生，这位妇女也死了。在几周内感染上这种疾病的许多妇女中，连续有三位妇女遭受了相同的命运。

1823年7月，他帮助他的学生对一位患产褥热的死者做验尸工作。因为缺乏必要的设施，他没能仔细地把手洗干净。回到家后，他发现有两位患者正在找他。他没有洗澡也没有换衣服就前去了；这两位患者后来都死于产褥热。[2]这位坎贝尔医生正是反对接触感染的丘吉尔医生权威人士中的

---

① 《柳叶刀》，1840年5月2日。

② 《伦敦医学公报》，1831年10月10日。

一员。

罗伯特顿先生说，他知道一个病例，一位医生在晚上为一位患产褥热的患者递过导管；同一天夜里他给一位妇女做过检查，这位妇女在第二天出现了产褥热的症状。在另外一个病例里，一位医生在给一位因产褥热而死的妇女做检查时，被人叫去给人接生，这位产妇在四十八小时内感染上了产褥热。①

1831年3月16日，一位医生给一位分娩后几天因产后腹膜炎去世的妇女做身体检查。十七号晚上，他给一位患者接生，这位患者在十九号患上了产褥热，二十四号病逝。在这段时间和4月6日这位医生给另外两位患者看过病，她们都感染了这种病，也都去世了。②

1829年秋天，在一次对因产褥热而死的患者验尸的现场，一位医生解剖了她的器官，并且帮助缝合尸体。他还没回到家就有人请他去给一位即将分娩的夫人看病。六小时后，这位夫人出现了产褥热症状，差一点就去世。③

1830年12月，一位接生员之前在伦敦妇产医院照看过两位患严重产褥热的患者，后来他给一位刚住进医院的患者做检查，目的是确认这位患者是否开始分娩了。这位产妇在医院待了两天等待分娩，之后她便回到家，到家后突然开始分娩，而且在去医院之前就把孩子生下来了。之后两天她都过得很好，但随后她便感染了产褥热，三十六小时后去世。④

“一位年轻的医生不听劝告，去给一位死于产褥热的患者做身体检查；那时没有传染病；这样的病例纯属零星散发。之后不久他给三位妇女接生；后来她们都死于产褥热，其症状在分娩后不久就出现了。他同事的患者情况很好，只有一位除外，在治疗这位患者时，他在一旁帮助他的同事把患者子宫里的结块取出来。和其他他所治疗的患者一样，这位患者因

① 同上，1832年1月。

② 《伦敦临床医学百科全书》（论文），“产褥热”。

③ 同上。

④ 同上。

这种方式受到感染，然后去世。”我从《英国和国外医学评论》的作者那里引用了这句话——不是别人正是瑞格比医生——他说：“像先前引用的那样，根据这些尝试，我们相信，单凭这个事实，就能永远让怀疑的人保持安静，并且铭记这个罪有应得的外号‘罪犯’。”[①]

我从恩格里比先生那里选取了下面这些例子：两位先生在对一位患产褥热的死者验尸后，穿着同样的衣服分别去给分娩的患者看病。“一位患者三十小时后出现了寒战。另一位患者在分娩后第三天早晨出现寒战。一人恢复健康，另一人去世。[②]其中的一位医生在验尸后的第三天穿着同样一件衣服给另一位患者看过病。自他第一次去之后的第五天这位患者才出现寒战，后果很严重。”这些患者与那七位患者属于同一个类别，第一位患者是由丹毒引起的。“一些病情较轻的患者出现在前面七位患者之后，她们的病情还不明确。我的朋友拒绝一次给所有的孕妇看病，这样就没再出现这样的疾病。”这些病例发生在1833年。其中五人死亡。1836年恩格里比先生给出了另外一位医生的七个病例，第一位患者是因为这位医生之前一段时间取出过几次丹毒脓肿。

我不必提最近在《社会》卷首公布的一个案例。这个案例是一位医生在给一位患产褥热的死者检查后立刻就去给一位孕妇看病，这个孕妇后来患上了相同的疾病并因此去世。医生因这次错误已经赔了损失。

在上次提到的那次医学和外科学协会的会议上，梅丽曼医生提到了发生在他行医过程中的一个病例。这引起了大家的怀疑，因为两个生命在一次毫无危险的实验中死去，这种怀疑是合理的。下午两点钟，他在给一位患产褥热的病人做检查。他非常小心，没有碰到患者的身体。那天晚上九点，他去给一位孕妇看病；因为她马上就要分娩了，所以他几乎什么事都没做。第二天早上，她出现严重的寒战，四十八小时后她便死了。她的婴儿患了丹毒，两天后就死了。[③]

---

① 《英国和国外医学评论》，1842年1月，第112页。

② 《爱丁堡医学和外科学学报》，1838年4月。

③ 《柳叶刀》，1840年5月2日。

关于这些提到过的事实，指出因给死于产褥热的人做尸检而造成危险从而导致了致命后果是正当的。事实是这些伴随着特殊危险的伤已经受到长期关注。我发现乔斯尔习惯提醒他的学生解剖时的危险。[①]主宫医院的主任医师在分析流进产后腹膜炎的流体时说医生们相信这种液体的有害性，而且也相信把它涂到裸露皮肤上是很危险的。[②]本杰明·布罗迪阁下提到的好像现在众所周知的事情是：用产后患者腹膜里提取的浆或脓接种后往往伴随危险甚至致命的症状。在几个月内，这次叙述中有三位怀孕的患者已经在社交界报道了，其中两位的病是致命的。

我从不同地方收集了五十五位受到这种不同程度伤害的患者，其中至少有十二位是因产后腹膜炎受到感染的例子。其他一些人清楚地说她们的病症有可能一样。五位患者是腹膜炎；有三位是男性患者，他们患的是肠炎，其中一人还有丹毒；但是大家都知道这个术语已经被用来指包裹着肠的腹膜炎。另一方面，没有提到斑疹伤寒或伤寒引起危险后果的病例，只有一个例外，这个关于一位殡仪业者的病例是Travers先生提到的。这位殡仪从业者好像曾因从尸体里流出来的液体而中毒。其他事故是因解剖或与各种感染而死的患者的身体发生各种形式的接触而造成的。她们的严重程度不同，分娩后患病是其中最可怕、最致命的。回想一下，我们可以发现与斑疹伤寒或肺炎相比（后者不是由中毒引起的），甚至和更多的疾病相比，因解剖产褥热死者尸体而导致严重后果的数量与因这种疾病而死的较少人数不相称。那么结论是不容置疑的，即大多数可怕的病态毒物通常是在这种疾病中产生的。无论它是否只存在特殊病例中，或者在其他疾病中产生的，比如丹毒，我都没有必要停下研究的步伐。

为了联系这点，我引用了下面这段瑞格比医生的话：“产褥热患者的排放物的传染性最强，在产科医院的记录里我们有充足的证据。分娩的脓肿也具有传染性，而且可以通过与健康的孕妇使用同一块海绵而传给她；

① 斯坦，《产科医生艺术》，1794；《医学科学词典》，词条，“产褥期的”。

② 《药学杂志》，1836年1月。

这种情况已经多次在维也纳医院得到证明；但是对于没有怀孕的妇女来说也具有传染性；在综合产科医院，没有一位妇女的手指或手在洗弄脏的床单时感染脓肿，也没有伴随快速蔓延的细胞组织炎症。”[①]

现在，对所有这些没有争议的事实再补充一下。在产科医院的墙内通常会产生一种臭气，用氯来消灭它效果特别明显，这种气体非常顽强，几乎没有办法消灭它，在一些机体里它会像瘟疫一样可怕；在短时间内这种气体在伦敦私立医院害死了许多妇女，以至于每个棺材里装了两位死者以此来掩盖这个可怕的事实；这让汤尼尔能够在巴黎的产科医院记录两百二十二次尸体检查。这让李医生表达了他经过深思熟虑做出的结论，即这些机体造成的生命损失完全敌过了发现它们的目的；从积累的众多证据、收集的成千上万个个体病例、验尸检查的致命后果、从病人那里取来的液体接种、医院里害人的毒物这些中难道不能得出一个结论？这个结论能嘲笑所有的诡辩并使它们成为被藐视的对象，使所有的争吵成为侮辱的焦点。

我曾提到过一些病例，在这些病例中产褥热和丹毒存在明显的联系。因为文章篇幅有限，我不能深入地考虑这个非常重要的课题。总而言之，我只能说这个证据对我来说符合要求，一些严重的产褥热是由丹毒脓包或臭气引起的感染造成的。因为这两种疾病之间的联系很明显，所以我不必回去请教以前的作者，如博特奥或戈登，但是我会列举下面的文献，这些文献还附有日期；我们将看到在最近几年在声明之前已经出现了证据：

《伦敦实用医学百科全书》，文章《产褥热》，1833年。

《斯里先生对艾尔斯伯里产褥热的描述》，《柳叶刀》，1835年。

《瑞姆斯博赛姆医生的演讲》，《伦敦医学公报》，1835年。

① 《产科学系统》，第292页。

《叶芝·阿克利先生的信》，《伦敦医学公报》，1838年。

《恩格里比先生论传染性产褥热》，《爱丁堡医学和外科期刊》，1838年。

《佩利先生的信》，《伦敦医学公报》，1839年。

《医学和外科界评论》，《柳叶刀》，1840年。

瑞格比医生的《产科学系统》，1841年。

《朗恩利论丹毒》，这部作品包含了大量的这个主题的文献，1842年。

《英国和国外季度评论》，1842年。

诺森伯兰郡的杰克逊医生，已经在《内科医师学院摘要》中引用过，1842年。

最后，唐卡斯特的斯托尔斯先生提供的一系列惊人的病例，是在1843年的《美国医学期刊》中发现的。

产褥热和其他持续性发热的关系不大而且不明显。赫尔提到两个发生在爱丁堡皇家医务室的稽留热病例，这种病出现在照看患产褥热患者的妇女身上。柯林斯医生提到几个产褥热的病例，是由于一直与感染斑疹伤寒的患者接触引起的。[①]

虽然像刚才提到的这些最重要的事件将被记住且引起警惕，但是环绕它们的那些令人沮丧的事实不能吸引我们的注意。由于这些事实可能会重蹈覆辙，所以如我相信的那样，我已经号召足够的人来说服那些怀疑者，让他们相信所有为掩盖其背后的真相所做的尝试都是无用的。

一些病史学家，特别是英国的胡尔默、赫尔和里科，以及法国的汤尼尔、道格斯和博德洛克声称他们还没发现产褥热具有传染性。他们至多给了我们一点负面的事实，面对一系列众多怀疑的证据，这些事实没有价值，而且在众多不必要的论证中它更加没有价值了。通过仔细检查，这些

① 《产科学论述》，第228页。

事实和许多证据的出现被用来关注因缺少支持的信念的公开，它们在很大程度上被证明毫无意义且不相干，因为如果有必要，它们就能轻易出现。我也没有必要强调这个结论。在引用权威者的观点时列举了许多事实，这些人在上半个世纪一直在打听这个付出许多生命代价才确定的真理。这个结论就是在这些事实中不知不觉得出的。

瑞格比医生说："我们应该感激这位英国医生，因为他坚持认为产褥热具有这种重要而危险的特征。"①

戈登、约翰·克拉克、丹曼、伯恩斯、扬②、汉密尔顿③、海顿④、古德⑤、沃勒⑥、布兰德尔、古氏、瑞姆斯博赛姆、道格拉斯⑦、李、恩格里比、洛可克⑧、阿伯克龙比⑨、我已经参考了许多诸如艾莉森⑩、特拉弗斯⑪、瑞格比和沃森⑫等这些人的作品了，他们的名字可能对某些人——偏向于权威的影响力而不喜欢根据摆在自己面前的事实靠理性得出结论的人——产生一些影响的。一些大陆作家接受了相似的结论⑬。虽然这个学说遭到其中一本主要期刊⑭的无理怀疑并且被这个国家的两位重要医学院校教师所轻视，但是，多年以来钱宁医生一直通过实例反复强调在考虑疾病

---

① 《英国和国外医学评论》，1842年1月。

② 《大不列颠百科全书》，第十三章，第467页，文章《医学》。

③ 《产科学概要》，第109页。

④ 《口语演讲》等。

⑤ 《医学研究》，第二章，第195页。

⑥ 《医学和外科期刊》，1830年7月。

⑦ 《都柏林医院报告》，1822年。

⑧ 《实用医学文库》，第一章第373页。

⑨ 《胃病研究报告》等，第181页。

⑩ 《实用医学文库》，第一章，第96页。

⑪ 《机体刺激的进一步研究报告》，第128页。

⑫ 《伦敦医学公报》，1842年2月。

⑬ 参见《英国和国外医学评论》，第三卷，第525页和第四卷，第517页。还有1824年7月的《爱丁堡医学和外科期刊》和1841年1月的《美国医学期刊》。

⑭ 《费城医学期刊》，第十二卷，第364页。

时要注意危险物并应采取谨慎态度，一想起这个观点我就倍感荣幸。

对于这个令人不快的话题，我不想表达任何严厉的批评。一个科学探索者，不是一个铁石心肠的人。这让我提醒他们我不会认可那些由权威人士所说的话。我让大家想起这些不可避免的错误和过失，不是把它们当作一种耻辱，而是一种教训。没有人能明白这些错误造成的令人痛心的灾难；它们让那些刚刚睁眼看这个充满爱和幸福的新世界的人闭上了双眼；它们让男子的力气化为尘土；它们把无助的婴儿抛向陌生人的手臂或者残酷地遗留给他垂死父母的死亡。没有深刻的语言能表达哀痛，没有震耳的嗓音能发出警告。无论是在忍受难对付的负担还是伸展她疼痛的四肢，这些即将成为母亲或者怀中已有新生婴儿的妇女都应该成为细心照料和同情的对象。当街上的流浪汉知道比自己地位还低的妹妹被证实怀有身孕时，他会对她表示怜悯。

在那些我给他们写过信的人中可能有一些人会问：对于类似这样的事件我们将怎么做？事实摆在他们面前，答案留给他们自己去判断和思考。如果有人想要知道我自己的结论，那就是，当有机会自由而广泛地陈述它们时，我会让调查者根据列举在他们眼前的证据对这些结论做大量的检查。

1. 一位即将给怀孕患者看病的医生决不应该主动去给任何因产褥热而死的人做验尸检查。

2. 如果一位医生出现在这样的验尸检查中，之后他应该彻底清洗，换掉每件衣服，并且等待二十四小时或更长时间后才能去给怀孕患者看病。对一般的腹膜炎患者最好也采取同样的预防措施。

3. 如果一位医生由于他的职责所限，必须做这些本不应混在一起做的事，那么他在验尸或者给丹毒患者做了手术治疗后，也应该采取相似的预防措施。

4. 当一位医生在行医过程中出现了一位产褥热患者，他一定要为下一位怀孕患者考虑，至少要等几周后，他才能去给她看病，因为患者可能有受到他感染的危险。采取所有减少她患病和死亡概率的措施是他的责任。

5. 如果短时间内，同一位医生有两位患者出现了产褥热，并且彼此发生的时间很近，而附近不存在这种病，他应该明智地放弃产科治疗至少一个月，并且努力通过一些方法消除自己身上可能携带的有毒因素。

6. 在一个人的行医过程中出现了两三个紧密联系的病例，附近并未出现这样病例而且没有找到这个巧合事件发生的正当原因，那么显而易见，他就是传染媒介。

7. 医生有责任采取所有预防措施，通过对护士或助手做适当的调查并及时对可能的危险来源做出警告，不应让护士或者助手传入疾病。

8. 医生的为所欲为和愚昧无知造成了诸多不幸，一旦他们的行医范围内出现了局部的瘟疫，那么这个医生的行为不应被看作一次不幸，而应被看作一次犯罪；对于此类事件的认识方面，一位医生对社会最重要的义务应该胜过他的专业职责。

附注：参考文献和病例

《英格兰户籍总署署长第五次年度报告》，1843年。附录。来自威廉·法先生的信——在斯托尔斯先生的信里列出了几个新病例，这些病例包含在这份报告的附录里。斯托尔斯先生提出了一些与我列出的相似的预防措施，而且法先生也强调了这些措施，因此他和我一样讨厌同样的批评。

荷尔和德克斯特，1844年1月《美国医学科学杂志》——产褥热可能源于丹毒的病例。

伯明翰的尔金顿，发表在地方医学期刊上，从1844年4月的《美国医学期刊》引用而来——不足十四个病例中的六个病例可能是由丹毒病症引起的。

1845年10月的《英国和国外医学评论》里的《西部报告》——给一位死于产褥热的患者移除胎盘后手臂受到感染，症状与恶性脓包很像。引用了维尔兹堡的病例，因为它证明了其具有传染性；引用了柯勒在1846年2月《月刊》的病例，因为他说明了产褥热和丹毒的联系。

维尔兹堡——《产褥热的传染性》。1846年1月《美国医学期刊》。同样的《产褥热和传染性丹毒的联系》。同上，1846年4月。

罗伯特·斯托尔斯——《产褥热对男性或者不怀孕的人的传染效果》。1846年1月《美国医学期刊》。许多的病例。同样参见1846年4月的同一期刊里Reid医生的病例。

劳斯在《皇家医学会学报》的论文，《美国医学期刊》，1849年，同样也出现1850年4月的《英国和国外医学评论》里。

琉查尔斯的希尔—— 一系列的病例表明了丹毒和产褥热的传染特征和紧密的病态联系。1850年7月的《美国医学期刊》。

《斯科达论产褥热的原因》。1850年10月的《美国医学期刊》。

阿尔内特——国家医学科学院成立前的论文。《卫生学年鉴》，第65册，第二部分。（M.提出的消毒方法，去产科病房前使用漂白粉洗剂和指甲刷。声称产褥热死亡人数突然大大减少。疾病是用尸体的脓包接种引起的。）参考上面提到的劳斯的论文。

莫伊尔——在爱丁堡医学外科界的一次会议上的评论。参考里斯的凯利医生的病例。连续十六人死亡。同样参考几个学生的病例，他们在这个镇的各个地区接诊了一系列病例。其他人也在同样的地区实习，但这些人的患者中没人出现这样的病例。同样参考没有在别的地方提到过的特殊病例。1851年10月的《美国医学期刊》。

辛普森——在爱丁堡医学外科界的一次会议上的观察报告。（按照梅格斯的话，一位“杰出的绅士”，“他在美国的名气和在当地的一样”产科学，哲学，1852年，第368页，第375页。）这篇论文提到了一位学生，他的一篇摘要描述了许多事实以及与这个话题有关的必要推断。同样参考了西德尼的一些病例，其中五六个连续出现。辛普森医生参加过西德尼的两次解剖手术，还大量的接触过病态部位。接下来他的四位怀孕患者也感染了产褥热，这还是他第一次在救治过程中发现产褥热。因为辛普森是一位绅士（梅格斯医生，如上），同时因为“一位绅士的手是干净的”（梅格斯医生的第六封信），于是出现了双手干净的绅士可能携带疾病的结果。1851年1月的《美国医学期刊》。

佩迪——在辛普森医生的四个病例之后，西德尼医生那里出现了五六个病例，而且他的这一系列病例并未停止。一位利斯的医生对辛普森的房间做了检查，从其中一位患者那里得到的一部分子宫之后，迅速引起了三个严重的产褥热病例。1851年10月的《美国医学期刊》。

科普兰——认为产褥热可能通过手、衣服、第三者、患者的床上用品或所穿衣物传染。他和一位治疗这些患者的医生一起见过的其中一个病例，提到了一些新的病例。她是几天内的第六位患者，所有人都死去了。科普兰医生坚持说这些患者是由接触感染引起的；在建议医生采取预防性措施后，相当长的一段时间内再没有出现其他病例。在引出证据和权威当局提出后，这被认为是犯罪——他的罪行本可以翻两番——因为一位医生会把感染和死亡带给他的患者。科普兰医生列出的规定和我建议的规定相似，因为我们给这样的行为赋予了相同的绰号。1852年《纽约医学词典》，文章《产后状况和疾病》。

如果有人热切地想知道事实，可能就会发现更多的事例。霍奇医生说："这个特殊事件的频率和重要性（即与其他医生相比，这种疾病在一位医生的行医过程中更普遍存在）已经被过分高估了。"三十多个一连串的病例，二百五十多位产褥热患者，一百三十多名死者，这样的结果表明在我见到的能用数据估计的事实中这是些保守数据。这些事实只包括了所发生的少数事例，也许我们认为这是理所当然的事。其数量可能更大，但是用莫西多谦逊的话来说，"就这么些人，已经够多了"。如果需要评估这个独特事件的重要性，也许向失去妻子的丈夫、没有母亲的孩子，以及"不幸的医生"咨询更为合适。

论临床外科中的抗菌原理

On The Antiseptic Principle Of the Practice Of Surgery

〔英〕约瑟夫·李斯特

主编序言

约瑟夫·李斯特于1827年出生在英格兰埃塞克斯郡的厄普顿，在伦敦大学接受了普通教育。毕业后，他在伦敦和爱丁堡学医，后来成为爱丁堡大学的外科讲师。之后他是格拉斯哥、爱丁堡以及伦敦国王医学会的外科教授，并且是维多利亚女王的外科医生。他1883年获得准男爵爵位；1893年退休，不再从教；1897年获得贵族爵位，并且有了李斯特男爵的头衔。1912年，他与世长辞。

其实在巴斯德开始致力于发酵和腐败研究前，李斯特已经认识到除臭剂在手术室里的重要性——能彻底清洁且有效地除臭。那时，通过巴斯德的研究调查，他意识到脓的形成是由细菌引起的，他继续研究他发现的外科手术抗菌方法。新方法被快速研究成功并得到了广泛采用，这种善行被列为那个年代最伟大的发现之一。

查尔斯·艾略特

论临床外科中的抗菌原理

（1867年）

在广泛调查炎症性质，以及与它相关的血液健康和病态情况后，几年前我得出了一个结论，即伤口化脓的本质原因是受维系在血液或血清里的空气影响，至于挫伤，是由于剧烈受伤引起的部分组织坏死。

避免化脓及随之而来的风险，是一个明显值得期待的目标，但是到现在为止，这个目标显然是不能达到的，因为排除氧气几乎不可能，氧气被看作导致腐烂的原动力。但是巴斯德的调查研究显示，空气具有的致腐烂特性不取决于氧气或任何气体成分，而是取决于悬浮在空气中的微生物，它们有能量维持其活力。这让我想起，避免伤口腐烂可以不排除空气，而是通过在伤口上敷一些能破坏悬浮物生命的药物。按照这个原则，我进行了一次实践，现在我就这一尝试做一个简短解释。

我所用的材料是石炭酸或称苯酚，它是一种不稳定的有机化合物，这种物质似乎能对低等生命起到独特的破坏作用，而且是我们目前了解到的一种最有效的防腐剂。

我把它应用到的第一类病例是复合性骨折病例，在这些病例中，受伤部位腐烂的症状特别明显而且具有致命性。进行这一实验的最终目的是确立下述伟大的原理：即，所有重度伤后出现的局部炎症性伤害和普通发热症状，都是由于腐肉或者血液分解的刺激和有毒物质引起的。因为通过防腐措施都能避免这些伤害，所以原本应该立即被截掉的四肢也能得以保全，我对这个最好的结果充满信心。

在实施治疗过程中，第一个目标是破坏所有有毒细菌，这些细菌可能在意外发生的那一刻或者一直到意外结束后的这段时间被带进伤口。这个过程是先用敷药镊夹住一块碎布，然后把它浸在液体①里，最后用这块浸满强酸的布去涂抹能触及的伤口最深处。在早期的病例中，我不敢冒险这么做；但是经验表明由石炭酸和血形成的混合物，以及被它的防腐作用消灭的部分组织，包括部分骨头，假如最终不能被分解，都能通过吸收和组织行为被除掉。因此在受伤事故发生后的一段时间里，我们能够有效地使用这种防腐治疗方式，否则受伤部位的组织可能会坏死。我现在在格拉斯哥的医务室治疗一位男孩，在事故发生八个半多小时后，这个男孩被确认为复合性骨折，不过利用石炭酸治疗后，他身上所有部位和体质都没有因石灰酸出现任何不适症状。经五周的治疗，他腿上的骨头彻底愈合了。

接下来需要考虑的目标是，有效地阻止腐殖质随血液或血浆漫延到伤口里，这些血和血浆会在事故发生后的前几天渗透出来，因为考虑到最初敷的酸会通过吸收作用和蒸发作用而被消耗或消散，在过去的几周，这种治疗方式已经被大大改善。我已经公布的方法（参见今年3月16日、23日、30日和4月27日的《柳叶刀》）是用浸过酸的布来敷，覆盖一定程度的健康皮肤，并用锡帽罩住，为了接触含防腐剂的麻布的表面，每天需要把锡帽加高。这种方法在中等大小的伤口上很有效；我可以确定地说，我或我的外科住院医师治疗过的许多这种病例，且没有一次失败。然而，当伤口非常大，血液或血浆流失得非常多时，特别是在开始的二十四小时内，使用防腐剂不能阻止腐烂渗入内部，除非在健康皮肤周围大面积地覆盖防腐剂，但是考虑到伤口周围的皮肤可能会出现大面积的蜕皮，因此上述提到的方法是不能用的。然而这个困难已经被克服，方法是使用一种药膏，这种药膏是由常见的白粉（碳酸盐）与一种由一份石炭酸和四份煮开的亚麻

① 在大量的酸中加入几滴水，从而使酸一直保持液体状态。

籽油混合而成的溶剂。使用煮开的亚麻籽油是为了形成一层牢固的油灰。这种敷料中酸浓度很小，不会破坏皮肤，因此可以在皮肤上任意涂用，而且它的成分可以作为防腐原料的储层。只要血液还在向外渗透，药膏就必须每天更换。为了防止这个过程出现任何伤害，需要在周围的皮肤上面敷一块在石炭酸和油里浸过的麻布，并且一直保持这样的状态，需要注意不要让它随油灰一起凸起。这个麻布需要通过和上面的药膏接触从而一直保持防腐状态，而且它能在换药的短暂过程中杀死掉在伤口的任何细菌。油灰应该大约是一个四分之一英寸的厚层，它也应能被有效地平铺在两片薄的白棉布之间，这样能持续保持片状的状态，如果有必要的话，可以立刻把它覆在整个肢体，而白棉布能阻止油灰渗入附近皮肤上的麻布里。①当没有渗出物时，就不再使用药膏，但是原先的麻布还要盖在皮肤上直到结痂并愈合。最近我在医院遇到一位男子，他左腿的骨头因暴力行为导致复合性骨折。使用药膏后，腐液排放物被阻止，且没有出现一滴脓汁。在过去两周的时间里，治疗骨折好像非常简单。因为麻布一直覆在下面聚集着浓缩血液的外壳上，所以它一直处于干燥状态，在一般骨折后取夹板之前，通常不允许有人去触摸它，此时我们期待在麻布下面可以找到完好的结痂。

然而我们通常并不总能碰到这样好的结果，在第一周后或多或少都会出现脓汁，而且伤口越大，发生这种情况的可能性越大。尽管会化脓，但是我还是想强调一下应用防腐剂的必要性。外科医师经常认为化脓意味着防腐治疗的失败，应该使用膏药或水溶性敷料。但是使用这种方法会使很多病例失去一肢、一臂或生命。但是，我不希望我的同行在听了我的建议后盲目地使用这个方法，因此我认为在他们使用前，我有必要尽可能简短地向他们列出一些紧密相关的病理学原理，不仅用我们立刻能想出的观点，而且要用这篇论文的整个主题。

① 酸能够轻易穿过有机织物，比如涂油的丝织物或胶木胶。为了阻止酸的蒸发，最好用一片大块的锡或用黏合的石膏覆盖药膏。茶壶衬里的薄铅片同样也可以起到这个作用，这种东西可以从任何一个批发商那里买到。

一个有趣的实验是：如果完好健康的粒状溃疡被正确冲洗并且用一块干净的金属，比如一块锡准确地覆在其表面，在周围的皮肤四周覆盖约一英寸厚，最后在这个位置用黏性石膏和绷带包扎。二十四小时或四十八小时后移除绷带，没有发现任何脓汁，只不过有一点透明液体，同时当水溶性敷料被换掉时，完全没有了一直存在的讨厌气味。这里，干净的金属表面没有呈现出像多孔麻布一样供脓毒性细菌生长的凹处，肉芽表面排出的液体没有被腐蚀就流走了，结果没有出现化脓。这个简单的实验表明了一个重要的事实，即肉芽没有形成脓汁的内在趋向，但是在异常刺激下会形成脓汁。而且此实验还表明只和异体接触本身不会刺激肉芽化脓；然而，分解有机脓包能够引起化脓。我在别处记录的事实更加明显地阐明了这些原理（《柳叶刀》，1867年3月23日），即一块废弃的未腐烂的骨头不仅不能使它周围的肉芽化脓，而且事实上它可能会被肉芽吸收；然而，一块浸在腐蚀脓汁里的废弃骨头一定会引起周围部位化脓。

另一个有启发性的实验是用上述的一些油灰给颗粒状溃疡敷药，并在健康皮肤上大面积地覆盖一层；二十四小时后我们发现虽然敷料具有非常好的防腐功能，但是溃疡已经产生了脓汁；如果我们放入超出能起到防腐作用的量，药膏中石炭酸的含量越大，形成的脓汁的数量就越多。虽然石炭酸能阻止腐烂，但是它也能引起化脓——很明显是作为一种化学刺激物起作用；我们可以大胆地推测正在腐烂的有机物（我们知道这种物质具有化学刺激）也是以相同的方式起作用。

在这个程度上，石炭酸和腐败物很像；注意，它们通过化学刺激引起的化脓与常说的一般炎症化脓不同，炎症化脓是由一般的脓肿引起的——这里的脓汁似乎是神经刺激活动后形成的，不受其他刺激的影响。但是，石炭酸和其他腐烂物质的效果有很大的不同；注意，石炭酸只会刺激它最先接触的皮肤表面，每一滴排放物的形成都会通过对它的稀释来减弱刺激作用；但是腐败物是一种自动增殖、自动加剧的有毒物，如果发生在严重受伤的四肢，它会扩散进所有凹处一直到外渗血液或坏死组织碎片所到达的地方，并且停留在这些凹处，随着时间推移，它的刺激性会变得越来越强，直到它从有效的腐蚀剂那里获得能量，进而破坏任何因下部血管供应或者因意外事故受伤而变弱的组织的生命力。

因此，当伤口很大时，在每个受伤部位麻布下面的坚硬外皮都被证明不能有效地保护擦掉皮的表面免受油灰中碳酸盐的刺激；结果是组织作用后先转变成肉芽，然后形成或多或少的脓汁。然而，这仅仅是表面的现象，不会干扰内部坏死组织和外渗血液的吸收和组织。但是，另一方面如果在内在部件变得非常牢固之前就开始腐烂了，那么将会出现最惨重的后果。

在格拉斯哥，我遇到一位十三岁的男孩，三四个月前在一次集市上他的左手臂被卷进一个机器里，受伤严重。伤口有六英寸长、三英寸宽，表皮被严重破坏，柔软的皮肤受伤如此严重，以至于在伤口处探入一把敷用的镊子后，能直接插到手臂皮肤的另一面。受伤处几处标志性的肌肉呈悬挂状，其中约三英寸的三头肌组成了一块肌肉的整个厚层；在高处破碎的骨头碎片向外突出四英寸半，肌肉已脱落，皮肤已卷在里面。如果在没有辅助防腐措施的情况下，我只能在肩部的关节处进行截肢；但是，因为能够感觉到呈放射状的脉搏，而且手指也有感觉，我决定试图挽救这只手臂，于是我采用了上述的治疗方法，先用大量的强石炭酸治疗伤口内部和凸出的骨头，然后从肩膀到下面的肘部用防腐敷料包裹住，大概到第十天，排放物一直都呈腐脓状和浆液状，这些排放物呈现一种混合假脓汁的外观；排放物一直增加，直到二十四小时后，重量达到约三德拉克马。但是，男孩一直与第二天一样，没有感到任何不适症状，脉搏、舌头、胃口和睡眠都很正常而且力气变大，手臂与第一天一样没有出现肿胀、红肿或疼痛。因此，我坚持使用防腐敷料；在我离开之前，排放物减少了。我想在这个病例中如果在第三周取下所有的敷料，很可能会出现表皮溃疡；考虑到伤口的深度，我想还是要等这个月结束才移除周围皮肤上的麻布，这样做是谨慎的。但是，我可以肯定，如果当脓汁开始出现时，我使用一般的敷料，那么病情的发展将有很大的不同。

我使用防腐疗法的下一个疾病是脓肿。这次的结果也非常令人满意，与上述提到的病理学原理十分吻合。生脓膜与溃疡长出肉芽有本质的相似之处。生脓膜形成脓汁不是因为它有内在的这种性质，而是因为它受到了一些异常的刺激。在普通脓疮被破开之前，无论它是急性的还是慢性的，它里面供养脓的刺激物都来源于凹处里面的脓汁。当用普通方法开口时，刺激物虽然被去除，但是空气获得了接触疮内部的机会，有效的腐烂刺激物开始发挥作用，产生脓汁的量会比以前更大。但是当排出物按防腐原理起作用时，因为没有新的刺激物替换，所以不受先前刺激物影响的生脓膜停止了化脓（如在金属敷料下溃疡的脓），表面只出现了一点干净的浆液。无论是否取决于开口，伤口很快收缩并愈合。同时，先前因脓疮堆积而出现的一些机体症状都消失了，而没有一点刺激性狂热或患肺结核的风险，至今这些风险都是在处理大的脓肿时所令人畏惧的。

为了达到令人满意的治疗效果，在开口之前一定要观察脓肿。此外，除了特别罕见和特殊的病例[①]，脓肿里不会有腐败微生物，因此没有必要在脓肿内部添加石炭酸。脓肿内部添加石炭酸只会起反作用，因为它会刺激生脓膜产生不必要的化脓。所以必须要谨防大气里活细菌从外面入侵，同时为排放物提供从里面流出来的机会。

最近我在别处对这种有效的方法做了一次详细说明（《柳叶刀》，1867年7月27日），目前我不会再讨论这个话题，只是说一下这些方法与治疗复合性骨折使用的表皮敷料方法一样；注意，浸泡在油石炭酸里的一块麻布是一道防菌屏障，下面的脓通过一个游离的切口被排除，防腐药膏在脓汁从下面向外流出的过程中发挥作用；每天更换敷料直到凹处闭合。

从病理学观点看，这个实验的最显著结果所涉及的是患骨病且形成脓汁的病例。这里，无外乎于一般类别的顽固脓肿，其像余下的一样在几天后只产生一点排放物，而且往往在最初物质排放时就停止产生脓汁了。因此当骨溃疡在之前那样腐败脓包的刺激下不再疼痛，同时会像其他炎症感染那样恢复时，它就不再是外科手术的耻辱了。在前面提到的出版物中，

① 作为这些特殊病例中的一个例子，我说一个在科隆附近发生的脓肿病例，之后的验尸检查证明他曾经感染过这种病。当脓汁被排放时，它的攻击性很强，在显微镜下还能观察到弧菌。

我提到过一位中年男子的病例，他的病骨上有一处腰肌脓肿，经过几个月坚持使用防腐治疗，他身上有凹处的地方闭合好了。自写了那篇文章后，我又有一个同样让人高兴的脓肿病例，但是情况不同的是，他从得病到恢复的过程更快速。患者是一位铁匠，在我见他之前他已患病四个半月了，其症状是左肘的软骨发生溃疡。最近这些症状加剧，并且他夜晚完全无法入睡，也没有胃口。我发现他肘部肿得很严重，经过仔细检查，我发现在关节外面有一个凸出的点。按照防腐原则，我把它切开，切口穿到了关节，这为脓汁提供了出口。一位医生给他治疗，并且每天都会检查用石炭酸药膏制作的敷料。直到患者到沿海地区后，他的妻子接替了这个任务，患者在那里待了两三周。在我切开脓肿两个月后，他打电话告诉我手臂的情况，他说至少有两周排放物都一样少，那时药膏有点湿润，这可能是切口引起的小溃疡造成的。在防腐麻布的保护下，我用一根探针发现凹处完全愈合，而且手臂没有出现肿胀和压痛感；虽然他没锻炼过这只手臂，但是关节已经能大角度移动。这里，防腐原则对关节复位产生了作用，如果用其他熟知的治疗方法，这个关节一定会被切除。

当然，普通挫伤也能和复合性骨折一样用这种治疗方法治愈，复合性骨折是这类疾病中最复杂的一种。我很乐意说一个这类病例。四月末，一名士兵在扣动来复枪的扳机时，拇指骨折了，拇指掌骨与食指之间的柔软部位也被撕破。在目前的读者面前，我不必强调如何厌恶这种伤害。我的外科住院医师赫克托·卡梅伦先生在整个擦掉皮的部位敷上了石炭酸，而且制作的敷料与复合性骨折的一样。患者的手一直没有出现疼痛和红肿，除了一个浅的凹处，所有的伤口都硬化，没有出现一滴脓液，因此如果是一个干净的伤口，它就可以被看作基本愈合的好例子。小的化脓表面很快愈合，目前只有一些线性结痂能说明他受过这种伤，但是他的拇指完全能够转动，手也能很好地抓东西。

如果最严重的挫伤和割伤在防腐治疗下也能这样健康愈合，那么很明显这种敷用方法对于一般的切伤的治疗效果就更不需要详述。我在这类疾病上已经花费了大量的精力，但是对于我所使用的所有方法我都感到不满意。无论如何，我准备进一步说明一下。一份石炭酸和二十份水组成的溶液虽然是一种温和干净的敷料，但是在手术过程中，我们可以用它来杀死所有落在伤口的腐蚀性细菌；同样，为了阻止随后其他细菌的入侵，我们把上述药膏像治疗复合性骨折一样敷在伤口上，结果很理想。我有一个血流受阻的腹股沟疝患者，有必要把上面一磅重的厚膜取掉，之后愈合没有出现任何顽固的脓肿，也没任何囊痛或发热症状；截肢乃至膝盖下面的部分完全没有出现任何症状。

而且，我发现当防腐治疗有效发挥作用时，绷带可以被安全地剪短，并通过吸附和其他方式被进一步处理。这个课题的独特分支会产生所有预想结果吗？在进一步的实验中，按照防腐治疗原则在关节处敷上药会出现预想效果吗？如果在开始愈合没有发生任何严重化脓的时候，我们可以肯定地推测它没有出现，在连续主动脉结扎时，会免受现在伴随的两个危险，注意这些二次出血和伤口的不健康状态。而且，似乎目前废除反对在大支流附近限制动脉的异议是不可能的；甚至那些未命名的，最近已经成为一位都柏林外科医师做的一项独创实验的实验对象，众所周知因为它在治疗二次出血的绷带下具有致命性。当线附近的组织在无害的异物附近自由顽强地硬化而不是在刺激性腐烂物质的影响下变软时，它将不再有这种不好的特征。

时间有限，这会花费我更多的时间，根据协会的条例，如果我将在外科的几个特殊部门研究防腐治疗理论的各种应用，那么将由我安排时间。

无论如何，有一个要点我不得不说，注意，这种治疗方式对一个医院的综合卫生提出了较高的要求。在引入这种方法之前，我的大多数意外事故病例的手术都在两间大病房里进行，这两间病房位于格拉斯哥皇家医院整个外科部门最不健康的地方，结果很明显地，这些位置偏僻的病房似乎无法获得新鲜的空气；在记录自己的行医结果时，我常常因提到医院的坏疽或脓血症而感到羞愧。当绝大多数乃至全部病床上都有褥疮细菌时，其他地方一定会出现令人痛苦的并发症，虽然这让人感到悲伤，但是观察到这点还是有趣的；因此，虽然我和我的学生对骨折本身不感兴趣，但是我开始愉快地接受一般性骨折病人，因为它们的出现减少了患者身上褥疮的面积。自从抗菌治疗被全面应用以来，伤口和脓肿的腐败发散物便不再毒害空气，另一方面，我的病房虽然所处的环境没有变，但其特征已经完全改变；因此在过去的九个月中，病房里没有出现一个脓血症、坏疽或者丹毒病例。

因为对于这种改变的原因没有任何疑问，所以事实的重要性也就不可能被夸大。

发酵的生理学原理

The Physiological Theory Of Fermentation

〔法〕路易斯·巴斯德

主编序言

路易斯·巴斯德，1822年12月27日生于法国多勒，1895年9月28日卒于巴黎附近的圣克洛德。他对科学感兴趣，特别是化学，他在化学方面研究得比较早，26岁时成了第戎市物理学方面的教授。后期他担任过的重要学术职位如下：1849年任斯特拉斯堡大学理学院化学教授；1854年任里尔大学理学院院长；1857年任巴黎高等师范学院自然科学研究主任；随后任法国国立凡尔赛美术学院地质学、物理学和化学教授；1867年任索邦神学院（巴黎大学的前身）化学教授。1875年以后他在巴斯德研究所继续从事研究工作。他是该研究所的成员，在国内外获得多种学术团体的荣誉。

巴斯德一生获得了极大的科学成就，就其数量和重要性、实践和科学性方面而言，在科学史上备受瞩目。他可能会被视为现代立体化学的创始人，他发现了活微生物引起不同类型的发酵，而这一发现奠定了整个现代疾病细菌理论和防腐治疗方法的使用基础。他研究了多种疾病：如有关葡萄酒和啤酒的疾病、一种威胁法国养蚕业的蚕病、炭疽病、禽霍乱。这些研究具有巨大的商业价值，并由此产生了生理学、病理学和治疗学。在通过细菌培养来减弱毒性的研究中，他对各种不太严重的疾病进行广泛的接种试验，以期能产生免疫力。

下列论述表现了一些他最重要的科学成就，证实了他在研究中思路清晰、论述明确的非凡能力。

查尔斯·艾略特

谨致

记忆中的父亲

一位前第一帝国骑士军团士兵的荣耀

我活得越长，也就越能理解您的内心以及您内心的高贵品质。

我致力于这些研究，以及这些研究前所做出的努力，都是您的告诫和树立榜样的结果。

子女们渴望对您的敬重和追忆，谨以此书，纪念您。

路易斯 · 巴斯德

原出版序言

我们的不幸使我萌生进行这些研究的想法。1870年战争后，我就立即着手这些研究。带着使这些研究更加完善的决心，带着有益于这个已经毫无疑问地被德国超越的领域的信心，我一直坚持着这些研究，从未中断过。

我确信我已经找到了一个正确的、实用的方法来解决这个难题。我提出生产过程、季节和产地的独立性，应该避免那些在现有的生产过程中使用的昂贵的冷却方法，同时确保产品能够保存很长时间。

这些研究都基于相同的原理，它们在我研究葡萄酒、醋和蚕病等方面有指导作用，对这些原理的应用几乎是无穷尽的。寻找传染病的病因，可能会从这些原理的应用中得到一点意外的启发。

根据我研究课题所得出的结论，可以设计出一套独特的酿造工艺。这套工艺的实施利用可能会给酿造业带来很多利益，我无须冒险去预测这个利益，时间是科学研究最好的鉴定者。我知道一项工业发明很少能从第一个发明者手中产生其所有的成果。

我开始在法国克莱蒙费朗实验室里进行研究。研究期间，我的朋友，该镇理学院的化学教授杜克拉克斯给予了我帮助。我在巴黎继续研究，后来在坦唐维尔的图特尔兄弟酒厂进行研究，这个酒厂是法国酒业的领头羊。我衷心感谢这些绅士的极度慷慨。我也对库恩表示感谢，他是克莱蒙费朗附近洽马来里斯熟练的酿酒师，我也感谢马赛的维尔滕和兰斯的塔西尼，他们非常热心地将他们的设施和产品供我研究所用。

路易斯·巴斯德
1879年6月1日，巴黎

发酵的生理学原理

I
氧气和酵母之间存在的关系

科学的特点是使无法解释现象的数量不断减少。例如，据观察，只要肉质果实的果皮保持完好，它们就不易发酵。另一方面，当它们成堆地堆起时，以及把它们浸没在糖液里时，它们会很快发酵。大量的果皮会变热和膨胀，释放碳酸气体，糖被转化为酒精。目前，对于这些自发现象的根源，其不寻常的特征，以及对人类的有益性等问题，现代知识已经做出解释，它告诉我们发酵是由植物细胞的发展变化引起的，植物细胞的糖液里不存在细菌；也告诉我们这些植物细胞以各种形式存在，每种形式都能引起各自独特的发酵过程。虽然这些不同发酵过程的主要产物在性质上彼此相似，但它们主要成分的相对比例和附属物却有所不同。其实，这个事实也足以说明酒精饮料在质量和商业价值方面存在巨大差异的原因。

如今，对于发酵和酵母生存性质的发现，以及我们对它们起源的认识，可能已经解决了天然糖液里自发发酵的这一奥秘。我们可能会问，是否需要把这些发酵中的反应当作普通化学方法无法阐明的现象？我们可以很容易地看到，在一系列的化学和生物现象中，发酵占据着特殊的位置。我们现在才开始猜想是哪些原因引起了发酵的某些特殊特征，那就是通用名为“酵素”的这种微小生物的生存方式，这种生存方式从本质上而言不同于其他植物，这种生存方式在整个生物化学领域中同样表现出了异常现象。

稍加思考就会说服我们，在没有与空气接触的条件下，酒精发酵必须具备很多条件。让我们考虑一下，比如，在侏罗省实践酿制葡萄酒的方法。把一堆葡萄放置在葡萄树下一个大桶里，将葡萄去皮。这些葡萄有一些未受伤，一些被损伤，所有的葡萄都用葡萄汁弄湿，将所有弄湿的葡萄放进桶里，它们就会形成葡萄酒。用桶将葡萄装进准备好的大容器里，放到深深的酒窖中。这些容器中装葡萄的量不超过容器容量的四分之三。容器里的葡萄很快会发酵，碳酸气体通过容器的口释放出来，其中最大的容器直径不超过十厘米或十二厘米（大约四英寸），在两个月或三个月后就能从容器中抽出葡萄酒了，这种方法至少在很大程度上未与氧气接触，在这种条件下，产生葡萄酒酵母的可能性很大。毫无疑问，氧气并不是从一开始就完全不存在；不仅如此，有限存在的氧气，是发酵现象表现出来的必不可少的东西。将这些葡萄去皮，然后让它们与空气接触，破裂的葡萄滴出的未发酵葡萄汁会将少量空气带进溶液。因此少量空气在操作开始前进入到未发酵的葡萄汁中，这些空气扮演着最重要的角色。正是由于这些空气的存在，发酵的芽孢才能在葡萄的表面扩散，葡萄中木质部分获得了产生其生命现象的能力[①]。然而特别是当葡萄去皮后，这种空气占很小部分。当这部分空气与液体接触时，它会很快被碳酸气体排出。这种碳酸气体是在产生一些酵母时才逐步形成的。显而易见，除了游离的或溶液中氧气的影响外，大多数酵母都会产生碳酸气体。我们应当回到这个非常重要的事实。目前我们仅仅指出，从实践得来的知识来看，我们相信酵母细胞

① 事实上，据说将葡萄汁放在很多串葡萄上，发酵会变得更容易。然而我们并没有发现产生这种现象的原因。毫无疑问，这可能主要归因于一个事实，即葡萄与葡萄之间留下的间隙大大增加了产生酵素细菌的空气含量。

从它们的芽孢里产生后，在没有受到氧气的干预下，它们会继续生存和繁殖。酒精发酵可能是有一种相当特殊的生存方式，因为在其他的物种、蔬菜或动物中，一般不会产生酒精发酵。

一般而言，酒精发酵形成酵母的比例小，分解成糖的比例大。在所有其他可知的生物中，吸收营养物质的重量与耗完食物的重量一致，可能存在一些差异，但相对较小。酵母的生存方式是完全不同的。对于某些已经形成的酵母，就其重量而言，可能是糖重量的10倍、20倍、100倍，或者，甚至比分解的糖更多。我们会在实验中逐一证明。也就是说，根据情况，我们有机会对其进行详细说明，同时，这个比例发生了精确的变化，这个比例也和酵母重量的比例很不相称。我们重申，在正常的生理条件下，其他生物的生存不可能呈现出与它相类似的东西。因此，酒精发酵向我们展示出：植物至少拥有两个奇异的特性，它们能够在没有空气，也就是说没有氧气的时候生存下来。它们能产生一定量的分解，尽管这个量在发生变化，但是由于这个量是由形成物的重量来估计的，所以这个量与它们自身物质的重量不相称。这些事实都是如此重要，它们也与发酵理论紧密联系在一起。因此，有必要用实验来证明这些事实的真实性。

摆在我们面前的问题是，酵母是否是一种厌氧①的植物？在不同条件下，需要多少糖才能完成酵母发酵？

我进行以下实验来解决这两个问题：我们取一个三升（五品脱）容量的双颈烧瓶，其中的一个管子是弯曲的，并有一个排出气体的出口；另一个管子在右手边（图1），管子上有一个玻璃塞。

我们将这个烧瓶装满纯酵母水，加入5%的糖使其变甜，烧瓶装满，以保证塞子上或排气管里没有剩余的空气。然而，人工麦芽汁已经暴露于空气中；将弯曲的管子放入一个装满水银的瓷制的容器中，这个容器搁在一个稳固的支撑物上。塞子上方是容量10立方厘米到15立方厘米（约半液盎

① 能够在没有游离氧时生存下来——巴斯德创作出的一个术语。——编者注。

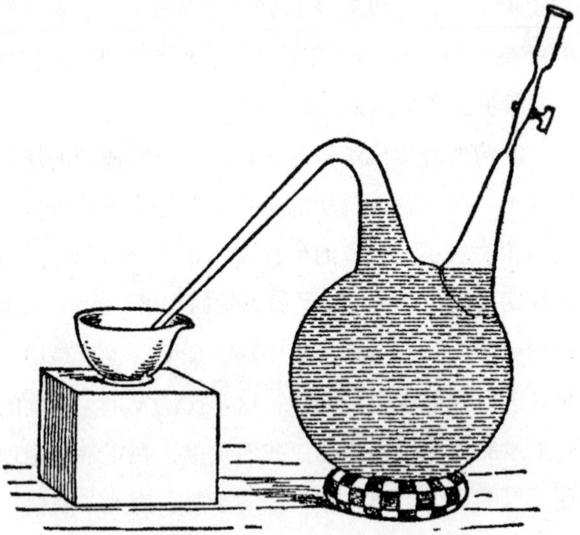

图1

司）小的圆柱形漏斗，在这里发酵。在温度为20℃或25℃（约75℉）时，将5立方厘米或6立方厘米的含糖液体倒入漏斗，并加入少量快速繁殖的酵母，这样就会产生发酵，并在塞子上方小圆柱形漏斗的底部形成少量的酵母沉淀。然后我们打开塞子，漏斗中的一些液体流入烧瓶，并带有少量酵母沉淀，这足以将烧瓶里含糖的液体浸透。通过这种方式，我们预期可能采用少量酵母，也可能会说，这些少量酵母重量微乎其微。散布的酵母迅速繁殖并发酵，发酵过程中产生的碳酸气体被排到水银中。在不到12天的时间里，所有的糖均已不复存在，发酵完成。可觉察的是一些酵母沉淀粘在烧瓶的边缘，将其收集起来晒干，重量可达2.25克（34格令）。很明显，在这个实验中，如果所需要的氧气能使酵母存活，当所有产生的酵母暴露在空气中然后被放入烧瓶时，那么所有已经产生的酵母吸收的量至多不可能超过最初含糖液体溶液中所容纳的量。

罗兰在我们实验室里进行的一些精确实验已经明确了一个事实：那就是含糖的麦芽汁如同水一样，将含糖的麦芽汁与过量的空气摇动时，它会很快饱和。在相同的温度和气压条件下，与纯的饱和水含有的空气相比，含糖麦芽汁总能将更少的空气带入溶液中。因此，在温度是25℃（77℉）时，如果我们采用本生（德国化学家）的表中给出的水中氧气的溶解度系数，我们会发现1升（1.75品脱）空气饱和的水中含有5.5立方厘米（0.3立方英寸）的氧气。假设烧瓶中3升的酵母水已经饱和，那么酵母水中就含有少于16.5立方厘米（1立方英寸）的氧气，在重量上少于23毫克（0.35格令）。这就是氧气的最大量，假设最大可能量的氧气已被吸收，那么这是在150克（4.8金衡盎司）糖发酵过程中形成的酵母所需要的量。我们以后会更好地了解这一结果的重要性。改变条件后，让我们重复上述实验：像以前一样，让我们将烧瓶装满含糖的酵母水，但首先要煮沸酵母水以便排出酵母水中的空气。为了实现这一点，我们准备以下仪器，如所附草图（图2）中所示。

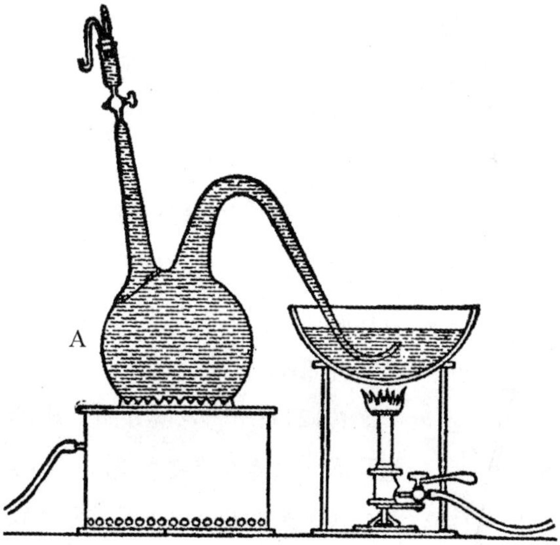

图2

我们把烧瓶A放在一个气体火焰上的三脚架上，用一个陶瓷盘代替装有水银的容器，在陶瓷盘下方放置一个气体火焰，陶瓷盘里有一些发酵的、含糖的液体，这些液体和烧瓶里装满的液体类似。我们同时将烧瓶和盘里的液体煮沸，然后让它们一起冷却，这样当烧瓶里的液体变凉时，其中的一些液体从盘里吸到烧瓶。从我们进行试验的实验来看，根据舒岑贝格尔有价值的方法，通过苏打亚硫酸氢盐[1]确定冷却后溶液中仍溶解的氧气量，我们发现，我们把烧瓶里3升的苏打亚硫酸氢盐按我们已描述的方法处理，测得氧气量少于1毫克（0.015格令）。同时，我们进行了另一项比较实验。

我们取另一个烧瓶B，它比烧瓶A容量稍大，烧瓶B中装入含糖液体的容量是上次装入烧瓶A含糖液体的一半，含糖液体和前一个实验中所用的成分相同。这种液体经过煮沸已经没有其他细菌。在烧瓶上面的漏斗里，我们把处于发酵状态的几立方厘米含糖液体放在里面，当这些少量液体全部发酵并且里面的酵母很活跃的时候，先拔掉塞子，然后再快速插上塞子，这样少量液体和酵母仍然留在漏斗里。通过这种方式，我们可以让A中的液体发酵。我们也可以从A漏斗中取出一些酵母来使B中的液体饱和。然后我们用一个装满水银的容器来代替瓷盘，这个瓷盘中放着A的弯曲排气管。以下是关于比较这两种发酵结果的描述。

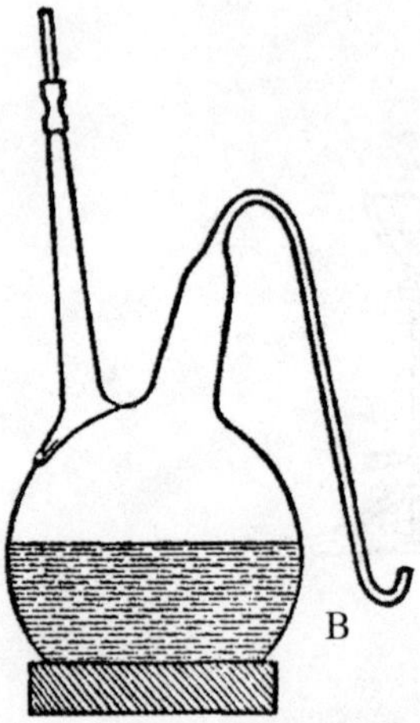

图3

发酵的液体是由包含5%糖分的酵母水组成的，使用的酵素是巴氏酵母（见图3）。

1月20日——液体饱和。然后将这些烧瓶放置在温度为25℃（77℉）的烤炉上。

烧瓶A，没有空气。

1月21日——发酵开始；从排气管中流出少量起泡的液体并覆盖水银。

接下来的几天，发酵非常活跃。泡沫随着逐步形成的碳酸气体被排进水银，检查与泡沫混合在一起的酵母，我们发现酵母非常健康、新鲜，并且芽殖很活跃。

① $NaHSO_2$，现在称为硫代硫酸钠。——编者注。

2月3日——发酵仍在继续，表现为液体底部涌起许多小气泡，这使液体变得明亮。同时，酵母在底部形成沉淀物。

2月7日——发酵仍在继续，但是不活跃。

2月9日——从烧瓶底部涌出的小气泡可判别，这种很不活跃的发酵仍在继续。

烧瓶B，有空气。

1月21日——可观察到酵母的生长。

接下来的几天，发酵非常活跃。液体表面有一层大量的泡。

2月1日——发酵的所有现象已经停止。

由于在A中发酵持续了很长一段时间，发酵也不再活跃，B中发酵已经结束几天了，我们在2月9日结束了这两个实验。为了结束这两个实验，我们将A和B中的液体排放出来，以收集配衡过滤器上的酵母。过滤是一件容易的事，特别是A烧瓶。对酵母进行倾析后立刻在显微镜下观察酵母，我们发现这两种酵母纯度依然很高。A中的酵母呈小的集群，集群里的小球聚集在一起，它们彼此间的边缘界限清楚，与空气有所接触，似乎为一项简单的复活做好准备。

正如可能预期的那样，烧瓶B中的液体不含糖；未完成的发酵明显表明，烧瓶A中的液体仍然含有一些糖，但是含糖量不超过4.6克（71格令）。现在，由于每个烧瓶最初包含3升含有5%糖的液体，由此得出结论：在烧瓶B中已经发酵150克（2310格令）糖，在烧瓶A中已经发酵145.4克（2239.2格令）糖。在温度为100℃（212℉）下进行干燥后，酵母的重量是：

烧瓶B，有空气……1970克（30.4格令）

烧瓶A，没有空气……1368克[1]

在第一种情况下，酵母和发酵糖之比为1：76，然而在第二种情况下，酵母与发酵糖的之比则为1：89。

从这些事实可能推断出下列结果：

---

① 此处是一个印刷错误，应该为1638克，即25.3格令。——编者注。

1．烧瓶B中的发酵液，由于已经和空气接触，必定会溶解一些空气，虽然没有达到饱和点，由于发酵液曾经已被煮沸，没有一切外来的细菌，这样酵母的重量明显比烧瓶A中不含空气的液体产生的酵母重量更大，或者至少比烧瓶A中含有非常少量的空气产生的酵母更重。

2．这种相同的、略微透气的发酵液比其他发酵液的发酵速度更快。在8天或10天的时间里，发酵液不再含糖；然而对于其他发酵液而言，20天后发酵液中仍有可观含量的糖。

在B中形成更多的酵母能解释最后这个事实吗？绝对不能。起初，当空气进入液体时，形成了很多酵母，而没有消耗糖，我们会很快得以证实这一点。在与空气接触后形成的酵母比其他方式形成的酵母更活跃。发酵首先与小球的发展相关，然后那些曾经形成的小球继续生成。这些最新形成的小球有越多可利用的氧气，它们就越活跃、越透明，膨压[①]也越大，在分解糖时会活跃。我们在后续中会重提这些事实。

3．在没有空气的烧瓶中，酵母与糖的比例是1：89；起初在有空气的烧瓶中，酵母与糖的比例仅为1：76。

因此，酵母的重量与糖的重量之间的比例是可变的。在一定程度上，这种变化取决于空气的存在性和酵母吸收氧气的可能性。目前我们证明，酵母像普通真菌一样，拥有吸收氧气和释放出碳酸的能力，甚至氧气可以被认为是一种或能被酵母这种植物吸收的食料。酵母中固有的氧气量和酵母中产生的氧气量对酵母的生存、酵母细胞的繁殖以及当酵素作用于糖时酵母细胞的活动有着最显著的影响，除了有氧气或空气供应外，这种影响立即发生或在以后发生。

在没有空气存在的情况下进行前面的实验，有一种情况特别值得注意。这项实验取得成功，也就是说，只有当这种酵母拥有巨大的活力时，在没有氧气的培养液中播种的酵母才会生长。我们已经解释了这一最新说法的含义。但是现在我们要注意一个与这点有关的非常明显的事实：我们

① 膨压是指细胞吸水膨胀时对细胞壁产生的压力。——译者注。

使一种发酵液体饱和；酵母产生，发酵出现。再持续数天，然后停止。这让我们认为，发酵首先发生在一个极小的泡沫中，然后这个小的泡会继续增大，直到使液体的表面变白，每24小时或更长的时间间隔，我们在容器底部取少量酵母沉淀，并用它来开始新的发酵。在相同的温度、特性和液体容量下进行这些发酵，在最初的发酵完成后，让发酵再继续进行一段时间。我们会很容易地看到，在我们第二次发酵实验中，发酵活动表现出的第一迹象看起来稍晚点，这和最初发酵开始时耗去的时间相称。换句话说，随着饱和细胞的状态发生变化，细菌的发展和形成大量酵母所需要的时间足以引起一次发酵。当在它们形成时期，细胞被大量地移出时，第一次发酵所需的时间会更长。在这种实验中，先后取用的酵母应尽可能在重量或容积上相等。如果其他条件不变，达到饱和所使用的酵母越多，发酵的速度就会越快。

在显微镜下，如果我们将先后取用的酵母的外观和特征做一下比较，我们会清楚地看到细胞的结构在逐步发生变化。在最初发酵开始时，我们取用的第一批样品产生的细胞一般比稍后发酵产生的细胞大，并具有明显的柔软性。它们的内壁非常薄，原生质的浓度和柔软度与流动度类似，颗粒状的成分几乎呈看不见的圆点状。细胞的边缘部分很快变得更加明显，这表明它们的内壁在变厚，原生质变得更密集，颗粒变得更明显。同一器官内幼年和老年时期的细胞与我们谈到的从幼年和老年时期取出的酵母发酵产生的细胞相比，不应有太大的差异。在细胞成长到正常的形态和体积后，细胞里逐步发生的变化明显表明细胞内存在一种具有显著强度的化学作用。在这段作用期间，虽然细胞在体积上没有发生明显的变化，但细胞重量在增加。事实上，我们常常把这种情况描述为“细胞的持久生命已经形成”。我们可能把这种作用称为部分细胞的成熟过程。这几乎和下列情况相同：即通常就成年生物而言，即使在它们不能繁殖后和在它们的体积永久不变后，它们也会继续存活一段时间。

我们重申，为了在未与氧气接触的发酵培养基中繁殖，很明显酵母细胞应该非常幼小、充满活力以及状况良好，并受到生命机能的影响。这种生命活动应该归因于帮助形成酵母细胞的游离氧，这种生命活动可能在酵母细胞中储存了一段时间。在没有空气的时候，当酵母细胞变成熟，它们很难进行繁殖，渐渐地消失了活力。如果它们能够繁殖，它们就会产生陌生和怪异繁殖形式。当它们变得更成熟时，它们在一个没有游离氧的培养基中完全没有活力。这并不是因为它们死了，因为一般而言，如果在它们播种前培养液先通气，那么在同一液体中它们可能以一种奇妙的方式复活过来。在这点上我们了解到，某些预想的观点会启发留心的读者对这个研究课题的看法，这个研究课题可能解释了这些生物中奇怪的生命现象，我们无知地将这些奇怪的生命现象用“青年与老年”表达。然而，我们不能中止对这个课题的思考。

在这一点上，我们必须注意一个问题——因为它是一个很重要的问题——在啤酒制造的操作过程中，总是有一段时间，在游离氧的影响下，酵母处于我们所说的活力初期状态。由于所有的商用麦芽汁和酵母必然是在与空气接触下使用的，因此它们或多或少含有一些氧气。酵母立即获取氧气并达到一种新鲜与活跃的状态，这可以使它在以后没有空气接触的时候能存活下来，并作为一种酵素起作用。因此在普通啤酒厂操作中，我们发现：在出现发酵初期的外部迹象前，酵母已经大量地形成。酵母在初期阶段，主要像一个普通真菌一样存活着。

说得相当严格点，在相同的情况下，很明显地，由于新鲜麦芽汁不断供应，啤酒才会持续发酵。另外从以下事实来看，工作期间不断被引入外部空气以及新鲜麦芽汁含有的空气让酵母保持生命活力，这就像呼吸让所有活的生物的细胞保持活力与生命。如果不能更新空气，那么细胞最初承受的生命活力在空气的影响下会变得越来越没有活力，发酵最终会结束。

我们可以详述在其他实验中的一个结果，这些实验与最后一个类似。然而在这些实验中，我们使用到的酵母仍然比我们在烧瓶A中（图2）进行实验使用到的酵母更成熟。另外，我们仍采取了更多的预防措施来防止空气进入。通过将烧瓶和盘煮沸以排出里面含有的所有空气后，我们并没有让烧瓶和盘慢慢冷却，而是让盘中的液体继续沸腾，同时我们通过人工方法让烧瓶冷却。然后将排气管的末端从仍在沸腾的盘子中取出，然后插进水银槽里。在液体饱和时，我们没有使用小圆柱漏斗中仍处于发酵状态的成分，而是等待发酵完成后使用。在这些条件下，三个月后，我们的烧瓶里仍然在继续发酵。我们将其停止，发现已经形成0.255克（3.9格令）酵母，已经发酵了45克（693格令）糖。因此酵母与糖的重量之比是0.255：45，即1：176。在这个实验中，由于酵母生长条件受到限制，它在生长时会遇到很大阻力。就外观而言，细胞变化很大，我们发现有的细胞很大、很细长和呈管状，有的细胞看起来很成熟并呈很小的颗粒状。然而其他的细胞却更加透明。所有这些细胞都可能被视为不正常的细胞。

在这个实验中，我们遇到了另一个困难：如果在不透气的发酵液里播种的酵母是很纯的，尤其是如果我们使用加糖的酵母水，那么我们可能确信，如果酒精开始发酵，那么它就会很快停止，附属的发酵将会继续下去。比如，在这些条件下，丁酸发酵的弧菌会具备显著的繁殖能力。很明确的是，饱和时酵母的纯度和漏斗中液体的纯度是取得成功的必不可少的条件。

为了确保后面的实验条件，我们关闭漏斗，如图2所示。使用一个两孔的软木塞，一个短管插入其中的一个孔，这个短管上附有一个短的带有玻璃塞的橡皮管；一个薄的弯曲管插入另一个孔。如此安装好后，漏斗能与我们使用的双颈烧瓶一样达到相同的目的。将几立方厘米加糖的酵母水放进漏斗并煮沸，这样蒸汽可以杀死黏附在容器边缘的任何细菌；当液体变冷时，通过带有玻璃塞的管子引入一些纯的酵母，使液体变饱和。如果没有这些预防措施，播种的酵母受到厌氧弧菌的生长限制，几乎不可能确保在烧瓶中成功发酵。为了提高安全性，当准备好发酵液时，我们可以将少量的酒石酸添加到发酵液中，这样能够阻止丁酸弧菌的发展。

酵母与酵母分解糖的重量之比的变化需引起特别的注意。和我们已描述的实验一样，我们再次进行了一个实验。本实验使用一个容量为4.7升

（8.5品脱）的C烧瓶（图4）。

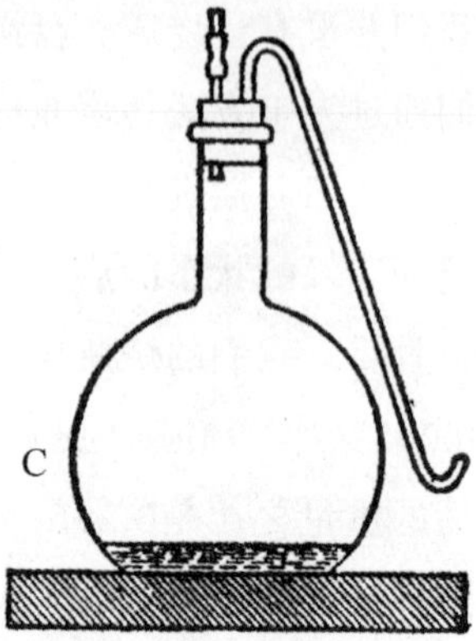

图4

和我们通常用的双颈烧瓶一样，我们将C烧瓶安装起来。实验开始时将发酵液煮沸来使发酵液中没有外来细菌，这样我们可以在纯净的条件下继续实验研究工作。

最后，我们还要考虑烧瓶的容量，酵母水（含5%的糖）的容积仅为200立方厘米（7液盎司），在烧瓶底部形成了很薄的一层。饱和后的当天，烧瓶内已经形成相当多的酵母沉淀，48小时后发酵完成。第三天，把烧瓶放在一个装有热水的容器里，同时，把弯曲的管子的末端放在一个装有水银的圆柱体容器下方，通过这种方法很快分析了烧瓶中含有的气体，然后我们收集了酵母。烧瓶中的气体包括41.4%的碳酸，吸收后剩余的空气包含：

氧气……19.7%

氮气……80.3%

考虑到这个烧瓶的容量，表明至少有50立方厘米（3.05立方英寸）的氧气已经被酵母吸收。液体中不含糖，在100℃（212℉）的温度下对酵母进行干燥，最后酵母的重量是0.44克。酵母和糖的重量比是0.44∶10，即1∶22.7。[①]在这种情况下，我们增加了处于溶解状态的氧气量，从而有利于酵母在开始生长以及在早期发展过程中吸收氧气，我们发现比例不是以前的1∶76而是1∶23。

接下来的实验过程是：在很大程度上通过提供一种比在烧瓶中更容易使气体扩散的物质来增加氧气的比例，因为在烧瓶里的空气完全处于不流动状态。这种物质的状态阻止了氧气的供应，因为被释放出来的碳酸很快就会在液体的表面形成不可移动层，并以此来隔离氧气。为了达到我们目前实验的目的，我们使用了平盆，这些容器底部是玻璃，侧面也是玻璃，

① 使用了200立方厘米的液体，溶解糖10克，占总量的5%。——编者注。

盆里液体的深度不超过几毫米（少于0.25英寸，图5）。

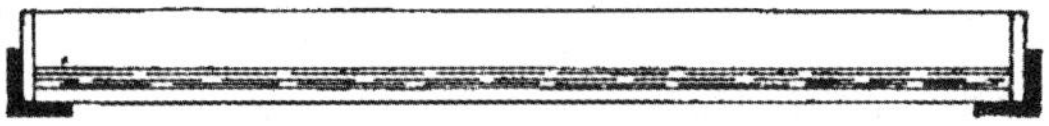

图5

以下是我们所进行实验的其中一个：1860年4月16日，在200立方厘米（7液盎司）含糖的液体中，含有1.720克（26.2格令）糖，我们播种了一些啤酒酵母（“高的”酵母）。从4月18日开始，我们的酵母处于良好的状况，发展也很好。我们在液体中添加几滴浓硫酸，目的是在很大程度上检查发酵状况并促进过滤，随后我们将酵母收集起来。留在过滤液中的糖是用费林溶液测定的，其结果表明已经消耗了1.04克（16格令）的糖。在100℃（212℉）的温度下对酵母进行干燥后，酵母的重量是0.127克（2格令），这表明酵母和发酵的糖重量之比为0.127∶1.04，即1∶8.1，这个比例比前面的更高。

液体饱和或增加酵素后，我们尽快做出估算，仍可能进一步增加这个比例。酵母是由开始萌芽随后相互分离的细胞组成的，这就很容易理解为什么酵母会很快在容器的底部形成一层沉淀。由于这一生长习性，不断相互覆盖的细胞剥夺了液体底层获得氧气的机会，氧气被液体的上层吸收了。因此，这些被覆盖和被剥夺氧气的底层只能对糖产生作用，而没有从氧气中获益。这种状况易于减少我们正谈论的比例。再次重复上述实验，一旦认为形成的酵母的重量可能达到均衡后，我们就停止实验。我们发现，使用微量的酵母进行饱和后，达到均衡可能需要24小时，在这种情况下，酵母和糖的重量比是0.024∶0.098，即1∶4。这是我们已经能够获得的最大的比例。

在这些条件下，糖发酵非常缓慢：比例几乎和普通菌生长产生的比例相同。逐步形成的碳酸主要是由吸收大气中的氧气并分解产生的。可以这么说，目前酵母不再是一种酵素；因此，酵母仿效普通真菌进行生存和完成它的功能；另外，如果我们能让酵母所需的空气分别包围每个细胞，那么我们可能发现它不再是一种酵素。这就是上述现象告诉我们的；以后我们有必要将它们与其他生命作用相关的东西做比较，这种生命作用是牛奶中的糖对酵母的作用。

这里我们可能说点题外话。

在舒岑贝格尔最近发表的致力于发酵的著作中，作者批评了我们已经从前面的实验中得出的结论，并抨击了我们对发酵现象给出的解释。[①]将舒岑贝格尔推理中出现的弱点呈现出来是一件容易的事。我们通过被分解糖的重量与产生的酵母的重量两者之间的关系，确定了酵素的能力。舒岑贝格尔认为，我们的实验是做了一个可疑的假设。他认为，他定义为发酵力的这种能力可能用糖的量（单位时间内被单位重量的酵母分解糖的量）评价更准确。由于我们的实验表明酵母在拥有足够的氧气供应时，它会很活跃。在这种情况下，它能在少量的时间内分解更多的糖。舒岑贝格尔得出结论，酵母作为一种酵素具有很强的能力，这种能力甚至比它在没有空气的帮助下发挥作用时更强，因为在没有空气的条件下，它分解糖的速度非常慢。总之，他倾向于从我们的观察中得出与我们的意见完全相反的结论。

舒岑贝格尔没有注意到在酵素发挥作用时，其发酵能力与时间是无关的。我们将少量酵母放进1升含糖的麦芽汁里；酵母扩散开来，所有的糖被分解。现在，这种糖的分解涉及的化学作用是否需要一天、一个月或一年才能完成，这个问题与将一吨材料从地面提高到房子的顶部需要的机械劳动相比，并不重要。需要的机械劳动会受到一个事实的影响，即它需要12小时而不是1个小时来完成这个机械劳动。时间观念与研究著作的定义没有任何关系。舒岑贝格尔没有察觉到的是，在将时间因素引入到酵素发酵能力的定义时，他应该同时考虑到细胞的生命活动与作为一种酵素的细胞特性无关。除了考虑被分解的发酵物质的重量与产生的酵素重量之间现有的关系外，没有必要谈论发酵或酵素。因为在一定的化学作用中，那不成比例，所以除了其他现象外，发酵和酵素现象已经被放置不谈；实现这些现象所需的时间与它们的存在形式或与它们的能力无关。在这些条件下，

① 国际科学系列，第20卷，第179～182页，伦敦，1876年。——编者注。

一种酵素细胞需要8天才能复活和繁殖，然而在其他条件下，这仅仅需要几个小时；这样，如果我们将时间观念引入到我们对它们的分解能力的估算中，那么我们可以得出结论是：在第一种情况下，那种能力完全不足。在第二种情况下，虽然我们一直讨论同一微生物——酵素，但是其能力是相当大的。

令舒岑贝格尔惊讶的是，在游离氧存在的时候可以发酵。如果我们认为酵母分解糖是在结合氧的情况下获得营养的结果，这样就会产生发酵。在所有的情况中，他认为，在游离氧存在的时候发酵速度应该更慢。但是为什么发酵速度会更慢呢？我们已经证明，在有氧气存在时，细胞的生命活动会增加。就其生命活动的速度而言，它的活动能力不会减少。然而作为一种酵素，它的生命活力恰恰可能会被削弱。游离氧赋予酵母一种生命活动，但是同时损害酵母的活动能力——在这种条件下，酵母进入一种能仿效普通真菌继续进行生命过程的状态。也就是说，其生活方式中分解糖的重量与新产生细胞的重量之间的比例和在那些不是酵素的微生物中含有的比例相同。总之，我们的表达方式有点不同，我们可以从所有观察到的事实中总结出一个正确的结论，那就是酵母在有氧气的时候能够存活，氧气是其获得最佳营养所必需的，因此它能吸收尽可能多的氧气，此时酵母绝对不再是一种酵素。然而，在这些条件下形成的酵母随后被放入没有空气的糖中，在一定时间里酵母会比在其他任何状态下分解糖的量多。原因是空气中含有酵母能吸收的最多的游离氧，在与空气接触时形成的酵母会更新鲜，与那些在没有空气或没有足够的空气下形成的酵母相比，它拥有更多的生命活力。舒岑贝格尔在评价酵素的能力时，他将这个生命活动与时间观念联系在一起。但是他没有注意到的是，由于酵母没有更多可以利用的氧气，和没有更多可以呼吸的游离氧，它只能在其生存条件发生根本变化的情况下发挥出最大的能力。换句话说，当酵母没有呼吸力时，它的发酵力是最大的。然而舒岑贝格尔的结论完全相反（他的著作，第151页[①]——巴黎，1875年），因此他毫无必

① 第182页，英语版。

要地将自己放在与事实相反的位置。

在拥有足够的空气供应时，酵母就会具有非凡的生长活力。我们在新酵母的重量中发现，新酵母重量相对很大，它可能在几个小时内就可以形成。显微镜更清楚地显示出酵母在快速萌芽过程中表现出的这种活力，以及所有细胞新颖和活跃的外观。当发酵停止时，图6描绘了我们最后一个实验使用的酵母。这些酵母不是根据想象而画的，所有的酵母群都是根据酵母真正的形状如实描绘的。①

值得关注的是，上述结果是如何及时地转化成实际应用的。将空气通入麦芽汁和果汁以使它们能更好地适应发酵这一做法已经被管理良好的酿酒厂采用。当加入酵母时，与水混合的糖浆可以通过空气以薄丝状流动。将含糖的麦芽汁放进表面积很大的浅桶里，然后添加与空气接触过的酵母，这样含糖麦芽汁会大量获得我们在1861年进行实验的那些条件，以及获得我们已经描述的与空气接触的酵母快速繁殖和容易繁殖进行的条件。

下一个实验是确定已知量的酵母吸收氧气的容积，酵母通过与空气接触得以生存。在这些条件下，酵母很容易吸收丰富的空气。

为了实现这个目标，我们重做了这个实验。

我们使用了60立方厘米（大约2液盎司）酵母水，加入2%的糖并用少量的酵母使酵母水饱和，将容器放在一个温度为25℃（77℉）的烤炉里，持续15个小时，将容器拉长的尖端口（图7中容器B）放在一个装满水银的倒置广口瓶的下方，容器的尖端处被折断（如图7中的A）。一部分气体从容器漏出并积聚在广口瓶里。我们发现产生了25立方厘米气体，当这些气体被碳酸钾吸收后它的体积为20.6立方厘米，被焦棓酸盐吸收后它的体积为17.3立方厘米。烧瓶中的空置容量为315立方厘米，它总共可以吸收14.5立方厘米（0.88立方英寸）的氧气。②在干燥的状态下，酵母的

① 这幅图是以300倍的倍率放大的，这本书中大多数图是以400倍倍率放大的。

② 对于学术性的读者而言，下列计算可能会有用：烧瓶中整个气体样本是25立方厘米，（1）25−20.6=4.4（立方厘米），即4.4立方厘米气体被碳酸钾吸收，因此这应该归因于碳酸；（2）20.6−17.3=3.3（立方厘米），即3.3立方厘米气体被焦棓酸盐吸收，因此这应该

重量为0.035克。

图6

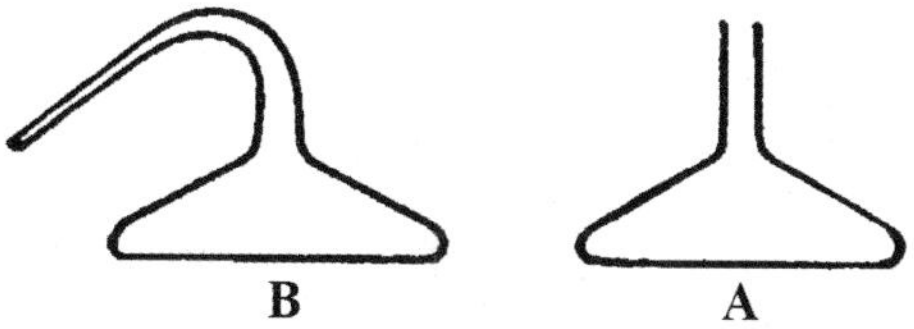

图7

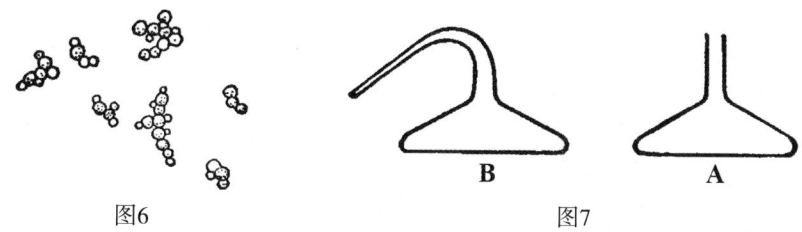

由此得出结论，产生35毫克（0.524格令）酵母，它可以吸收14立方厘米或15立方厘米（大约7/8立方英寸）的氧气，甚至假设酵母完全是在有氧气条件下形成的：那么这就相当于1克酵母可以吸收414立方厘米的氧气（或每20格令酵母可以吸收33立方英寸氧气）。①

当植物仿效普通真菌能够吸收这种气体时，这是1克酵母生长所需的最大容量的氧气。

现在让我们回到上文描述的第一个实验，一个3升容量的烧瓶里装满了发酵液，当发酵液引起发酵时，会产生2.25克酵母，在这些条件下，它获得的游离氧不会超过16.5立方厘米（约1立方英寸）。根据我们刚才说的，如果这2.25克（34格令）酵母在没有氧气的情况下不能存活，换句话说，如果原始细胞除了通过吸收游离氧外就不能繁殖的话，那么它需要的游离氧的量不会少于2.25 × 414立方厘米，即931.5立方厘米（56.85立方英寸）。因此，这2.25克酵母显然已经作为一种厌氧植物生长。

归因于氧气；（3）剩下17.3立方厘米的气体是氮。如果我们在打开烧瓶前知道烧瓶里面的所有气体，那么烧瓶中所有气体总的容量为312立方厘米，那么整个烧瓶气体中会含有上面那部分氧气，因此就可能确定氧气的容量。另一方面，我们知道空气中一般含有大约1.5倍容量的氧气，剩下的是氮气。这样，通过确定烧瓶中体积的减少，我们能够发现酵母吸收了多少立方厘米。然而，作者并没有给出所有需要的数据来进行精确计算。——编者著

① 这个数字可能非常小；甚至在实验描述的特殊条件下，因为一些细胞被其他的细胞覆盖，酵母重量的增加在一定程度上几乎至少可以归于除游离氧外的氧化作用。酵母重量的增加常常归因于两种明显的生命活动，即有空气时的活动和无空气时的活动。

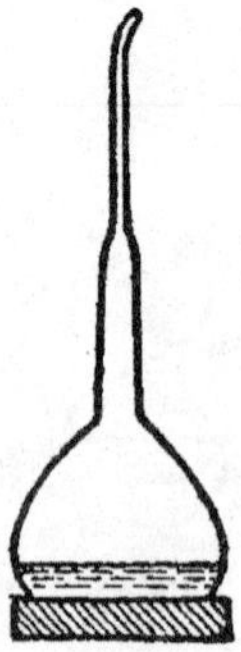

图8

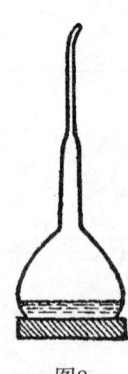

同样，普通真菌的生长需要大量的氧气。因为我们通过在充满空气的密闭容器中培植任何霉菌，然后对已经形成的植物进行称重并测量吸收的氧气量，就可以很容易地证明这点。为了证明这点，我们取来了一个形状如图8所示的烧瓶，它能容纳大约300立方厘米（10.5液盎司），并含有一种适应霉菌生存的液体。我们将这种液体煮沸，在蒸汽将空气全部排出或部分排出后，将拉长的尖端口密封，然后我们在一个园子或一个房间里打开烧瓶。

如果一个真菌芽孢进入烧瓶（烧瓶就是实验中用到的几个中的任意一个），除非环境特殊，那么它通常就会在烧瓶中生长并逐渐吸收烧瓶中空气含有的所有氧气。测量这种空气的容量，并对形成的植物进行干燥后称重，我们会发现，消耗掉一定量的氧气后，我们可以获得一定重量的菌丝体，或者含有结实器官的菌丝体。在这个实验中，在这种植物生长一年后，在100℃（212℉）的温度下进行干燥然后对其称重，我们发现菌丝体0.008克（0.123格令），在不低于25℃的温度下，吸收氧气的总量为43立方厘米（2.5立方英寸）。然而，这些数字应随着使用的霉菌性质以及其生长所需的更多或更少的活动而发生相应的变化，因为这种现象都使氧化作用变得很复杂。比如，在酵母酒和醋酸共存的情况中，我们可以发现这种氧化作用。在我们最后一个实验里氧气被大量吸收，无疑可能归因于酵母酒和醋酸。①

1873年8月15日，将一个含有100立方厘米葡萄汁，总容量为300立方厘米（10液盎司）的烧瓶煮沸来排出里面的空气，然后将其打开并迅速地重新关闭。一种独特的蟹青色的真菌从自发的饱和溶液中生长，并使原本是黄褐色的液体脱色。一些中性的石灰酒石酸盐晶体，如钻石般闪闪发光，

① 在这些实验中，霉菌与一种未与氧气接触的含糖麦芽汁接触时，它会保持很长一段时间——氧气很快被植物的生命活动吸收（见《自然生成研究论文集》，54页，注解）——毫无疑问，因为植物在吸收氧气后并没有立即失去其生命活动，从而导致可观数量的酒精形成。

变成沉淀。大约1年后，植物死亡很久后，我们检测这种液体。在100℃（212℉）的温度下进行干燥，它含有0.3克（4.6格令）酒精，0.053克（0.8格令）植物物质。由此我们确定在打开烧瓶的那一时刻，真菌芽孢已经死亡。当播种真菌芽孢时，它们一点也没有生长。

上述所有事实得出的结论几乎不会存在任何质疑。对我们而言，我们无疑发现这些结论奠定了真正发酵理论的基础。在我们已经描述的实验中，通过酵母产生发酵。也就是说，通过所谓的酵素产生的发酵表明：当酵素没有受到游离氧影响时，是直接产生营养、吸收和进行生命活动的结果。完成那种发酵所需的热量应该通过分解发酵物质得到，也就是从含糖的物质中获得，这种含糖的物质像其他不稳定的物质一样，在分解过程中会释放热量。因此，从根本上来讲，依靠酵母产生的发酵与具有呼吸功能的小细胞生物具有一种相关的特性。无论怎样，这种发酵与糖中混合的、现存的氧气有关。在一个给定的时间里，它的发酵力不能与发酵活动或分解强度相混淆。它的发酵力在两个限度之间发生显著的变化，这两个限度是由植物在获得营养的过程中拥有的最多和最少的游离氧所确定的。如果我们为它的生命、营养和呼吸氧化所需提供足够的游离氧，换句话说，如果我们让它仿效一种霉菌使它存活下来，那么它不再是一种酵素。也就是说，生长着的植物的重量与形成主要食物所分解糖的重量之比和真菌中所含两者的重量之比相同。[①]另一方面，如果我们让酵母完全不与空气接触，或让它在一个没有游离氧的含糖的培养基里生长，那么虽然其生命活动变得更少，但它仍会繁殖，仿佛是存在空气一样。在这些情况下，它的发酵特征将会最显著。另外，在这些条件下，尽管其他所有的条件相同，但我们会发现形成的酵母与分解的糖重量的比例严重失衡。最后，如果游离氧以不断变化的数量存在，那么酵母的发酵能力可能会经历我们已经谈到的2个极限值之间包含的所有阶段。在我们看来，我们不能用一个更好的

① 在罗兰的记录中，我们发现，糖和有组织的物质之间最小的重量比，也就是说可能为3：1。朱尔斯·罗兰：《人工环境下霉菌生长研究》，《植物化学研究》第192页，巴黎，1870年。就酵母而言，我们已经了解到这个比例可能低于4：1。

直接关系来证明发酵能支撑生命：在没有游离氧的时候生命继续存在，或者虽然拥有一些游离氧，但却不足以支撑所有的营养和吸收活动。

这个理论事实的另一个同样显著的证据是，先前证明的事实是，当普通霉菌被迫在没有空气的情况下进行生存时，或许如同需氧植物生存一样，空气是必不可少的。然而，在拥有一定量的空气却不足以让它们的生命器官生存时，那么此时普通霉菌就会具备发酵的特征。因此，在更高的程度上讲，发酵仅仅是很多普通霉菌所具有的一种特性，根据发酵产生的条件来看，如果这种特征不是所有的霉菌都具有的，那么它们和所有活细胞共有的，要么是一种需氧生物的生存能力，要么是一种厌氧菌生存的能力。

我们可能很容易理解，在需氧生存状态下的酒精发酵已不被人们所关注。仅仅在没有空气接触的条件下，培植酒精发酵所需的酵素，在液体底部酵素很快与碳酸气体饱和。空气仅仅在它们早期萌芽状态时存在，然而这没有引起实验者的注意。然而，它们的生命活动会在厌氧生长状态下持续很长一段时间。我们必须依靠特殊实验仪器来证明酒精酵素在受到游离氧环境下的变化方式。在液体的深处，我们注意到它们在没有空气时的生存状态。然而，如果我们把这最终产物归因于它们，那么它们在重要过程中的活动很活跃，其活动的结果是不可思议的。就普通霉菌而言，情况恰恰相反。我们使用特殊实验仪器是为了证明它们在未与空气接触时可能会继续存活一段时间。我们所有的注意力都被它们在氧气作用下所具有的生长能力所吸引。因此，在未与空气接触时，真菌生存导致了含糖液体的分解，这个分解几乎不能察觉到，也没有实际意义。另一方面，在与空气接触时，真菌在游离氧影响下进行呼吸和完成氧化反应的过程。它们在与空气接触时的生命活动是一种正常的现象，这种生命活动也会持续很长一段时间，这能够引起少数观察者的深思。由于霉菌具备破坏有机物的能力，将来的某一天，我们相信霉菌将会运用在某些工业操作中。在醋化作用过程中和五倍子酸生产过程中，由于真菌与潮湿的五倍子发生作用，酒精与醋的转换已经和真菌的这种能力有关了。[1]在最后一个研究课题里，蒂格亨（《巴黎高等师范学校科学纪事》，第6卷）的重要研究著作可能有待商议。

就普通霉菌而言，它在没有氧气的情况下，其生存的可能性与一定的形态变化有关。当这种能力更成熟时，这种形态变化会更显著。就青霉菌和酵母酒而言，这些变化在植物生长过程中是几乎不能察觉到的。但是就曲霉属真菌而言，这些变化很明显，部分水下的菌丝出现一种明显的生长趋势，即它的直径明显增加，在短时期内分离开来而继续生长，因此，它们有时和分生孢子链相似。在毛霉菌里，这些变化也很显著。膨胀的菌丝紧密地交织在一起，呈现出细胞链状态，这些细胞链跌落并发芽，渐渐地产生大量的细胞。如果我们仔细考虑这个问题，我们会看见酵母也呈现出相同的特征。

最近，当更多的依据理论观点进行的实验结果被科学地应用后，以及当这些理论观点尽管初看不可能，但越来越被我们接受时，这就是支持这些观点的重大进展。这也正是我们解释这些特征的想法。在1861年我们就表明了这些想法。这些想法不仅坚不可摧，而且成了预示新事物的前兆。因此，同15年前相比，今天能更容易地捍卫这些想法。我们最先在不同的记录中注意到这些想法，这些记录是在巴黎化学学会会议前读到的，尤其是在1861年4月12日和6月28日巴黎化学学会举行会议的时候，以及在出版的《法国科学院会议报告》的报道中读到的。在这里完整地引用1861年6月28日我们的交流内容可能让人感兴趣，这个交流称作“氧气对酵母和酒精发酵生长的影响”，它是从《巴黎化学协会简报》中摘录的：

“巴斯德根据没有游离氧的影响或与游离氧接触时，产生发酵这个原理，给出了对糖发酵和酵母细胞生长的研究结果。然而他的实验与盖·吕

① 有一天我们会证明，由于真菌的生长，氧化过程在很大程度上导致在某种分解里释放出了氨。通过控制它们的活动，我们可以从大量有机残骸中获得氮。通过阻止这种微生物的产生，我们也可以大量增加硝酸盐在人工含氮物中的比例。通过在潮湿的、有一点空气的面包表面上培养不同的霉菌，我们已经获得大量的氨，这些氨是从受到真菌活动影响的蛋白质分解中获得的。天门冬属和其他动物或植物的分解也已经得出类似的结果。

萨克的实验没有相同之处。他的实验是使用被压碎的葡萄汁，在它们先不受到空气的影响，然后与氧气接触的条件下进行的。

“当酵母完全发育时，在完全没有氧气或空气时，它能在含有糖和多胚乳的液体里发芽并生长。在这种情况下，没有多少酵母形成，相对而言大量的糖却消失，即形成1份的酵母，会有60份或80份的糖消失，在这些条件下，发酵很迟缓。

“如果实验是在与空气和液体大部分表面接触时进行的，那么发酵很迅速。因为相同量的糖分解后，形成了更多的酵母。酵母吸收与液体接触的空气后，生长非常活跃，但是其发酵能力在这个条件下基本消失。事实上，我们发现形成1份的酵母，需转换少于4～10份的糖。然而，除了空气对糖的影响外，如果这种酵母的发酵特性对糖产生作用，那么这种特性会继续，甚至产生更强的影响。”

因此很自然地确定，除了空气影响酵母的生存外，当酵母作为一种酵素起作用时，它需要从糖中获得氧气，这是其发酵特性的起源。

“通过液体中含有的溶解状态的氧气的影响，当发生作用时，巴斯德解释了发酵开始出现的广泛活动这一事实。另外，作者发现，将啤酒酵母播种在蛋白质的液体中，比如酵母水中，它仍然会繁殖。如果大气中大量存在氧气，即使液体中没有一点糖时，它仍然会繁殖。然而，在这些条件下，当酵母被剥夺空气时，酵母一点也不会生长。将蛋白质液体与一种非发酵的糖溶液，比如普通的结晶乳糖混合，来重做相同的实验，结果完全相同。

“因此，在没有糖时，形成的酵母不会改变其性质。如果没有空气，酵母对糖产生作用，那么它仍能使糖发酵。然而，必须注意的是，当酵母没有所需营养的发酵物质时，酵母的生长会遇到很大困难。简而言之，如果普通植物也同样从一些不稳定化合物中获得呼吸所需的氧气，那么啤酒中酵母的活动应该和一种普通植物的生长方式完全相同，这一类比则应该完全成立。据巴斯德所说，在这种情况下，它们扮演酵素的角色来获取这些物质。

“巴斯德宣称，他希望能够实现这个结果。也就是说，他希望发现某些低等植物在没有空气而在有糖的情况下可能存活，这就像啤酒酵母一样，并且使物质发酵。”

这个总结以及已经提出的预期观点没有失去其正确性。相反，时间使它们更稳定。最后两段的推测已经从我们、勒沙德尔和贝拉米最近的观察中得到了有价值的确认，我们应把最近观察结果的描述呈现给读者。然而，在谈及这种与发酵相关的奇怪特征前，有必要坚持前面总结中的正确描述。换句话说，这个陈述是指酵母能够在蛋白质的液体中繁殖，比如在这种液体里发现了一种不能发酵的糖和乳糖。以下是关于这方面的一个实验：1875年8月15日，我们在150立方厘米（相当于5液盎司多）的酵母水中播下了一点酵母，其中酵母水中含有2.5%的乳糖。将溶液放在我们使用过的一个双颈烧瓶里，并采取必要的预防措施来确保烧瓶里没有细菌存在，以及播种的酵母完全是纯净的。3个月后，即1875年11月15日，我们检查液体中是否含有酒精，我们发现液体中仅含有非常少量的酒精。我们将酵母（它已经明显地生长）收集起来，并在一张过滤纸上对其进行干燥，它重0.050克（0.76格令）。在这种情况下，我们能使酵母繁殖而不会产生发酵，就像真菌的成长一样吸收氧气并释放二氧化碳。毫无疑问，在这个实验中由于不断丧失氧气，酵母会停止生长。当烧瓶中的气体混合物完全由二氧化碳气体和氮气组成时，酵母的生命活力就取决于由于温度的变化而进入烧瓶中的空气，其活力与烧瓶中空气的量相称。现在的问题是，这种酵母作为一种普通真菌已能够完全生长，它仍有能力显示出一种发酵的特性吗？为了解决这点，我们在1875年8月15日采取预防措施。我们准备了另一个烧瓶，与前一个烧瓶完全相同，其最后的结果与已描述的完全一样。在11月15日，我们将一些麦芽汁倒在这种酵母的沉淀上，这些沉淀残留在烧瓶中。在我们把烧瓶放进烤炉不到5个小时，植物开始在麦芽汁里发酵，同样我们能看到不断升起的气泡在液体表面形成很多斑点。我们可以补充一点，即在没有空气时，培养基中的酵母一点也不会生长。

这些结果非常重要。它们清楚地证明，发酵特性是酵母生存的一种可变现象。这些现象表明，酵母是一种无异于普通植物的植物，由于这种植物被迫在特殊的条件下生存，因此它唯一展现出了其发酵的能力。作为一种酵素或不作为酵素，它都可以继续存活。在它没有展现出发酵特性而已经生存下来后，如果把它放在合适的条件下，那么它就完全准备好展现那种发酵特性。因此，发酵性能不是特殊细胞所特有的一种能力。发酵性能不是一种比如像酸，或像碱那样特殊结构所具有的固定特性。它是一种依靠于外部环境和微生物营养条件的特质。

II

含糖果实浸泡在二氧化碳气体中的发酵研究

我们一步一步逐渐形成的关于发酵化学现象产生原因的理论，可能需要做一个简单的概述，这值得人们的关注。发酵不再是一种不能解释的孤立的和神秘的现象。它是一种特殊的生命营养过程的结果，这种过程在特定条件下发生，与那些所有普通生物、动物或蔬菜的生命所具有的特征不同，但是后者可能会受到这些特征或多或少的影响，确切地说，在某种程度上，它们属于发酵的类别。我们甚至认为每个有组织的生命、每种动物细胞或蔬菜细胞可能都具有发酵特性，唯一的条件是吸收和排泄的化学作用能够在细胞中持续的时期较为短暂，这段时期可能更长、可能更短，且这个化学作用没有依靠大气中氧的供应。换句话说，因为某些物质在分解过程中产生过多的热，所以细胞能够从分解过程中获得所需要的热量。

因此通过这些结论，证明发酵现象在大多数活的生物中存在应该是一件容易的事。因为，可能没有任何化学作用因生命的突然中止而完全消失。一天，在实验室里，当我们在杜马斯面前表达这些观点时，他看起来认可这一事实。我们补充道：“我们想打个赌，如果我们把一串葡萄放入碳酸气体，将会立刻产生酒精和碳酸气体，由于葡萄内部的细胞里产生了一种更新活动，这些细胞以这样的方式承担起酵母细胞所具有的功能。

我们将做这个实验，当你明天来时”——杜马斯那时在我们的实验室里工作，我们感到很荣幸——“我们会告诉你这个结果的原因。”我们的预测实现了。随后我们在杜马斯面前努力找到葡萄里的酵母细胞，在此过程中他给予了我们帮助，但是却很难发现任何酵母细胞。[①]

我们受到这个结果启发，把葡萄、瓜、橘子、李子和大黄叶集中在巴黎高等师范学院的果园里，着手对它们进行新的实验。在每种情况中，当我们把物质浸泡在碳酸气体时，它们会产生酒精和碳酸。我们从一些有关李子[②]的实验中得出以下惊人的结果。1872年7月21日，我们从前一天收集来的李子中取24个，然后放在一个玻璃钟罩下方，然后立即将玻璃钟罩装满碳酸气体。在钟罩的侧边我们另外放了24个李子，这24个李子放在那里，没有东西遮盖。8天后，有大量的碳酸从钟罩里释放出来。我们拿走李子，并把它们和那些暴露在空气中的李子比较。二者差异很明显，几乎难

---

① 为了确定碳酸气体中浸泡的水果中发酵细胞的丧失，我们首先必须小心培育水果表皮，当心下方的软组织不会接触表皮表面，因为在水果表面的组织可能导致显微镜观察错误。我们所进行的与葡萄相关的实验已经对这个众所周知的事实做出了解释，然而到目前为止，我们仍不知道产生这个事实的原因。我们都知道将葡萄去皮后放进桶里，在桶里，我们用受损的葡萄中流出的水果汁来浸泡它们，这样以酿制葡萄酒，最后葡萄酒的味道和香味与未受损的葡萄的味道和香味不同。现在，浸泡在碳酸气体环境里的葡萄却恰好有葡萄酒的味道和香味。这个原因是在葡萄酒桶里，葡萄立即被碳酸气体包围，最后它们经历了被充入碳酸气体的葡萄所特有的发酵过程。这些事实值得我们从实用的角度去研究。比如，了解两种葡萄酒的质量有何差异是一件很有趣的事。在第一种情况中，将葡萄完全压碎，这能使软组织的细胞尽可能大量分离。在第二种情况中，保留葡萄收获期的大概样子。正如我们提到的那样，当葡萄浸泡在碳酸气体时，第一种葡萄酒会丧失葡萄发酵所产生的固有的和芳香的气味。通过这个比较，我们应该能够对新方法的优点形成一个优先评价。虽然广泛采用的方法是应用磨碎的、圆柱形的压碎机来压制葡萄获得葡萄酒，但这些优点未被认真研究过。

② 有时，我们会在水果和其他植物器官中发现少量的酒精，这些酒精被普通空气包围着。但是，空气所占比例较小，在某种程度上，它表现出偶然的特征。在某些皮很厚的水果中，很容易知道这些水果的哪些部分可能消耗了空气，在这样的条件下，它们产生作用的条件与水果完全浸没在碳酸气体时产生的作用的条件相同。另外确定酒精是否是一种正常的植物产物是很有用的。

以置信。然而，被空气包围的李子（贝拉尔的实验早就告诉我们，在后者条件下，水果从空气中吸收氧气并释放几乎同等量的碳酸气体）已经变得很软、很湿润、很甜。从钟罩下取出的李子却变得结实而坚硬，果肉一点也不湿润，但是它们失去了很多糖。压榨后将它们进行蒸馏，它们会产生6.5克（99.7格令）酒精，超过李子总重量的1%。有比这些事实更好的证据来证明水果内部存在大量的化学作用，并且这种作用能从细胞内糖分解中获取其所需的热量吗？另外，这种情况特别值得我们注意。在所有这些实验中，我们发现，当把水果和其他植物器官放入碳酸气体时，这些水果和植物器官所含有的热量就会释放出来。这种热量相当大，有时用手就可以感觉到，如果钟罩的一侧与物体接触，那么钟罩的两侧会被轮流感触到。这种热量也在钟罩内上部形成明显的小水滴，这没有直接受到细胞中糖分解所释放热量的影响。①

简而言之，发酵是一种很普遍的现象。它是没有空气时能够存活的生命，或没有游离氧时的生命。或者更普遍的是，它是一种化学过程的结果，这种化学过程在一种通过分解能够产生热量的发酵物质中完成的。在这个过程中所用的热量是从发酵物质分解释放的一部分热量中获得的。然而，恰恰所谓的发酵类别受到少量物质的限制，这些物质在产生热量的时候进行分解。同时，当物质在缺少空气和没有空气的环境中时，它们能为更低形态的生命所需的营养服务。这也是我们的理论结果，这个结果值得注意。

我们已经提到，在特殊条件下以及在没有酵素作用的时候，熟的水果里能形成酒精和碳酸的事实。这些事实已经被科学证实。这些事实是勒沙

① 对于这些浸泡在碳酸气体里生存的植物的研究，我们得出一个事实，这个事实证实了我们给出的事实，其与乳酸酵素和黏滞的酵素能快速发酵相关。如果我们将甜菜根或萝卜浸泡在碳酸气体里，我们能从这些实验里得到定义明确的发酵。它们整个表面很容易流出强酸性的液体，这些液体装满乳酸的、黏性的和其他酵素。当空气得不到更新，以及最初的氧气被真菌生命活动或其他去氧的化学作用排出时，这就向我们表明工业上用坑来保存甜菜根可能会导致巨大的危险。我们已经告知甜菜根糖的制造商需注意这一点。

德尔和他的助手贝拉米[①]在1869年发现的，以前勒沙德尔是巴黎高等师范学院的一名学生。1821年，在一本引人注目的著作中（特别是当我们注意到它出现的时期），贝拉米论证了一些重要的命题，这些命题与水果的成熟有关。

1．所有的水果，以及那些还未成熟的水果，甚至那些暴露在太阳下的水果都能吸收氧气，并释放出几乎等量的碳酸气体，这是它们完全成熟的条件。

2．将成熟的水果放在一个有限的空气里，在吸收所有的氧气和释放几乎等量的碳酸后，即使没有看见其外表损伤，它们也会继续放出显著量的碳酸气体。正如贝拉米实际评论的："这仿佛是由发酵引起的。"这些水果会失去它们的含糖颗粒，虽然它们的酸实际重量可能不会增加，但是这种条件的确会导致水果出现更多的酸。

在这项完美的著作以及后续的著作中，水果的成熟已经成为这些著作的主题，两个具有重要理论价值的事实没有引起作者的注意。这两个事实是勒沙德尔和贝拉米首次提出的，即酒精的产生和发酵细胞的缺失。正如我们上述表明的一样，这两个事实值得注意，早在1861年我们提倡的发酵理论里，它们实际上就已经得到预示。勒沙德尔和贝拉米最初从他们的工作中没有从理论上得出结论，现在他们完全同意我们的理论。[②]他们的论证方式与我们和专家在科学院讨论研究课题的方式非常不同。1872年10月，我们与科学院的交流再次吸引了勒沙德尔和贝拉米的极大关注。[③]事实上，无论从前面章节中逐字引用的解释，以及尤其是1861年我们的记录

① 勒沙德尔和贝拉米，《法国科学院会议报告》，1869年，第69卷，第366页和第466页。

② 因此，这些绅士表达他们的观点："1872年11月向科学院提供的记录中，我们公布了一些实验。这些实验表明在水果中能够产生碳酸和酒精，这些水果放置在密闭的容器中，未与大气中的氧气接触，然而我们在这些水果的内部却没有发现酒精酵素。"

③ 巴斯德：《为了促进对实际发酵理论认识的新尝试》。《法国科学院会议简报》，第75卷，第784页，参见同一卷中的讨论；巴斯德：《用水果生产酒精的注意事项》，同一卷，第1054页，在这页中我们详述了在我们之前的观察，这些观察是在1869年勒沙德尔和贝拉米进行的。

提供了最有说服力的证据，都是用来支持我们提出的那些观点。但是弗雷米特别渴望从这些观察中找到一个能证明他关于半微生物学科和谴责我们的观点。事实上在1861年，我们就已经清楚地表明，如果我们发现植物在没有空气却有糖时能够生存，那么它们和酵母一样以同样的方式引起那种物质发酵。这种情况与已经研究的真菌情况一样。这种情况也与勒沙德尔和贝拉米实验中用到的水果的情况一样。在我们的实验中，实验结果不仅确认了这些绅士的结论，甚至延伸了那些结论。目前我们已经证明，当水果被碳酸气体包围时，它们会立即产生酒精。当水果被空气包围时，它们在有氧状态下生存，不能发酵。当水果立刻浸泡在碳酸气体中后，它们就会呈现厌氧状态，立刻开始以酵素的方式作用于糖并释放出热量。这些事实多少能证明弗雷米想象的半微生物理论，但是他的半微生物观点是荒谬的。比如，根据弗雷米的观点，以下是葡萄酒发酵的理论。①

“巴斯德从他确立的与发酵理论相关的原理中得出了合理推论，他认为酒精的形成可能归因于一个事实。这个事实是在新条件下，生命的物理和化学过程会在水果细胞中继续进行，水果细胞中的这种过程和酵素细胞这种过程的进行方式相同。在1872年、1873年和1874年期间，他用不同的水果继续进行实验。这些实验得出了在我们看来与这个论点一致的结果，并为证明这个论点打下了坚实的基础。”——《会议报告》，第79卷，第949页，1874年。

“在这里单独说一下酒精发酵，”②我们的作者说，“我认为，在生产葡萄酒时，水果汁在与空气接触时会通过蛋白质的物质转化来产生发酵颗粒。另一方面，巴斯德坚持认为，发酵是通过葡萄外围生存的细菌产生的。

“用发芽的大麦进行实验——这些实验的目标是，当将大麦放进含糖

① 1872年1月15日，法国科学院会议。

② 事实上，弗雷米不应将他的半微生物理论仅仅应用于葡萄汁的酒精发酵，而且应用于其他领域。以下的篇章出现在他的一次记录中（《法国科学院会议报告》，第75卷，第979页，1872年10月28日）。

水里时，它们会接连产生含酒精发酵、乳酸发酵、酪酸发酵和乙酸发酵。这些变化是通过在谷粒内部产生的酵素引起的，而不是通过大气中的细菌引起的；进行了四十多个不同的实验后，我终于完成了我著作的这一部分。”

需要补充的是，这个结论不以大量的基本原则为基础吗？大麦谷粒或大麦谷粒多胚乳成分的细胞从未产生酒精酵素细胞，或乳酸酵素细胞，或酪酸弧菌的细胞。每当那些酵素出现时，可以找到一些微生物细菌，它们在大麦谷粒内部到处扩散或黏附在外部表面，或存在于使用的水里，或存在于使用的容器的侧面。有很多方法能证明这点，以下是其中的一种：因为我们实验结果已经表明，含糖的水、磷酸盐和白垩会很容易产生乳酸发酵和酪酸发酵。如果我们用大麦粒代替白垩，由于发酵细胞和蛋白物质互相转换，大麦粒中就会产生乳酸发酵和酪酸发酵。为什么会有这样的假设呢？当然，没有理由坚持认为它们是通过半微生物产生的。因为一个由糖，或白垩，或氨中的磷酸盐，碳酸钾中的磷酸盐，或者氧化镁的磷酸盐组成的培养基不会含有多胚乳物质。这是一个间接的但与半微生物理论相反的、不可反驳的论证。

现在，这个完全假想的理论，与浸泡在碳酸气体中的水果能够立即产生酒精和碳酸气体这个事实有什么关系呢？在前面我们引用的弗雷米的章节中，蛋白质物质转化不可缺少的条件是：与空气接触和将葡萄压碎。然而，这里我们正处理与碳酸气体接触时未受伤的水果。另一方面，我们可以重申一下，自1861年以来我们就已经提出的理论，我们坚持认为当所有细胞的生命活动在未与空气接触而被延长时，它们会发酵。这正是把水果浸泡在碳酸气体进行实验的条件。在被剥夺了空气后，它们细胞里的生命活力不会立即延缓。但最后，发酵一定产生。另外，我们要补充的是，如果我们破坏水果或压碎水果，然后把它们浸泡在气体里，这些水果不再产生任何酒精或发酵，这种情况可能归因于以下这个事实，即在压碎的水果里细胞的生命活动会受到破坏。另一方面，这种压碎应该通过怎样的方式来解释半微生物的假说呢？压碎的水果生命活动应该很好，或者甚至比那些未被压碎的水果表现更好。同时，这一理论，在发酵中见证了没有空气时生命活动的结果，在这些事实中找到一种明确确认的严格的预言。这一预言从最初就形成了一部分完整的说法。我们不应有正当理由将更多的时间花在那些不被任何重要实验支持的观点上。在法国以及在国外，将蛋白质物质转换成活体酶这一理论已经提倡很久。随后，弗雷米开始关注这一理论。很多人相信这个理论，有名的观测者也不再轻视这一理论。甚至有人可能会说，这一理论已成为被嘲笑的话题。

我已尝试证明我们与自身相矛盾，因为在1860年我们发表了我们的观点。这一观点是，如果小球的组织、生长以及繁殖不会同时发生，那么就不会产生酒精发酵；或者如果从已经形成的小球中延续生命的组织，其生长以及繁殖不会同时发生，那么也不会产生酒精发酵。[①]然而，没有其他观点比那个更准确。目前，在我们致力于这个研究主题15年后，自我们公布这个主题以来，我们不再说“我们认为”而是说“我们确认”那个观点是正确的。事实上，酒精发酵与我们已经谈到的那种发酵相关——酒精发酵除了产生酒精外，还产生碳酸、琥珀酸、甘油和其他产物。毫无疑问，这种发酵需要有酵母细胞在我们已经确定的条件下存在。那些与我们相矛盾的观点已经陷入一个错误，这个错误是认为水果发酵是一种普通的酒精发酵，这种发酵和啤酒酵母产生的发酵相同。最后，根据我们自己的理论，那种酵母细胞应该总是存在。这种猜想没有一点权威。当我们提到估算一定量时，这些估算能够在勒沙德尔和贝拉米提供的数字中找到。可以看到，水果发酵中产生的酒精和碳酸的比例和我们在所谓的酒精发酵中发现的比例有很大不同，这确实如此。因为在水果发酵的情况中，发酵受到水果细胞的影响。然而在酒精发酵的情况中，发酵受到普通酒精酵素的影响。实际上我们坚信，每种水果都会产生特殊的作用，这种特殊作用的化学方程式与其他水果产生作用的化学方程式有所不同。这些水果的细胞在没有繁殖时会产生发酵，这种发酵条件是在我们已经通过“已形成细胞的继续生存”这个表达来区分的情况下产生的。

---

① 巴斯德：《酒精发酵研究论文集》，1860年，《化学与物理年鉴》。

这里的小球这个单词是指细胞。在我们的研究中，我们常常努力阻止任何令人困惑的想法。我们在1860年回忆录之初声明："我们将术语'含酒精的'应用在那种发酵中，糖在大家熟知的酵素，即在啤酒酵母影响下经历发酵。"这就是产生葡萄酒和所有酒精饮料的发酵。这也被认为是许多特定相似现象中的一种，根据一般用途，这些现象被总称为发酵，它受一种特殊现象产生的基本产物的名字限制。记住我们这个已采用的与术语相关的事实，由此可见"酒精发酵"这个措辞不能应用在产生酒精的每一种发酵现象里，因为可能有很多现象共有这种特征。如果一开始，除了其他现象，如果我们没有给这种独特的现象下定义，我们很可能已经陷入语言表达的困惑中去，这个困惑会很快从字词转换到想法，往往给研究带来某些不必要的复杂因素。研究本身已经足够复杂，这就需要小心谨慎，从而避免牵涉更多的复杂因素。在我们看来，对于"酒精发酵"这个词语的意义和这个词语在特定语境中使用到的含义，不应该存在任何更多的怀疑。因为拉瓦锡、盖吕萨克和泰纳尔已经将这个术语应用到通过啤酒酵母产生的糖发酵中。抛弃那些著名的大师树立的例子是很危险和无益的，我们感激他们让我们获得关于这个题的初期知识。

我们用一些与发酵方程式这个课题相关的评论来总结这部分。这些发酵方程式主要解释那些在碳酸气体里的水果所发生的发酵结果。

起初，当把发酵放在通过接触作用产生的分解类别里时，看似很可能正确，但事实上，人们认为每一种发酵都有其特有的、已定义的并从未发生变化的方程式。目前，正相反，需要记住的是发酵方程式基本上会随着条件的变化而变化，在这些条件下哪种发酵被完成，陈述这个方程式是比陈述活生物所需的营养方程式更复杂的问题。对于每种发酵而言，一般可能有一种发酵反应式。然而，一个反应式会有详细的陈述，这个反应式容易产生许许多多与生命现象有关的变化。另外，一种酵素可能产生很多种不同的发酵。这如同有很多种发酵物质能够为同种酵素能提供食物所需的碳元素一样。通过同种方式，动物获取营养的反应式会随着它消耗的食物性质的变化而发生变化。至于发酵能够产生酒精，这可能受到很多不同酵素的影响。在一种给定的糖中，它会产生很多普通的反应式，这种情况和酵素一样。不管酵素能够成为所谓的发酵细胞，还是在活生物器官的细胞中作为酵素在起作用，酵素都会产生很多反应式。同样，当不同的动物从同种食物中获取营养时，营养的反应式也会发生变化。正是具有相同的原因，当普通的麦芽汁添加我们已描述的大量的酒精酵素时，麦芽汁能就产生啤酒。这些结论对所有相似的酵素均适用。比如，酪酸酵素能够产生许多明显的发酵，由于它有能力从不同的物质——糖、乳酸、甘油、甘露醇或其他物质中获得其食物所需的碳质部分。

当我们说每种发酵有其独有的酵素时，我们应该知道我们正把发酵当成一个整体来说，包括所有附属的产物。这并不意味着酵素不能对一些其他发酵物质起作用或产生不同种类的发酵。另外，认为存在一种单一发酵物质意味着一种特殊酵素的共存是非常错误的。比如，如果我们在发酵产物中找到酒精，甚至同时找到酒精和碳酸，那么就严格术语而言，这并不证明这种酵素一定属于酒精发酵的一种酒精酵素。仅仅存在乳酸也不意味着乳酸酵素的存在。事实上，不同的发酵可能产生一种或者甚至很多种相同的产物。如果我们最初没有确定那种特殊发酵的所有产物存在的条件与我们正在讨论的发酵产生的条件相同，那么我们不能单纯从化学角度给出肯定的结论。在发酵方面的著作中，读者常常发现那些困惑与我们正努力捍卫的相反。因为当他们还没有注意到这些观察，一些人就已经设想，浸泡在碳酸气体里的水果产生的发酵与我们最初的判断相矛盾，这个判断是我们于1860年在发表的关于酒精发酵的回忆录里提出的：我们正讨论啤酒酵母产生的普通酒精发酵这个问题。我们可以在这里重复其中准确的话语：发酵这种化学现象基本上与一种生命活动相关，这种化学现象以这种生命活动开始，也以这种生命活动结束。我们认为，如果小球的组织、生长以及繁殖不会同时发生，那么就不会产生酒精发酵；或者如果从已经形成的小球中获得的延续生命的组织，其生长以及繁殖不同时发生，那么也绝不会产生酒精发酵。在我们看来，目前回忆录的普遍结果看似与李比希和贝采利乌斯的观点相反。现在我们重复的这些结论和它们曾经一样具有真实性。这些结论对水果发酵适用，然而在1860年人们对水果发酵一无所知，这些结论也对酵母产生的发酵适用。只有在水果中，软组织细胞才能通过它们在碳酸气体里持续的活动来起酵素的作用。然而在产生发酵这个过程中，酵素是由酵母细胞组成的。

如果水果发酵与产生相同产物和相同比例的酒精发酵不被完全混淆，那么没有酵母存在时，发酵在水果中产生并形成酒精的事实就不足为奇。正是由于词语误用，水果发酵被称为“含酒精的”，这误导了很多人。[①]在水果发酵中，酒精或碳酸气体的比例与通过酵母发酵的比例不同。虽然我们可以确定这种发酵里存在琥珀酸、甘油和少量挥发性的酸[②]，但是这些物质的相对比例与酒精发酵中的相对比例不同。

III
对德国自然学家奥斯卡·布雷费尔德和莫里茨·特劳伯某些批评性观察研究的答复

我们在前面段落中要证明的发酵理论基本观点可以简略地放在下列说法中。这个说法是恰恰所谓的发酵形成一群生物，这群生物在未与游离氧接触时拥有生存能力。更简洁一点，我们可以会说发酵是在没有空气时存活的结果。

如果我们的结论不正确，如果酵素细胞和所有其他植物细胞一样，需要在数量上增长或重量上增加，需要不论是气体的还是保存在液体溶液里的氧气，至少就发酵最重要的部分而言，这个新理论会失去所有的价值，

① 比如，参见科林和波贾利在《医学学术简报》上的交流，以及他们对这些交流的讨论。3月2日，3月9日和3月30日；1875年2月16日和2月23日。

② 我们已经确定酒精发酵能够形成少量挥发性的酸。贝尚研究过这些酸，他确认了一些酸属于多脂肪酸，醋酸和酪酸系列等。“琥珀酸的存在不是偶然的，而是不变的。如果我们把形成的大量挥发性酸，而我们可能称为极少量的酸放在一边，可以说琥珀酸仅仅是酒精发酵正常的酸。”——巴斯德，《法国科学院会议报告》，1858年，第47卷，第224页。

其存在的理由也会消失。这正是奥斯卡·布雷费尔德努力在一本回忆录中证明的，这本回忆录是他于1873年7月26日写信给维尔茨堡物理医学学会的内容。虽然我们对回忆录作者重要的实验技能有足够的证据，但是就我们的观点而言，他不过得出了与事实完全相反的结论。

他说："从我已经描述的实验来看，得出的无可否认的结论是，一种酵素在没有游离氧存在时不会繁殖。巴斯德推测，酵素不像其他所有活的微生物一样，以结合氧气的方式生存和繁殖，因此，一种酵素的繁殖能力需要可靠的实验证明为基础。由此可以得出结论，整个理论虽然得到普遍认同，但也被证明是站不住脚的，是不正确的。"

布雷费尔德博士提出的实验方法是，在一个为此目的特地准备的房间里面，一直使用显微镜持续观察在麦汁中发酵的一个或多个细胞，发酵过程需在碳酸气体中进行，从而不受到任何游离氧的干扰。我们已经确认了一个事实，即在没有空气接触时，仅仅一种非常幼小的酵素就可以繁殖。但是，我们可以把酵母成长失败归结为作者使用了啤酒发酵后的酵母的原因，布雷费尔德博士不知道是这个原因。在酵母需要气态氧气以使其能够再次生长的状态时，他进行了实验。我们细读了以前根据酵母寿命写的与酵母再生相关的记录，记录表明这种再生需要的时间可能在不同的情况下差异很大。因为酵母在不断变化，所以今天对酵母完全正确的陈述到明天就可能变得不正确。我们已经表明，在拥有游离氧时，酵素通过其获得所需能量和活动得以生长。我们已经指出，在很大程度上，发酵溶液中含有的极为少量的氧气能够在发酵初起作用。这种氧气能促使酵素细胞再生，并使酵素细胞重新发型并继续生存，在丧失氧气时它们仍能重新获得繁殖的能力。

就我们的观点来看，我们应该就布雷费尔德博士对观察到的一切做出的解释做简单的思考。如果一个酵素细胞没有吸收游离氧或溶解在液体中的氧气，它就不会萌芽或繁殖，那么发酵期间形成的酵素和用完的氧气的重量之比应该不变。然而，早在1861年我们就明确地确认了这种比例是极其多变的。另外，前面章节描述到的实验也证明了这个事实。虽然少量的氧气被吸收，但是可能产生大量的酵素。然而如果酵素有丰富的可供使用的氧气，那么它就会吸收很多氧气，形成的酵母也会更重，而形成的酵素和被分解的糖之间的重量之比在非常广泛的限制范围内可能会经过所有变化阶段，所有的变化都取决于吸收游离氧的多少。我们相信在这个结论上，有最必要的证据来支持我们的理论。布雷费尔德博士认为，没有空气和氧气的话，发酵是不可能存在的；他还谴责人们无视那些支配动物或植物所有生物的规律。他本来也应该牢记我们指出的事实，即酒精酵母不是存在于厌氧状态下的唯一活体酶。就生物出现的一般例外情况而言，再次发酵应该被列入其例外情况名单。这是一件小事，因为在生物重要的生命系统中，它们有一个固定的规律，这一规律要求可持续的生命有持续性的呼吸和游离氧的持续供应。

比如，为什么布雷费尔德博士忽略了与酪酸发酵的弧菌生存相关的事实呢？毫无疑问，他认为，我们同样在这些方面有所误解：一些实际实验证明他是对的。这些对布雷费尔德博士的批评也适用于莫里茨·特劳伯的某些观察，但是作为布雷费尔德博士主要的抨击对象，我们得感激特劳伯为我们所做的辩护。这位绅士在柏林化学学会前通过新的实验来证明酵母在没有氧气时也能够生存和繁殖，这证明了我们结果的正确性。他说："我的研究以一种无可争辩的方式确认了巴斯德的结论，即酵母能够在没有游离氧的培养基里繁殖。布雷费尔德与此相反的结论是错误的。"但是后来特劳伯很快补充道："我们的结论证实了巴斯德的理论吗？绝对没有。相反，我的实验结果证明这个理论没有正确的根据。"这些结果是什么呢？为了证明酵母在没有空气时能够生存，和我们发现的一样，特劳伯发现酵母在这种条件下生存会遇到很大困难。实际上，除了真正发酵的初步阶段，他再没有获得过其他任何的进展。毫无疑问，有以下两个原因：第一，由于偶然产生继发性和病态的发酵，最终阻止了酒精酵素的扩散；第二，因为使用了最初耗尽酵母的条件。早在1861年，我们已经指出酵母在被剥夺空气时，其生命活动会变得缓慢，同时生命活动也会遇到困难。在前面的章节中，我们已经注意到，在这些条件下，在没有探究这些特性产生的原因时，某些发酵就不会完成。因此特劳伯表达他自己的观点：“巴斯德认为在没有空气时，酵母能够从糖中获得其生长所需的氧气这个结论是错误的，甚至当大部分糖仍未被分解时，酵母的繁殖会受到阻止。一种蛋白质物质的混合物里，酵母在被剥夺空气时能够找到其生长所需的物质。”特劳伯最后的结论被那些发酵实验证明是完全虚假的。在这些发酵实验里，在蛋白质物质的出现受阻后，这个活动在一个完全无机的、在未与空气接触的培养基中继续进行。我们会给出不可反驳的证据。①

特劳伯认为只有当细胞完整时，这种化学酵素才会在酵母和所有甜的水果中存在。因为他已经证明，完全压碎的水果不管在怎样的碳酸气体里都不会产生发酵。因为淀粉糖化酵素、乳剂等可以很容易被分离出来，所以这种假想的化学酵素与那些我们称为“可溶解的酵素”完全不同。

对于布雷费尔德和特劳伯具有充分理由的观点，以及他们进行的与我们实验结果相关的讨论，读者们可查阅《柏林化学学会会刊》，第7卷，第872页。在同一卷里，1874年9月和12月里的记录中记载了两位作者的回复。

IV

石灰中右旋性酒石酸盐的发酵②

尽管石灰酒石酸盐在水中不可溶解，但是它能够在一种含矿物质的培养基中完全发酵。

如果我们把一些纯的呈颗粒状和水晶粉末状的石灰酒石酸盐与一些氨

---

① 特劳伯的想法受到他自己的发酵理论影响。正如他承认的一样，这是一个假想的发酵理论，以下是这个假想理论的简短概要。特劳伯说：“我们没有理由怀疑植物细胞的原生质是它本身或包含在这个原生质里面。我们也没有理由怀疑，它是一种引起糖进行酒精发酵的化学酵素。看起来它的作用与细胞的存在联系很紧密。因为到目前为止，我们发现我们还没有办法成功将它从细胞中分离出来。在有空气存在时，这种酵素通过与氧气作用来氧化糖；在没有空气时，这种酵素通过将氧气从一组糖微粒中带走，并使氧气作用于其他糖微粒来分解糖，一方面，通过减少糖来产生酒精，另一方面，通过氧化产生碳酸气体。”

② 参见巴斯德《法国科学院会议报告》，第56卷，第416页。

硫酸盐、钾磷酸盐和镁磷酸盐以非常小的比例混合并一起放进纯水里，虽然没有添加发酵细菌，但是一种自发的发酵会在沉淀物里产生。一种活着的活体酶，是弧菌形的、丝状形的，有着曲折的运动，而且通常特别长；它是由不可避免的尘埃微粒通过某种方式产生的病菌生长而自发形成的，这些微粒飘浮在空中，或者停留在我们使用的容器或物质表面。我们周围到处分布着与腐烂有关的弧菌细菌。这种细菌可能有一个或多个在我们谈论的培养基里生长。通过这种方式，它们能够影响酒石酸盐的分解，从这种分解中它们必然能获得它们营养所需的碳。如果没有这些碳，它们就不能生存。然而，氮是由氨性盐中的氨提供的，有机物是由钾磷酸盐和镁磷酸盐提供的，硫黄是由氨硫酸盐提供的。观察到组织、生命和运动在这样的条件下产生是多么奇特！局外人仍认为这种组织、生命和运动在没有游离氧参与时会受到影响。一旦病菌通过吸收氧气获得了主要推动力，它就会在完全没有大气层空气时无限期地继续繁殖下去。毋庸置疑，这里有必要确定一个事实，即，我们可以证明，在没有游离氧时，酵母不是唯一能够生存和繁殖的有组织的酵素。

如图9所示，在一个容量为2.5升（约4品脱）的烧瓶中，我们放入：

纯的、结晶的和中性的石灰酒石酸盐……………… 100克
氨磷酸盐 …………………………………………… 1克
镁磷酸盐 …………………………………………… 1克
钾磷酸盐 …………………………………………… 0.5克
氨硫酸盐 …………………………………………… 0.5克
（1克=15.43格令）

我们在烧瓶中装满纯的蒸馏水。

为了排出溶解在水里和黏附在固体物质上的所有空气，首先，我们将烧瓶放在装有氯化钙的白色铁罐容器中，这个铁罐是一个巨大的圆柱体状容器，然后再把铁罐放在火焰上面。将烧瓶的出口管放进波希米亚玻璃制

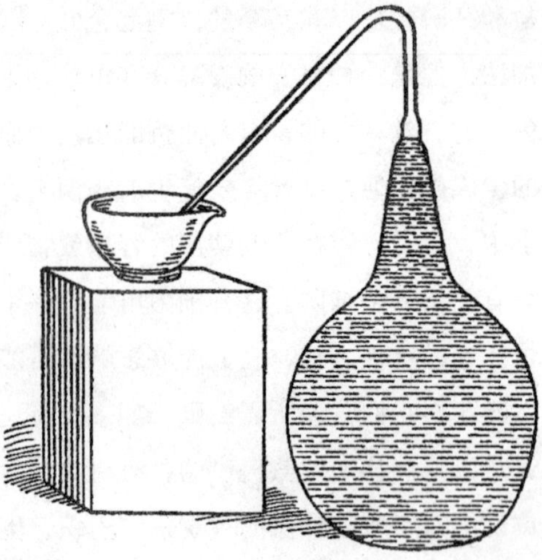

图9

品的一个测试管里，这个测试管装了3/4的蒸馏水，并点火对测试管加热。将烧瓶和测试管里的液体充分煮沸足够时间，以排出里面所有的空气。然后，将测试管下方火焰移走，然后很快加入含有一层油的水，最后让所有的实验器材冷却下来。

第二天，我们将一根手指伸向出口管的开口处，然后将开口处放进一个装有水银的容器里，在我们描述的这个特别的实验里，我们让烧瓶在这种状态下保持2周。它可以放在那里保持一百年而并不会出现一点发酵迹象。酒石酸盐发酵是生命存在的结果，煮沸后烧瓶里不会存在生命。当烧瓶里的含量变化完全迟缓时，我们将它们迅速浸泡，如下：出口管含有的所有液体用一个细小的橡皮管移走，并被另一个烧瓶里约为1立方厘米（约17量滴）的液体和沉淀取代。这种液体和我们已经描述的液体相同，十二天以来，它一直在自发地发酵。我们尽快重新将出口管完全装满水，这些水已经经过初次煮沸然后在碳酸气体里冷却。这个操作仅仅持续了几分钟。出口管再次放在水银下方。随后，出口管也没有从水银下方移走。因为它是组成烧瓶的一部分，本实验中既没有使用软木塞也没有使用橡胶，因此不可能传入任何空气。浸渍期间传入的少量空气是无关紧要的，甚至可能表明这少量的空气损害了而不是帮助了微生物成长。因为这些微生物是由成熟的个体组成的，这些个体在没有空气的时候能够生存，并可能易受空气的伤害甚至破坏。在随后的实验里，我们可以通过这种方式找到去掉所有空气的可能性，尽管这种可能性极微小，但这样人们就不会对这个话题存在疑问。

接下来的几天，微生物繁殖，酒石酸盐沉淀物渐渐消失，液体表面表现出来一种明显的发酵活动并遍及大部分液体。看起来沉淀物在某些地方增加了，并被一层深灰色层覆盖，它膨胀起来并有一种有机的和胶状的外观。尽管在沉淀中存在这种发酵活动，但接下来的几天里，我们并没有发现任何气体的分离。但是，轻轻摇动烧瓶时，黏附在沉淀上的相当大的气泡冒了出来，还携带着一些固体颗粒，这些颗粒很快又掉了回去；与此同时，气泡在其上升时变得越来越小，这是由于液体没有饱和，部分气泡被溶解了。最小的气泡在到达液体表面前的这段时间甚至被完全溶解。过了一段时间后液体中的气体就饱和了，酒石酸盐渐渐被容器底部和侧面的乳头状的酸式酒石酸钾沉淀或明亮清澈的石灰碳酸盐晶体取代。

2月10日开始饱和，在3月15日液体几乎完全饱和，然后水珠开始停留在烧瓶顶端出口管的弯曲部分。现在将一个装有水银的玻璃测量管的开口端放在水槽里水银下方出口管出口处的上方，这样可能不会有水泡逸出。从17日到18日，有稳定的气体持续放出，能收集17.4立方厘米（1.06立方英寸）气体。这些气体被证明几乎是纯碳酸，实际上这可能和下列事实矛盾。这个事实是，在人们观察到明显的液体饱和现象前，气体开始不会放出。[①]尽管液体浸渍后出现的混浊液体中有气体放出，但是液体会再次变得透明，我们甚至可以通过烧瓶瓶身认出我们的字迹。尽管这样，在沉淀里仍然进行着一种非常活跃的活动，但这种活动仅限于沉淀里。事实上，大量的弧菌停留在那里。与纯水中的石灰酒石酸盐相比，石灰酒石酸盐在被石灰碳酸盐浸渍后折水会变得更不容易溶解。在任何情况下，碳质食物

① 在一定的条件下，溶解的碳酸比其他气体多。——ED.

在大部分液体里的供应是完全不充足的。每天，我们继续收集并分析所有的游离气体。最后证明，这种气体是由纯碳酸气体组成的，仅仅在最初几天，浓碳酸钾被吸收后留下极小的残渣。4月23日出现最后的气泡，在4月26日前，气体已经停止释放。将烧瓶一直放在烤炉里，温度保持在25℃～28℃[77℉～83℉，所有收集的气体的容量是2.135升（130.2立方英寸）]。为了获得形成的全部气体，我们要向这些气体添加碳酸石灰，测得处于液体状态下所含有的物质。为了确定这点，我们从烧瓶中倒出一部分液体，再将这部分液体倒入另一个形状相同但更小的烧瓶里，直到液体到达烧瓶瓶颈的测量标志处。[①]以前已经将这个更小的烧瓶装满碳酸。然后发酵液体产生的碳酸气体以热量形式被排出，并在我们水银上方对碳酸气体进行收集。通过这种方式，我们找到8.322升（508立方英寸）处于溶解状态的气体，这些气体添加到2.135升的气体里，在20℃和760mm时总共有10.457升（638.2立方英寸），将这8.322升气体换算到0℃和760mm（32℉和30英寸）大气压中，会产生重量为19.700克（302.2格令）的碳酸。

发酵期间，酒石酸盐里使用到的一半石灰已经在形成可溶解盐时被用完。另一半石灰有一部分以石灰碳酸盐的形式沉淀下来，一部分石灰在液体中以碳酸形式被溶解。可溶解盐看起来是一种混合物，或看起来是一价石灰醋酸与二价醋酸盐这两者的混合物，因为产生每十价的碳酸与三价中性石灰酒石酸盐的发酵一致。然而，这点值得人们研究并更多关注：目前对形成产物本性的说法有所保留。

事实上，就我们的观点而言，这并不重要，因为发酵方程式与我们无关。

发酵完成后，没有石灰酒石酸盐残留在容器的底部：当它把发酵的不同产物进行分解时，它也已经渐渐消失了，被一些结晶的石灰碳酸盐取代。也就是说，如果结晶石灰碳酸盐过量，它就不能通过碳酸的作用来达到溶解。另外，如果与这种石灰碳酸盐结合，就会出现某些动物有机物

① 我们要避免将这个烧瓶完全装满，以防止一些液体进入到测量管里水银的表面。

质。在显微镜下，这种动物有机物质看起来是由大量的微粒与长度发展变化非常好的细丝混合而成，以微小的点状散布，并呈现出氮有机物的全部特征。

这是真正的酵素，这在我们的描述中表现得很明显。为了使我们更加完全确信这个事实，同时使我们能够观察微生物的活动方式，我们开始进行以下附加的观察。和刚才描述的实验一样，我们进行了一个类似的实验，在发酵稍微有点进展以及大约一半的酒石酸盐溶解后，我们中断了这个实验。我们用一把锉刀把排出管锉断，锉断的地方排出管的颈开始变窄，我们通过一个又长又直的管子从容器底部取了一些沉淀，以便可以在显微镜下对其进行观察。我们发现它是由很多非常薄且非常长的细丝组成（见图10）。细丝的直径大约是1毫米的1/1000（0.000039英寸）。它们的长度不断发生变化，有时长度差不多是1毫米的1/20（0.0019英寸）。

图10

很多这些长的弧菌弯弯曲曲地移动、缓慢地爬行着，呈现出3个、4个或者甚至5个弯曲部分。静止的细丝和这些最终的细丝有相同的特征，除了它们看似不是被打断外，它们仿佛是由一系列无规则顺序排列的微粒组成。毫无疑问，这些是生命活动已经停止的弧菌。它们是弧菌耗尽的产物，我们可以将它们与啤酒含颗粒的成熟酵素做比较。同时，可以将那些处于活动状态的与未成熟的、有活力的酵母做比较。前面缺失的活动看似证明这个观点是正确的。这两种样本表现出一种能形成群集的趋向，然而群集的紧凑性阻碍了那些处于运动状态的样本活动。另外，显而易见的是，后者大量停留在没有溶解的酒石酸盐上，同时，其他颗粒状的弧菌停留在烧瓶底部的玻璃上，仿佛已经分解了它们唯一可使用的碳质食物，即酒石酸盐。然后它们在我们观察的地方死亡，原因是在它们活跃生长期间，它们正好结合在一起形成的牵连状态，所以不能逃离。此外，我们观察的这些弧菌具有相同的直径，但长度更短，旋转很快并来回移动，移动速度很快。毫无疑问，由于这些弧菌较短，它们可能和长的弧菌相同并拥有更多活动自由。在大部分液体里，我们找不到这种弧菌。

我们可以说，因为在那个布满弧菌的沉淀物有点腐臭的气味，所以活动必定有所减弱。毫无疑问，这就是为什么沉淀会变成淡灰色的原因了。我们认为，尽管使用的物质是纯净的，但也常常含有一些微量的铁，铁被转化成了硫化物，其黑色可以改变难以溶解的酒石酸盐和磷酸盐构成的白色沉淀，白色是沉淀最初的颜色。

但是这些弧菌的本性是什么呢？我们已经说，我们认为它们只不过是普通的腐坏弧菌，处于一种极其纤细的状态，这种纤细的状态是由特别条件下的营养状态引起的，这种特别条件与使用的发酵培养基有关。简而言之，我们认为谈论到的发酵可以被称作石灰酒石酸盐的腐坏过程。通过在能适应产生普通弧菌的培养基中种植这种发酵弧菌的实验，能很容易确定这一结论，但这是我们没有尝试进行这个实验。

关于这些奇特的生物，我在这里多说一句话。从它们另一极端处看，很多这些生物就像是一个清晰的斑点，这是一种气泡。这是起源于一个事实的幻想。这个事实是这些弧菌的极端是弯曲的，向下垂。因此在那个特别的位置会产生更多的折射，并让我们认为那个极端处的直径更大。如果我们观察弧菌的活动，我们或许会很容易醒悟过来；我们能很快地确认出这个弯曲，特别是当这个弯曲经过其他丝状体的垂直面时。通过这种方式，我们会看见明亮的斑点，点的上端消失然后又出现。

我们从前面的事实中得出的主要推论毋庸置疑，我们没有必要将这个推论坚持得更远。换句话说，在弧菌被完全剥夺空气以及当弧菌出现在中性的石灰酒石酸盐发酵中时，它们能够生存和繁殖。

V

另一个在没有空气时生命生存的例子——石灰乳酸盐发酵

另一个没有空气时生命生存的例子，恰恰是由所谓的发酵伴随的，我们最后可以用无机物培养基里的石灰乳酸盐发酵。

在上节描述到的实验中，我们应该知道，使用到的酵素液体和细菌在饱和时会与空气接触，尽管只有非常短的一段时间。现在，尽管我们有确切的观察结果证明氧气和氮是在一种完全被剥夺空气的液体中扩散。这种扩散的速度并非很快，相反，它实际上是一种很缓慢的过程；然而，我们急于捍卫即将描述的实验，提防在饱和时出现少量的氧气。

如下，我们使用了一种准备好的液体：将下列盐[①]相继放入9～10升（稍稍多余2加仑）纯净水中：

纯的石灰乳酸盐……………………………… 225克

氨磷酸盐…………………………………… 0.75克

钾磷酸盐…………………………………… 0.4克

镁硫酸盐…………………………………… 0.4克

氨硫酸盐…………………………………… 0.2克

（1克=15.43格令）

1875年3月23日，我们将一个6升（大约11品脱）的烧瓶装满液体，这个烧瓶形状与图11所示的形状相同，并把它放在一个加热器上。

另一处火焰放在一个含有相同液体的容器下方，烧瓶的弯曲管放入这种液体中。将烧瓶和盆中的液体同时煮沸，并保持半个小时以上，这样就能排出溶液中含有的所有空气。液体几次被蒸汽推出烧瓶，并再次被吸回去，但是重新进入烧瓶的那部分液体总是在沸腾状态的。烧瓶冷却的那天，我们将导出管的端口转移到一个装满水银的容器中，并将所有的仪器放进一个温度在25℃～30℃（77℉～86℉）变化的烤炉里。再重新将小圆柱形的滴液漏斗装满碳酸之后，我们采取所有必要的预防措施，将10立方

① 溶液里的石灰乳酸盐是混浊的，在预先添加少量氨磷酸盐而不是石灰磷酸盐后，可以通过过滤使混浊的石灰乳酸盐水得到净化。仅仅在这种净化和过滤过程后，磷酸盐类被添加进去。由于细菌能自发形成，如果溶液与空气接触，它会很快变混浊。

厘米（0.35液盎司）已描述到的类似液体注入这个漏斗。在未与空气接触时，这种液体已经很多天处于活跃发酵期了，现在这种液体被弧菌挤满。然后，我们旋转漏斗的塞子直到仅有少量液体留下来，这样足以阻止空气进入。通过这种方式，即使在最短时间内，在酵素液体或酵素细菌未与外部空气接触时，都能完成饱和。在更早或更晚时期产生的发酵大部分会取决于饱和细菌的条件和引入到发酵活动中的饱和细菌的数量，在3月29日，发酵通过出现微小气泡的形式表现出来。然而，直到4月9日我们在水面观察到更大的气泡。从那天起，气泡数量增加，它们从烧瓶底部位置冒出来，这些地方存在着一层土质的磷酸盐沉淀。同时，由于弧菌的生长，最初几天保持完全清澈的液体开始变混浊。在同一天，我们首先观察到晶体里石灰碳酸盐的侧面有一层沉淀。

在每个步骤采用的方式中，每种结合的物质都能阻止空气介入，在这里能注意到这点是一件有趣的事情。实验开始时，一部分液体被排出，一方面原因是烤炉温度的增加，另一方面原因是气体的推动力。当在发酵过程中开始排出液体时，它到达水银的表面，我们知道这里是最适宜细菌生长的地方，液体迅速被这些微生物挤满。[①]如果这种情况可能，通过这种方式，水银和导出管侧面之间的空气会被完全阻止进入，因为细菌会耗尽水银表面的液体中可能被溶解的所有氧气。因此，有少量的氧气进入到烧瓶里的液体是不可能的。

---

① 布雷斯劳（波兰西南部一城市）的自然学家科恩在1872年出版了一本与细菌相关的优秀作品。在迈尔（德国物理学家）描述之后，他描述了一种特别能适应这些微生物传播的液体组成成分，为了证明这种液体组成成分的实用性，有必要将它与我们的乳酸盐和磷酸盐溶液做比较。以下是科恩的配方：

蒸馏过的水……………………20立方厘米（0.7液盎司）
钾磷酸盐……………………0.1克（1.5格令）
镁硫酸盐……………………0.1克（1.5格令）
三盐基的石灰磷酸盐……………………0.01克（0.15格令）
氨酒石酸盐……………………0.2克（3格令）

作者说，这种液体具有一种微弱酸性活力的反应，并能形成一种完全清澈的溶液。

图11

在继续研究前，我们可能注意到，细菌在快速吸收氧气的过程中，有一种方式使发酵的液体丧失氧气。这种方式很容易，也能取得成功，这种方法与通过煮沸那种初步的做法等效，甚至比它更好。如果我们已描述的这样一种溶液保持在夏天的高温下，以前没有煮沸过，那么从细菌开始自发生长的24小时内，这种溶液会变混浊。很容易证明它们吸收了溶液里所有的氧气。[①]如果我们将一个几升容量（约一加仑）的烧瓶完全装满已描述的液体，将导出管也装满，将导出管的开口处放入水银下，水银装在一个含氯化钙的容器里的，48小时后水银表面的液体处释放出所有溶解的气体。对这种气体进行分析，发现它是一种由氮和碳酸气体组成的混合物，而不含氧气。这里我们有一种极好的方式来使发酵液体丧失空气。我们仅仅将一个烧瓶完全装满液体，再把它放在烤炉里，在两天三天前仅仅避免添加任何酪酸弧菌。我们可能等得更久。如果在液体中弧菌自发饱和，那么从细菌出现时最

① 细菌快速吸收氧气，也可以见我们1872年的回忆录《自然生长研究》，特别是在第78页的注解。

初混浊的液体会再次变明亮。因为细菌在耗尽溶液里所有的氧气后，当它们的生命被剥夺或至少它们活动能力被剥夺时，它们会在容器底部变得不活跃。在一些场合下，我们已经确定这个有趣的事实，这个事实在于证明酪酸弧菌不是另一种形态的细菌。关于两种产物之间的先后关系的假说是指，在每种情况下，酪酸发酵应该发生在细菌的生长之后。

我们也要注意另一个引人注目的实验，更好地表明培养基里的成分差异对微生物传播的影响。我们最后描述的发酵于3月27日开始并持续到5月10日。然而，我们现在提到的发酵在4天内就完成了，在成分和数量方面，使用的液体与前面实验中使用的类似。我们将一个形状与图11展示的相同，容量为6升的烧瓶装满液体，这种液体以前放在大的敞开的烧瓶里，放置时间为5天，最后这种液体使大量细菌生长。第五天，一些气泡从容器底部冒出，冒出的时间间隔很长，这预示着酪酸发酵已经开始。此外，这一事实还通过显微镜得到证实，用显微镜观察液体标本中发酵的弧菌表面，这些液体标本取自容器底部和中间部分，甚至还取自布满细菌的表面上那一层。我们将准备好的液体转移到水银上已准备好的6升烧瓶中。在晚上时，一种相当活跃的发酵已经开始表现出来。在24日时，这种发酵以惊人的速度发生，在25日和26日时这种惊人的速度继续持续着。在26日晚上，发酵变缓慢，在27日所有发酵迹象已经停止。由于某些不知道的原因，这可能不是设想的发酵突然停止。实际上，发酵已经完成，因为当我们在28日检查发酵液体时，不能找到石灰乳酸盐。如果工业需要生产大量的酪酸，毫无疑问，我们能在前面所提到的事实中找到有价值的信息，来想出一种容易的方法大量准备这种产物。[①]

在更进一步研究前，让我们将注意力集中于前面发酵的弧菌。

---

① 是什么方式导致我们已经描述的两种发酵之间产生巨大的差异？这可能归因于细菌以前在培养基里生活时引起的一些变化，或归因于浸渍中使用到具有特殊特征的弧菌。或者可能再次归因于空气的作用，在我们第二次进行的实验条件下，空气并没有被完全排出。因为在我们将烧瓶装满液体时，没有采取预防措施来防止空气进入。这有利于厌氧弧菌的繁殖。在类似条件下，这和我们使用普通酵母来处理发酵情况一样。

1862年5月27日，我们将一个能容纳2.780升（约5品脱）的烧瓶完全装满乳酸盐和磷酸盐溶液①。我们需要避免溶液受到任何细菌的浸渍。由于细菌生长，液体先变混浊然后经历酪酸发酵。在6月9日前，发酵变得非常活跃，我们能在24小时内在水银上收集约100立方厘米（约6立方英寸）气体。在6月11日前，从24小时内释放出的气体容量来判断，发酵活动已经加倍。我们检查了一滴混浊的液体。这些记录是与草图（图12）一起记载在我们的笔记本里的："一大群弧菌的活动是如此活跃，以至于用眼睛密切注意它们都会很困难。我们可以看见它们是成对的，显然它们努力相互分离开来。看似是由一些不可见、胶状的线把它们连接起来，最后它们成功脱离实际的联系。这样，一个弧菌的活动对其他弧菌的活动产生的明显影响受到阻止。不久以后，我们就能看到它们被完全分离，每个弧菌以一种更大的活动范围分开移动。"

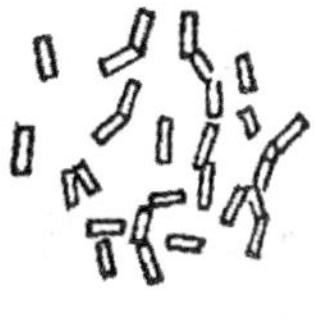

图12

在显微镜下检查这些未与空气接触的弧菌所使用的一个最好的方法如下所述，在酪酸发酵已经在烧瓶里（图13）持续数天后，我们通过一个橡胶管将烧瓶与一个之前用到的平底球状容器连接起来，然后把这个平的球状容器放在显微镜上。当我们打算观察时，在水银下方b点处，靠近拉长管子的端口并将导出管弯曲，不断释放出来的气体很快在烧瓶里产生一种压力以至于当我们打开塞子r时，液体被推进球状容器，并直到将这个容器完全装满，然后液体流进V玻璃杯。通过这种方式，我们可能对这些未

① 这种情况下液体是由如下比例组成的：准备一种饱和乳酸钙溶液，温度在25℃（77℉），其成分包含有：每100立方厘米（3.5液盎司）溶液含有25.65克（394格令）乳酸盐，$C_6H_5O_5CaO$（新的表达式，$C_6H_{10}CaO_6$）。由于添加了1克氨磷酸盐以及随后进行过滤，这种溶液会变得非常清澈。对于这种容量为8升（14品脱）、清澈的饱和溶液，我们使用（1克=15.43格令）：

氨磷酸盐……………………………………2克

钾磷酸盐……………………………………1克

镁磷酸盐……………………………………1克

氨硫酸盐……………………………………0.5克

与空气接触的弧菌进行观察，仿佛这个取代了物镜的球状容器，这些弧菌已经被放入到烧瓶的正中央了，这样会使观察取得成功。因此，完全可以看到弧菌的移动和分裂生殖，实际上这是最有趣的观察。当温度突然降低，甚至温度变化很大，比如温度为15℃（59℉）时，它们的活动不会立即停止，它们的活动仅仅会变缓慢。然而，在最有利于发酵的温度下观察它们会更好，即使实验中使用到的容器在烤炉里的温度保持在25℃～30℃（77℉～86℉），也会更好地观察它们。

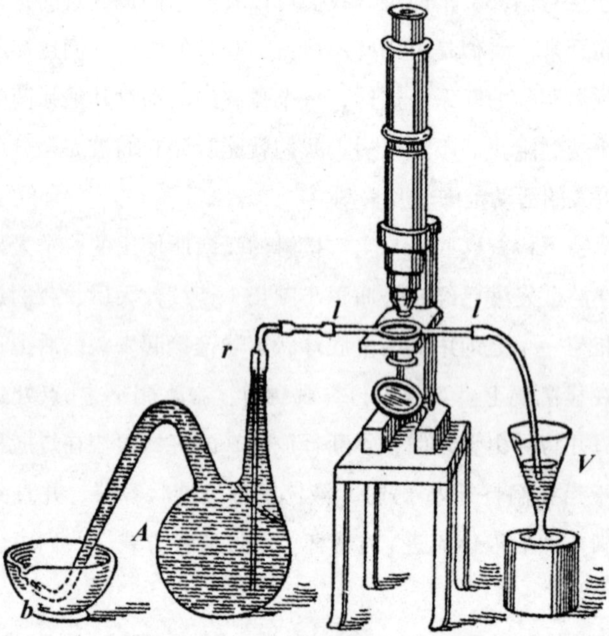

图13

现在说这个题外话时，我们可以继续解释所研究的发酵课题。6月17日发酵产生的气体是6月11日产生气体的3倍。让我们在这个阶段再次讨论混浊液体的微观方面。附图是我们画的草图（图14），我们在草图上的记录是："一个最漂亮的物体：弧菌在活动，在前进或起伏波动。自11日以来，它们已经大量增加，长度也在变长。它们中有很多以长的弯曲链的形式结合在一起，结合处不固定。与那些组成单个长度链的弧菌相比，很明显它们不活跃，更摇摆不定。”这个描述对大量的弧菌都适用，这些弧菌以圆柱形的棒条体出现，在外观方面具有相同的特征。在其末端，有些弧菌链很罕见，它们有清晰可见的小球，也就是说，这部分比其他部分的折射性更强。有时，最重要的部分一端有小球出现，有时另一端有小球出现。更常见的弧菌的长度变化是从10/1000毫米至30/1000毫米甚至达到45/1000毫米。它们的直径变化是从1.5/1000毫米到2/1000毫米，很少达到3/1000毫米。①

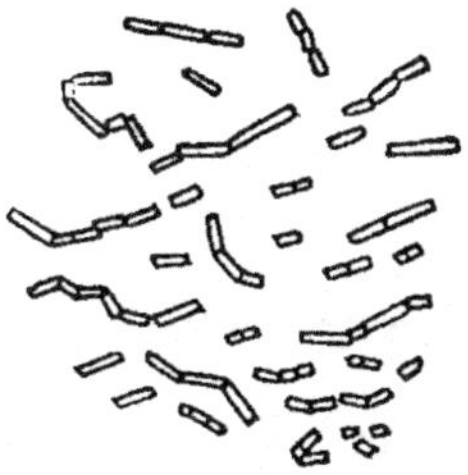

图14

6月28日，发酵完成。溶液中不再有任何气体或任何乳酸盐。所有的纤毛虫类都躺在烧瓶底部一动不动。液体逐渐变清澈，在几天的时间里液体变得明亮。这里我们可能会问，乳酸盐是它们食物含碳的部分的来源，这些纤毛虫类在完全耗尽乳酸盐后一动不动，现在躺在发酵容器的底部变得无生命活力，它们会因为没有复活能力而死去吗？②以下实验让我们认为它们并不是完全无生命的，它们可能和啤酒酵母一样以相同的方式表现出来。啤酒酵母将发酵液体里的所有糖分解后，能在一个新的含糖的培养基里复活和繁殖。1875年4月22日，我们将已经完成发酵的石灰乳酸盐放在温度为25℃（77℉）的烤炉里。烧瓶A的导出管（图15）从未从水银下方移出。我们每天对液体进行观察，发现液体逐渐变明亮，这期间持续了15

① 1毫米=0.039英寸：长度范围是，0.00039～0.00117英寸，或甚至0.00176英寸；直径范围是，0.000058～0.000078英寸，很少到0.00017英寸。——D.C.R。

② 正如我们谈论的那样，含碳部分的供给减少会使它们变衰弱，生命活动、营养和繁殖能力的丧失都归因于此。然而，这种液体含有石灰丁酸盐，这种盐的性能与乳酸盐的性能相同。为什么这种盐不能支持弧菌的生存呢？在我们看来，这个难题的解释仅仅归因于一个事实。这个事实是乳酸通过分解产生热量，然而酪酸不会产生热量，弧菌在它们获得营养的化学吸收过程中看似需要热量。

天。然后，我们将一个相同的烧瓶B装满乳酸盐溶液，这个乳酸盐溶液经过煮沸不仅能杀死液体中可能含有的弧菌细菌，而且也可以排出溶解的空气。当烧瓶B冷却时，我们将这两个烧瓶连接，并避免空气的进入①。轻轻摇动烧瓶A后，将瓶底的沉淀搅拌开。然后，由于碳酸气体在烧瓶A导出管末端产生，所以a点处产生了一阵压力。这样当打开塞子r和塞子s时，烧瓶A底部的沉淀被排进烧瓶B，最后这些液体被15天前已经完成发酵的沉淀饱和。液体饱和2天后，烧瓶B开始呈现发酵迹象。由此得出结论，一种已经完成的酪酸发酵的弧菌沉淀可以至少能保持一段时间，而并没有失去发酵能力。它能产生一种酪酸酵素，这种酵素能够在合适的、新鲜的发酵培养基里复活和活动。

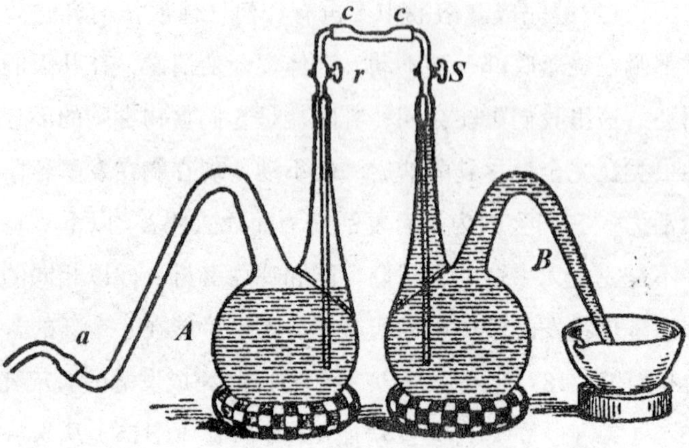

图15

就我们的观点而言，已经留心研究我们最先提出的这些事实的读者，对以下研究课题不会有任何怀疑。这个研究课题是石灰乳酸盐发酵的弧菌在未与大气中的氧气接触时，它们可以繁殖。如果这个重要课题所需要的

① 为了做到这点，首先，应将烧瓶活塞管的弯曲末端处，以及连接它们末端处的橡胶管c c装满煮沸的不含空气的水。

新证据肯定存在的话，那么它们可能在以下的观察中被发现。从这些观察中可能得出推论，大气中的氧气能够突然阻止酪酸弧菌发酵，并使酪酸弧菌完全静止，致使它们不能存活。1862年5月7日，我们将一个2.580升（4.5品脱）的烧瓶放在烤炉里，并将烧瓶里装满石灰乳酸盐和磷酸盐溶液，这些溶液是我们在9日用酪酸发酵中的2滴液体饱和的。在几天的时间里，发酵显现出来：在18日，发酵活跃；在30日，发酵非常活跃。6月1日，发酵每小时产生35立方厘米（2.3立方英寸）的气体，这种气体含有10%的氢气。在6月2日，我们开始研究空气对这种发酵弧菌产生的作用。为了研究这个作用，我们在连接烧瓶的一个水平处将导出管切断，然后用一个50立方厘米的移液管，取出那种量程的液体（1.75液盎司），当然它马上被空气取代。然后我们将烧瓶倒转过来使其开口处在水银的下方，每十分钟摇动一次烧瓶，这样持续一个多小时。首先，我们希望确保氧气已经被吸收。我们在水银下方使用一个薄的、装满水的橡胶管将烧瓶的嘴与一个小的烧瓶连接起来，这个小烧瓶的颈已经被拉长，里面装满了水；然后，我们将大烧瓶提起，小烧瓶保持在大烧瓶的上方。使用一把莫尔夹将橡胶管关闭，然后打开，让小烧瓶中的水进入大烧瓶，然而气体却相反，它从大烧瓶进入到小烧瓶。我们立刻分析了气体，如果把碳酸和氢气考虑进去，气体中含有的氧气不超过14.2%，这与使用了50立方厘米（3.05立方英寸）空气吸收了6.6立方厘米或3.3立方厘米（0.2立方英寸）氧气相一致。最后，我们再次用一个橡胶管来将两个烧瓶连接起来。通过在显微镜下的观察，我们发现弧菌的活动非常缓慢，发酵也更缓慢，但毫无疑问，发酵实际上并没有停止，因为一部分液体没有与大气中的氧气接触。尽管长时间地摇动液体，但在引入空气后，烧瓶中的液体已经发酵。不管原因可能是什么，这些现象的重要性是不容置疑的。为了保证空气进一步与弧菌作用，我们将2个测试管装一半发酵液体，这种发酵液体是从另一个已经达到最大强度的发酵液中取出的。我们在其中的一个测试管注入一点空气，在另一个测试管注入碳酸气体。在半个小时时间内，含有空气的测试管中所有的弧菌已经死亡，或至少一动不动，发酵停止。在另一个测试管里，在弧菌受到碳酸气体作用3个小时之后，它们仍很活跃，发酵仍在继续。

有一种最简单方法来观察大气中的空气对弧菌产生的重要影响。通过图13所示的实验器材进行的微观观察，我们已经看见弧菌在被完全剥夺空气时，它们的活动是多么引人注目，以及察觉出它们是多么容易。我们会重复这项观察，同时在显微镜下以普通方式对同种液体做一个对比研究。也就是说，通过将一滴液体滴在一个物镜上，并用一个薄的玻璃片将液体覆盖，这种方法肯定会使这滴液体与空气接触，哪怕只与空气接触一会儿。令人感到惊讶的是，我们立刻观察到球状容器里弧菌的活动与那些在玻璃下弧菌的活动之间存在巨大的差异。弧菌在玻璃下方活动的情况中，我们通常看见所有的活动在玻璃边缘处立刻停止，这滴液体在玻璃边缘处直接与空气接触。弧菌的运动在玻璃中心周围能持续更长或更短的时间，时间长短根据空气在液体周围被弧菌拦截的多少而发生相应的变化。在把玻璃立即放在完全受大气中空气作用的这滴液体的上方后，在这个实验中并不需要太多技能，我们就能清楚地观察到所有的弧菌看起来很懒惰并且表现出病态，我们不能想出更好的表达来解释我们所观察到的现象。弧菌逐渐在玻璃中心周围恢复它们的活动，这根据它们在很少受氧气影响的一部分培养基里的情况而定。

结合观察，我们在普通的需氧细菌上发现了一些更奇怪的现象，这与前述事实既相关也相反。如果通过显微镜在盖玻片下观测一滴布满这些生物体的液体，我们很快就可以观察到，所有处于液体中央的细菌都停止了活动，液体中央部分的氧气迅速消失，不能再为在那里生存的细菌提供必需物质。同时，另一方面，靠近盖玻片边缘的运动则很活跃，因为有持续不断的空气供应。尽管在玻璃中央下面的细菌死得很快，但要是偶然进入一股空气的话，我们还是看到那里生命的延续。在这些气泡周围，大量细菌以一个密集的、活动的圆圈形态聚集起来，但是一旦所有的氧气气泡被吸收，这些细菌明显变得无生命力，它们会被液体的活动分散开[①]。

---

① 我们发现的这个事实，早在1863年就由我们公布。它于1869年在霍夫曼出版的一本标题为

在这儿我们补充一个纯粹的历史事件，那就是这两种恰好描述到的对弧菌和细菌的观察是在1861年的某一天连续观察到的。正是由于这两种观察都和这个课题相关，我们可能会采用一种没有公布的观察方法。当需氧细菌突然放入碳酸气体时，它们会失去所有的活动能力。然而，一旦把它们再次放进空气中，它们就会恢复活动能力，仿佛它们仅仅经历了麻醉。

首先，启发我们产生生命在没有空气时可能生存的想法，使我们认为在乳酸发酵中我们经常遇到的弧菌一定是真正的酪酸酵素。

我们可能停下来考虑一个有趣的问题，这个问题与两种特征有关，在这两种特征下弧菌在酪酸发酵时出现。是什么原因让一些弧菌显现出有折射的小球，这些小球通常以晶状体的形态出现，如我们在图14所看见的一样。我们强烈地认为，这些小球与弧菌中一种特别的繁殖方式有关，并且其通常和我们研究的厌氧菌形态相像，而且，我们正在谈论的小球中的普通厌氧菌形态有可能会出现。从我们的观点来看，解释这些现象需要在一定量的分裂生殖产生后，以及在培养基组成成分变化的影响下，这会在发酵、弧菌以及包囊活跃的生命中不断发生变化，这些弧菌、包囊仅仅是折射的小球，这些小球在它们不同部位产生。通过这些芽球，最终产生了弧菌，在一定的时间里，通过横向分裂的过程，它们准备繁殖，随后被包在囊内。不同的观察结果使我们相信，当这些微小的、软的和丰富的以棒状体出现的弧菌变干燥时，它们就会死亡。但是当它们以小球或包囊的形态出现时，它们就会拥有超凡的抵抗力，虽然它们可能处于一种干的尘土的状态并被风吹走。当包囊形成时，小球周围或包囊周围没有一种物质看起来可以保护细菌，又因为细菌重新被吸收，逐渐让包囊变得赤裸裸。这些包囊以大量小球的形式出现，即使是最熟练的观察者也不能从这些小球中察觉到任何具有有机性质的物质，以及有力的证据来支持这些观点。然而，通过实验已经表明，没有哪种观点是完全具有决定性的。我们可以引

“细菌研究论文集”的著作中得到确认。这本书是以法语出版的（“自然科学年鉴”，第5系列丛书，第9卷）。

用一个与这个课题有关的观察。

甘油在一个无机物培养基中发酵——甘油在酪酸弧菌的影响下正在发酵——在确定晶状的弧菌唯一存在以及确定它带有折射小球后，我们观察了发酵，由于某些不知道的原因，发酵变得缓慢，突然发酵又变得极其活跃，但是现在发酵受到普通弧菌的影响。带有明亮的小球的微芽几乎消失了，我们只能看到少量的微芽。现在它们单独由有折射物质组成，与它们在一起的大部分弧菌经历了一些重新吸收的过程。

另一个与这个假设更一致的观察在我们对蚕病研究的著作中得以体现（第1卷，第256页）。在那个章节中，我们证明到，当我们把一些干的弧菌形成的灰尘放入水中时，这些弧菌含有许多折射小球，在几个小时的过程中，水中有大量的弧菌出现，发育良好的杆菌充分生长，并且杆菌中有明亮的点消失。

然而，我们没有察觉到更小的弧菌在水中的生长过程。这看似表明，前者已经从折射的细胞中得到充分生长，就像我们看到成熟的肾形虫属从它们的囊肿灰尘中产生一样。我们可能说，这种观察提供了一个最好的证据，因为同一种观察可能适用于观察细菌，这个证据能够举出例证来反对弧菌或细菌能自发产生这一说法。当然，我们不能通过显微镜观察灰尘仅有的部分，就判定一种特殊的微生物属于弧菌，另一种属于细菌。但是，当我们看到它们时，怎么判断具有确定特征的弧菌到底是由某一卵子、一个囊肿还是细菌引起的呢？之后，我们把那些不确定的尘埃微粒放入清水，过了不到一两个小时，突然看到一个成熟的弧菌正穿过显微镜的视野，甚至在它产生和发育的过程中，我们都没能发现任何的中间态。

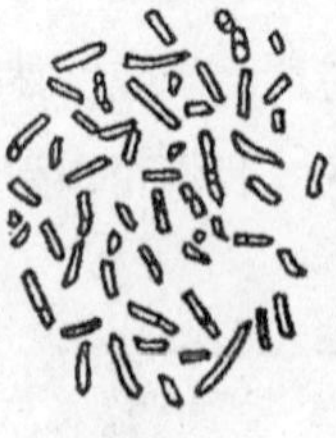

图16

弧菌的外形和本质特性不同——或多或少取决于它们处于晚年时期，或者它们通过培养基特定条件的影响而产生——是否会给发酵过程和其产物的性质带来相应的改变仍未得知。至少从酪酸发酵产生的氢气和碳酸气体比例的变化来判断，我们认为这一定是所说的情况。另外，我们发现氢气甚至不是这些发酵中的一种不变的产物。我们遇到过石灰乳酸盐的酪酸发酵没有产生氢气或除碳酸以外的其他气体。图16描绘出了我们在这类发酵中观察到的弧菌。它们没有特别的特征。根据我们的观察，虽然丁醇发生变化，但是它仅仅是一种普通产物，它绝对不是这些发酵的一种必要的附属物。人们可能认为既然可以产生丁醇，那么氢气也可能亏损，当氢气最小量时，会产生最大量的丁醇。然而，情况并非如此。甚至在我们遇到的那些没有氢气的发酵中，并没有形成丁醇。

从这部分所有详细的事实来考虑，我们能毫不犹豫地得出结论：一方面就酪酸发酵而言，在酪酸发酵里大量存在并构成酵素的弧菌在没有空气或游离氧时能够存活；另一方面，气态氧气的存在阻碍了那些弧菌的活动。但是现在可以推理出少量空气与经历酪酸发酵的液体接触时，会阻止发酵继续发生，甚至对发酵产生阻碍作用吗？我们并没有做任何与这个主题直接相关的实验。但是不难发现，到目前为止通过阻碍作用，在这样的条件下，空气可能有利于弧菌的扩散并加速发酵。这正是在酵母发酵中所发生的。但是，假如事实证明使酪酸弧菌与空气接触会带来危害，我们该如何处理这一问题呢？没有空气时，生命存活可能是由习性引起的，然而空气导致的死亡可能是由弧菌生存条件的突然变化引起的。下列有名的实验是众所周知的：将一只鸟放进一个容量为1升或2升（60～120立方英寸）的玻璃瓶里，然后将瓶子盖上。过一段时间后，这个动物在死之前表现出强烈的不安和窒息迹象。将另一只大小相同、类似的鸟放进瓶子里，这只鸟会立即死亡，然而前面那只鸟仍可能在这种条件下活一段时间，将前面那只鸟从瓶子里拿出来，使这只鸟恢复到良好的健康状况不会有困难。看来否认一种微生物能够在逐渐污染的培养基里生存的这种情况是不可能的。同样，在没有游离氧时，酪酸发酵的厌氧弧菌能够完全生长和繁殖。当把它们从没有空气的培养基里取出时，它们会立刻死亡。如果厌氧弧菌每次逐渐受到少量空气的影响，那么结果可能会不同。

这里我们不得不承认弧菌经常大量存在于暴露在空气的液体里，它们拥有大气中的氧气，将它们从有氧气的环境下突然移出时，它们会承受不了。我们应该相信这些弧菌和酪酸发酵的那些弧菌完全不同吗？在一种情况下，可能更自然地承认在有空气时，生命可以适应并生存。在另一种情况下，没有空气时，生命也可以适应并生存。当每一种种类突然从其生存环境转移到另一种生存环境时，它们会死亡。同时，通过一系列渐进的变化，一种情况可能变成另一种情况[①]。我们知道在酒精酵素的生存环境中，虽然这些酒精酵素在没有空气时能够存活，但是它们的扩散更好地受到了少量空气的帮助。我们没有公布的某些实验使我们认为，酒精酵素在没有空气接触能够存活后，它们不可能突然受到大量氧气的影响。

然而，我们不应该忘记需氧的圆酵母和厌氧的酵素呈现出一个表面相同的微生物的例子。然而，在这个例子中，将这些微生物当成一种独特的物种。同样，在没有将一种种类转换成另一种种类时，可能存在需氧弧菌和厌氧弧菌。

问题已经形成，那就是弧菌，特别是那些我们已表明是酪酸和许多其他发酵物酵素的弧菌，是否在它们的本性中、动物或植物中存在。罗宾非常重视这个问题的解决方案。在解决方案中，他说道："确定动物微生物或植物微生物的本性，是从整体还是就它们结构部分来确定，它们是吸收的还是再生的，这是25年来已经解决的一个问题。

"这个方法已经在实验上和在理论上进入一种明显准确的状态，因为那些致力于有机科学研究的人员认为，这个方法在正确确定每次观察和实验方面必不可少，不论他们的研究对象是动物还是植物，是成熟还是其他情况，这个方法是必需的。如果这些研究者忽略了这点，后果会很严重，就像化学家一样，他们在研究这种或那种化学操作时，忽略了这点就不能知道从一个组织中取出的到底是氮还是氢，是尿素还是硬脂。现在，那些研究所谓的发酵和腐坏的人中几乎没有人注意到之前的研究结果。在我提到的观察者中，甚至巴斯德，在他的最近的交流中，并没有明确说明很多他已经研究过的酵素的本性是什么。然而，有一个例外就是芽孢菌科属于

① 通过将这种物质用在直接的实验测试中，这些疑惑可能会很容易消除。

隐花植物群。他的著作中不同篇章看似表明，他认为那些被称为细菌的隐花植物微生物以及那些众所周知的弧菌属于动物领域（见《医学学术简报》，巴黎，1875年，第249页，第251页，特别是第256，第266，第267，第289和第290页）。二者有很大的不同，至少就生理学而言，前者是厌氧菌，也就是说，它们生存不需要空气，如果在很大程度上溶解于水中，它们会被氧气杀死。”①

我们不能像有学问的同事那样在同一灯光下看到这个物质。就我们的观点而言，我们认为如果“忽略了这点，我们就不能确定一种酵素所具有的动物或植物性质，这就像分不清氮和氢，分不清尿素和硬脂一样”。在这样一个巨大的迷惑下，我们应该艰难地继续进行研究。就争议问题的解答方案而言，其重要性常常取决于人们看待事物的不同观点。我们的研究结果将注意力仅仅集中在以下这两个问题：1. 在每种所谓的发酵中，酵素是一种有组织的生物吗？2. 这种有组织的生物在没有空气时能存活吗？现在，有组织的动物或植物的发酵本质这个问题与对这两个问题的调查有关系吗？比如，在研究酪酸发酵时，我们努力建立以下这两个基本点：1. 酪酸酵素是一种弧菌。2. 这种弧菌生存时可能不需要空气，事实上它在产生酪酸发酵时的确不需要空气。至于这种微生物动物或植物的性质，我们不发表任何看法。直到目前，我们倾向于弧菌是一种动物而不是一种植物的观点，这是一个观点而不是一种信念。

然而，罗宾会很容易确定这两种领域的限度。据他所说，“我们可以说，每种细胞膜质在氨里是不可溶解的，这和植物的繁殖成分，不管是雄性还是雌性都是一样的。不管那些繁殖新个体的元素达到了什么样的演变阶段，在观察者的眼里，除了由于它们的成分被部分溶解而变得更加透明，这一试剂的处理（要么是寒冷的，要么已升高到了沸点）使它们处于绝对完整的状态。因此，所有不管是否在显微镜下可见的植物、所有的菌

① 罗宾：《关于发酵的本质》，和c（《生理学与学术研究学报》，1875年7月和8月，第386页）。

丝体和所有的孢子都完全地维持了它们的形态、体积和结构排列等特殊特征。然而对于微小的动物，或在动物领域不同动物的卵细胞和微小的胚胎的这种情况却恰恰相反。”

我们应该很高兴知道一滴氨的使用可以使我们自信地表达一个与最小的微生物本性相关的观点。但是罗宾的设想完全正确吗？那位绅士说，属于动物微生物的精子在氨中不能溶解，氨仅仅使它们变得更白。如果在某种特定的试剂中，如在氨中，要是它的异常反应足以确定动植物领域的界限，那么，培养基中少量的酸能够促进霉菌的生长和繁殖，而同时它又阻碍了细菌和弧菌的生存，我们还会争辩霉菌和细菌之间必然存在着很大而又自然的区别吗？众所周知，虽然活动不是动物的唯一特征，但是由于弧菌的特殊特征，我们常常把弧菌当成动物。比如，它们在这方面与硅藻纲差异很大。当弧菌在转向遇到一个障碍时，或通过一些看得见的努力，或通过其他努力不能克服这个障碍时，弧菌会原路返回。肾形虫属，毫无疑问是纤毛虫类，表现出一种类似的生活方式。当然人们可能争论到，某些隐花植物的游动孢子也表现出类似的活动。但是难道这些游动孢子不像精子一样拥有大量的动物本性吗？就细菌而言，我们已经谈到，当我们看见细菌在液体中围绕一群空气气泡来延长它们的生命而氧气已经不能使它们在其他任何地方延长生命时，我们怎能不相信它们有一种生命的本性，并且这种本性和我们在动物中发现的一样？在我们看来，罗宾认为动物和植物领域之间任何绝对的区分方法可能是错误的。然而，我们再次重复到，不管这种解决方法怎样，它不会对我们研究课题遇到的问题产生影响。

同样地，罗宾大师提出这样的争执，即当我们不能明确说明那种细菌的性质是属于动物的还是植物的时，我们不能使用“细菌”这个词，在很多方面这项争执都是不必要的。在所有我们已讨论的问题中，是否我们在谈论发酵是自发产生时，“细菌”这个词已经从活的微生物起源上得到了运用。比如，如果李比希说：“一种多胚乳的物质能够产生酵素。”那么我们与其答复他，不如更坦率反驳他：“不，酵素是一种有组织的生物，它的细菌常常存在。出现的多胚乳的物质仅仅是用来滋养细菌和下一代多胚乳物质的吗？”

在1862年我们关于所谓的发酵的自发的产生的回忆录中，试图给我们在观察过程中遇到的微生物赋予特别的名字，这是一个完全错误的吗？在尝试中，我们不仅会遇到从极度困惑状态中产生的巨大困难，甚至在今天我们给这些微生物分类和命名时也会遇到极度的困惑，而且我们在工作中被迫放弃清楚的研究。无论如何，我们应该已经偏离了主要目标。一般而言，这个主要目标决定生命的存在或丧失，这个目标与这种或那种物种、动物或植物里的一种特殊生命表现没有关系。因此，我们系统地使用了最模糊的术语，比如毛霉菌、圆酵母、细菌和弧菌。在使用术语方面，我们一点也不武断。然而，很多人武断地采用一套明确的术语，并将它们用在人们不完全知道的微生物中。这两者之间的不同之处或相似之处，只能通过某些特定的特征才可以辨别，它们的真正意义是模糊的。比如，最近几年，在科恩、霍夫曼、哈里尔和毕罗的著作中已经产生很多针对细菌和弧菌种类的广泛的、不同的方法。关于这些著作各自的优点，虽然我们没有用任何方式把这些不同的著作放在相同的立足点上，但是，在这个方面存在非常大的困惑。

然而，罗宾正确地认识到，如今，他已不可能像曾经那样坚持那种观点了，也就是：“发酵是一种外部现象，这种现象会继续在隐花植物细胞外面进行，是一种关联现象。”他补充道：“这很可能是一种内部活动和分子活动，该活动发生于每个细胞个体最深处。”从那天起，我们首次证明了那些所有的所谓活体酶可能从它们各自的胚芽中迅速生长和繁殖，它们是有意识地，或是偶然地被播种在无机物培养基中，这种培养基中不存在有机物，也不含除了氨以外的含氮物质，在此培养基中可发酵的物质会单独适用为活性酶提供任何碳会成为其组成成分的物质，从那时再往后推一段时间，李比希理论和贝采利乌斯理论，这些都是罗宾曾支持过的理论，此时要想向其他人证明此理论，已经到了不得不拿出一些更多的一致性事实的地步。我们相信终有一天，罗宾同样也会承认那种自发繁殖的教条理论论题是有错的，但，他现在依然坚信这条理论，并且没有引用任何直接的证据来支持这种观点，我们在看完这篇文章后一直都在进行着答复。

在本章我们花了很大篇幅，用所有可能的正确事实确定了在没有空气时生命存活的这个极其重要的生理事实。这个事实与所谓的发酵现象相关。也就是说，发酵现象归因于微细胞生物的存在。这是我们解释这些现象时提出新理论的主要根据。我们了解细节是不可或缺的，因为这个课题比我们对奥斯卡·布雷费尔德和特劳伯这两位德国自然主义者评论进行反驳更具有新奇性。这两位自然主义者对这些事实的正确性产生了一些怀疑，在前面的论点中我们以这些事实为依据。我们高兴地补充到，目前我们正在校订这些章节的证据。我们收到一篇来自布雷费尔德的论文，这要追溯到1876年1月，柏林。文中在描述了他后期的实验研究后，用值得称赞的坦然态度谈到他和特劳伯博士都被误解了。当充分证实了生命在没有空气能够存活这个命题时，他现在接受了这个命题。他已经在总状毛霉中目睹了这点，这也在酵母中得到核实。他说："如果我所做的这些所有可能正确研究的结果出来后，我倾向于认为巴斯德的论断是错误的，并进行反驳。但现在我毫不犹豫地确认这些论断是正确的，并宣布巴斯德对科学做出的贡献是首先表明事物在发酵现象中具有确切关系。"在他后期的研究中，布雷费尔德博士已采用了一种方法，我们已经使用这种方法很长时间了，用来证实酪酸弧菌在完全没有空气时能够存活和繁殖。他也采用了一种方法，用来在与发酵物质有关的无机物培养基里进行生长。我们没有必要停下来考虑布雷费尔德博士某些其他次要的评论。我们相信，熟读目前的著作会使他相信，同他以前的评论相比，这些次要的评论没有更可靠的基础。

让某人相信一个对他有所启发的事实是接近进步的第一步，说服他人是第二步。第三步可能没有多大用处，但是却令人满足，那就是他能说服自己的对手。

因此，我们已经得到了巨大的满足。我们已经说服一名具有非凡能力的观察者同意我们的观点，这些研究课题的观点对细胞生理机能至关重要。

VI
对发表于1870年李比希评论性观察研究的回复

1860年，我们从发表的关于酒精发酵回忆录以及后续的一些著作中，得出一个结论，这个结论和李比希已经采用的结论不同，它是关于这种非常值得注意的现象的产生原因的。在面对我们发现的新事实时，米切利希和贝采利乌斯的观点已经站不住脚。从那时起，我们确定慕尼黑著名的化学家已经采用了我们的结论。正如他所有著作表现出的一样，虽然这个问题成为了他不变的研究课题，但事实上长期以来，他在这个问题上一直保持沉默。突然在《化学和物理学年鉴》中出现一篇长篇论文，这篇论文是他于1868年和1869年在巴伐利亚学院发表的一次演讲中再现的。在这篇论文中，李比希再次坚持他以前发表的那些观点，然而，并不是一点都没有改变，他对最初那些事实的正确性提出了质疑，这些事实是在1860年我们的回忆录中公布的，回忆录中有一些东西和他的理论是矛盾的。

他说："我已经承认，发酵物质转化成一种更简单的混合物应该起因于发酵中产生的某些分解过程。根据酵素产生延长或终止的变化，这一同种酵素对发酵物质的作用应该继续或停止。最后，糖分子的变化是通过酵素一个或多个组成成分受到破坏或改变引起的，这种变化只有两种物质接触时才发生。巴斯德的发酵理论如下：发酵的化学作用本质上是一种与生命活动有关的现象，这种作用以这种生命活动开始也以这种生命活动结束。他认为，如果小球或从已经形成的小球中得到的持续生命的组织、生长和繁殖没有同时产生时，酒精发酵就不会发生。但是发酵期间糖的分解归因于酵素里小细胞的生长这个观点，与酵素能够使一种纯糖溶液发酵这个事实相矛盾。酵素更重要的部分是由一种富含氮和含有硫黄的物质组成。另外，这个重要的部分包含可观量的磷酸盐，因此很难想象，在一种经历发酵的纯糖溶液里，如果没有这些组成部分，细胞是如何增加的。"

尽管李比希持相反看法，但是发酵期间糖的分解与酵素小细胞的生长，或与已形成的小细胞生命的延续紧密相关。这个观点决不与酵素能使一种纯糖溶液发酵这一事实相背离。这向那些使用显微镜研究这种发酵的人表明，在含糖的水完全变纯后，酵素细胞仍会繁殖。原因是细胞为酵素的生存带来了所有需要的营养。可以观察到这些酵素细胞可以萌芽，至少它们中有很多在萌芽。毫无疑问，那些没有萌芽的细胞仍继续存活。除了生长和细胞增殖外，生命的存活还可以通过其他方式展现出来。

如果提到1860年我们的回忆录中第81页出现的数据，即D、E、F、H、I实验时，我们会发现在一种纯糖溶液的发酵中，甚至不用考虑糖水从酵母中获得一定量可溶解的成分这个事实，酵母的重量会大量增加。因为在刚才提到的那些实验中，在温度为100℃（212℉）时对固体酵母进行洗涤和干燥后，它们的重量比在相同温度下使用的原始酵母更重。

在这些实验中，我们使用到了以下酵母的重量，是用克表示的（1克=15.43格令）：

（1）2.313

（2）2.626

（3）1.198

（4）0.699

（5）0.326

（6）0.476

发酵后，我们重复这个实验，没有考虑糖水从酵母中获得的物质，酵母的重量变为：

克粒

（1）2.65

（2）5.16

（3）7.7

（4）0.2

（5）0.14

（6）1.75

对于这些显著增加的重量，我们没有证据证明生命存在，或者不能用一个可能更好的表达来证明营养和吸收的重要化学作用吗?

我们可以在这个论题上引用一个我们早期进行的实验，这个实验是于1857年在Comptes rendus de I'Academie进行的，清楚地表明了糖水从酵素小球中获得的可溶解部分对发酵产生的影响：

“我们取2份等量的已经被清洗过的新酵母，让其中一份在只含糖的水中产生发酵。通过在过量水中将酵母煮沸，来除掉所有的溶解颗粒，然后我们过滤以分离含有的小球。我们在过滤溶液里添加与第一份酵母中等量的糖，也添加了少量不充足的新酵母，最后这份酵母的重量对我们的实验结果产生了影响。我们播种的小球已经萌芽，液体变混浊，渐渐形成了一层酵母沉淀。随着这些变化的出现，糖的分解受到了影响，在几个小时内糖分解表现得很清楚。这些结果和我们期望的一样。然而，以下的事实是很重要的。通过这些方式，影响有机体进入到我们在第2种情况中使用到可溶解部分酵母的小球，我们发现大量的糖被分解了。以下是我们实验的结果。5克酵母在6天内使12.9克的糖发酵，在最后一天酵母被用完。同等量的5克酵母的可溶解部分在9天内能使10克糖发酵。9天后，通过播种而生长的酵母也被耗尽。”

在水中发酵，水中除糖之外什么也没有，溶解部分的酵母不会反应，也不会产生新的小球或是之前那种理想的小球，在之前的实验中，当我们观察到煮沸去除含氮部分和无机物部分以后，它立即就产生了新水珠，难道这些水珠在散播的一小部分小球的影响下引起了如此多的糖发酵？我们怎么可能会坚持这样的观点？①

① 这里，我们有必要指出，使用酵母在纯糖溶液发酵，氧气最初在水中溶解并被与空气接触时的酵母小球占有，这对发酵活动产生了重要影响。事实上，如果我们让强碳酸气流经过糖水和处理过酵母的水时，发酵会变得非常缓慢，以及形成的少数新酵母细胞会呈现出奇特和反常的状态。实际上，这可能是我们期望的。因为我们发现当酵母有点成熟时，如果去除液体内的空气，那么酵母就不能生长，或即使在一个含有所有酵素营养的发酵培养基里也不能使酵母产生发酵。同样，我们期待酵母能够在去除空气的纯糖水中也如此。

简而言之，李比希说，靠酵母产生发酵的纯糖溶液不含酵母生长所需的任何元素，既没有氮、硫也没有磷。他的说法是不合理的。根据我们的理论，糖不可能产生发酵。相反，由于酵母的引入和存在，溶液中含有所有这些元素。

在没有接到李比希评论时，让我们继续进行研究：

他继续说："应该添加分解作用，这种分解作用使酵母作用于大量物质上的，这种分解作用和糖分解作用类似。我已经表明，石灰苹果酸盐通过酵母的影响能很快发酵。它能分解成其他[①]种钙质盐，即醋酸盐、碳酸盐和琥珀酸盐。"

根据这位著名的批评家的观点，这个说法是不对的。酵母不会对石灰苹果酸盐或其他由植物酸形成的钙质盐产生影响。让李比希感到满意的是，他以前就已经提出，尿素在酒精发酵期间与酵母接触时能够转化成氨碳酸盐，这个观点被证明是错误的。李比希在这里再次提出的类似说法也是错误的。在他谈到石灰苹果酸盐发酵情况中，产生了某些自发的酵素。这些酵素的细菌与酵母有关系，它们也能在酵母和苹果酸盐的混合物中生长。酵母仅仅为这些新酵素提供了食物，而没有直接摄取我们谈到的那些发酵里的任何成分。在这点上，我们的研究结果没有任何疑问，这和以前对石灰酒石酸盐发酵得出的观察结果一样明显。

当然，酵母能够在多种条件下、不同的物质中产生变化。特别是德贝赖纳和米切利希，他们已经表明，酵母能在水中产生一种可溶的物质，能使蔗糖溶解，并使之吸收水中的元素来产生转化。就像淀粉酶作用于淀粉，使蔗糖溶解并使之吸收水中的元素而产生转换。贝特洛也表明这种物质通过将其与酒精作用，进行沉淀后，它可以被分离开。同样，这和淀粉酶从它的溶液中沉淀出来一样。这些显著的事实是存在的，但是这些事实与依靠酵母产生糖的酒精发酵含糊地联系在一起。在研究中，我们已经证

① 德贝赖纳，《施韦格尔化学学报》，第12卷，第129页；《药剂学学报》，第1卷，第342页。

明了在很多发酵中存在特殊形式的活体酶。人们可能认为这只是简单的接触而产生的。而这些研究毋庸置疑地证实了那些发酵中存在着很大的不同，这样我们就可以区分出真正的发酵和与可溶物质相关各种现象。我们越向前研究，就越能清楚地发现这些差异。杜马斯坚持认为发酵用的酵素能够在发酵过程中繁殖和再生，同时其他酵素受到破坏①。最近，蒙兹表明三氯甲烷阻止了发酵，但是它没有妨碍淀粉酶的作用（《会议报告》，1875年）。布卡达特已经确认了一个事实，即氢氰酸、水银盐、乙醚盐、酒精盐、杂酚盐和松节油、柠檬油、丁香、芥子油会破坏或阻止酒精发酵，同时决不会阻碍葡萄糖苷发酵（《化学和物理学年鉴》第3系列，第14卷，1845年）。在赞扬布卡达特的睿智时，我们可能补充到那个技术好的观察者常常把这些结果当成一个证据来证明酒精发酵依赖于酵母细胞的生活，发酵的两种顺序之间应该有区别。

米切利希，《伯齐利厄斯年度报告》，巴黎，1843年，第3页。在1840年罗斯发表的与蔗糖转化有关的一次报告中，米切利希观察到："蔗糖在酒精发酵里的转化并不归因于酵母小球，而是由于酵母小球与水中一种可溶物质混合。通过滤掉酵素获得的液体具有使蔗糖转化为不能结晶的糖的特性。"

贝特洛，《学术会议报告》，1860年5月28日会议。贝特洛证实了米切利希先前的实验。另外，他证明作者所谈论的可溶解物质在没有失去其溶解能力时，它可能与酒精形成沉淀。

米切利希进行的观察是关于可溶解酵母的发酵部分的。贝尚已将这个观察应用到了真菌生长中并得出了有趣的结果，那就是真菌和酵母一样，它的生长能在水面上产生一种使糖转化的物质。当真菌生长的产物受到一种杀菌剂阻止时，那么糖转换就不会发生。

我们在这里可能说几句话，这几句话是关于贝尚要求对这个发现优先

① "有两类酵素。第一类是啤酒酵母，如果发现它们在液体中产生所需的足够的发酵食物，那么它们就能保持生存和不断生长。第二类是淀粉酶，它们常常在生命活动中牺牲自己。"（杜马斯，《学术会议报告》，第75卷，第277页，1872年）

考虑的。众所周知，我们首先证实到如果把活酵素的细菌和糖、氨以及磷酸盐一起放在纯水里，那么活酵素可以充分生长。根据贝尚的观点，霉菌能在含糖的水中生长，它们在水中使糖转化。依靠这个已经确认的事实，他声称已经证明“活的有组织的酵素可以在不含多胚乳物质的培养基里产生”（见《会议报告》，第75卷，第1519页）。为了合乎常理，贝尚可能说，他已经证实到，在不含氮、磷酸盐或其他无机元素的纯糖水中，能够形成某些霉菌。这个推论可以从他的著作中推导出来，在他的著作中，霉菌可以在只含糖，而不含其他有机或无机组成成分的纯水中生长，对于这个观点，我们不感到惊讶。

贝尚关于糖转换的第一次记录发表于1855年。在这次记录中，我们发现没有东西与霉菌的影响有关。1857年11月在我们发表关于乳酸发酵的著作之后，他于1858年1月发表了第二次记录，在这次记录中霉菌的影响引起人们的关注。在那个著作中我们第一次确认乳酸酵素是一种活的、有组织的生物，多胚乳物质没有参与发酵，它们仅仅作为酵素的食物。1857年12月21日在我们第一本关于酒精发酵的著作发表后，贝尚的记录也随之发表。正是由于我们这两本著作的出现，微生物生命在发酵现象中占优势的影响得到了更好的诠释。很快，贝尚说这些著作的出现改变了他以前的结论，但从1855年起他就已经不再观察真菌生长对糖的影响（《会议报告》，1858年1月4日）。

在保罗·伯特研究气压对生命现象的影响中，他已经确认了压缩氧气对某些酵素是致命的这个事实。同时在相同条件下，压缩氧气不会阻碍那些命名为“可溶解的酵素”分类的物质的作用，比如淀粉酶（能使蔗糖转化的酵素）、苦杏仁酶和其他酵素。在这些酵素停留在压缩空气中时，如果阻止细菌被进入，酵素就会停止活动，再也不能恢复这种活动。甚至当酵素暴露于常压下的空气后，它们也不会恢复这种活动。

现在我们谈到李比希的主要异议，根据这个异议他推断出独创性的论证，以及在《年鉴》中有不少于8页或9页来支持这个论证。

作者开始研究可以使酵母在含糖水中生长这个问题，将氨盐和一些酵母灰添加到含糖的水中—— 一个与他的理论明显相悖的事实是一种酵素在分解过程中常常是一种多胚乳的物质。然而在这种情况中，我们仅仅有产生多胚乳物质的无机物物质，而不存在多胚乳物质。我们知道李比希把酵母和一般而言无论什么样的酵素都当成一种含氮的、多胚乳物质。同样，和苦杏仁酶一样，它具有引起某些化学分解的能力。他将发酵与蛋白质物质简单的分解联系在一起，并想象这种现象以以下的方式产生："在分解过程中，蛋白质物质具有传递其他物质的能力，而这种物质的微粒由于同种移动状态已受到影响。通过与其他物质接触，蛋白质使其他物质具有分解或进入其他混合物的能力。这里李比希没有意识到酵素能够使一种活微生物生存，这与发酵有关。

这个理论追溯到1843年。1846年，布特龙和弗雷米发表在《化学和物理学年鉴》关于乳酸发酵的回忆录中得出了一些结论，这些结论是从这本回忆录中推出来的，然而这些结论在很大程度上不合理。他们认为，同种含氮的物质在与空气接触时可能经历不同的变化，从而相继变成酒精、乳酸、酪酸和其他酵素。没有其他理论比单纯的假想理论更方便，这些假想的理论不是事实的必要结果。当发现新的事实与最初的假设不一致时，新的假设就紧随旧的假设之后而产生了。这正是李比希和弗雷米已经做的，在我们的研究压力下，他们在1857年开始。1864年，弗雷米想出了半微生物理论，这个理论意味着他放弃了李比希1843年的理论，也放弃了他与布特龙在1846年添加到这个理论的部分。换言之，他放弃了酵素是多胚乳物质的想法，而采用了另一个想法。那就是在与空气接触时，多胚乳物质特别能适应组织进入新的生物过程。也就是说，这些新生物是我们已经发现的活酵素，与啤酒和葡萄酵素起源相同。

这个半微生物理论是特尔宾一字不差的、过时的观点。大众，特别是某些领域的大众，没有深度考查这个话题。讨论自发产生理论的那个时期引起很多人的关注。弗雷米的理论中仅有的新奇事物，"半微生物"这个新词欺骗了人们。人们认为，弗雷米在真正发现了问题的解决办法。当然，理解这个变化过程是相当困难的。通过这个过程，一种多胚乳物质能够立刻变成一种活的、萌芽细胞。这个困难被弗雷米解决了，弗雷米宣称这是某些没有被理解的力量的结果，即“有机物推动的”力量①。

李比希和弗雷米被迫宣布他们最初关于酵素性质的观点，得出了以下模糊的理论（1870年李比希的回忆录中已经引用到了）：

“看起来毫无疑问，在发酵现象中，植物微生物对这部分起作用。只有通过它，蛋白质和糖才能结合并形成特殊的结合物。作为蘖的一种组成部分，在这种不稳定的形态下，它们对糖发生作用。如果蘖停止生长，那么细胞内物质的各个组成部分的结合将会减弱，而且正是通过这种作用，酵母细胞会导致糖成分的混乱，或使糖成分分离成微粒。”

人们可以认为翻译《年鉴》的译者犯了一些错误，造成这篇文章出现很多的费解。

无论我们采用这种新的理论还是旧的理论，它们都不能解决酵母和发酵在一个含糖的无机物培养基里生长的问题。因为在后面的实验中，发酵不但与酵素的生命有关，还与酵素的营养有关，在酵素和酵素的营养物质之间不断发生变化，因为所有被酵素吸收的碳是从溶液里的糖中获得的，被酵素吸收的氮是从溶液里的氨中获得的，被酵素吸收的磷是从溶液里的磷酸盐中获得的。甚至人们会问，通过接触作用或者传递作用这个无缘无故的假设来表达的目的是什么？因此我们正谈到的实验是一个基础实验。事实上，正是这个实验的可能性组成了争论中最有效的观点。毫无疑问，李比希可能会说：“是生命和营养活动才组成了你的实验，这是我的理论所需要的传递活动。”非常奇怪的是，事实上，李比希在尽力表明这点，但是他说得却很胆怯和随便：“从化学的观点而言，我不会心甘情愿地放弃这个观点，即一种生命活动是一种活动的迹象。就生命这个双重意义而言，巴斯德的理论与我的理论一致，这个理论与我的理论并不矛盾（第6页）。”这是正确的。李比希在其他地方也说道：

“生理活动和发酵现象之间仅有的关系很可能会在细胞中产生新物

① 弗雷米，《学术会议报告》，第58卷，第1065页，1864年。

质，这种物质通过某种特殊属性，类似于苦杏仁酶对水杨苷和苦杏仁苷的分解属性，可能致使糖分解成其他有机颗粒。从这个观点来看，生理活动对产生这种物质是必要的，但是它和发酵没有任何关系（第10页）。”就这点而言，我们没有异议。

然而，李比希没有细想这些观点，他仅仅随便关注了一下。因为他很清楚，就捍卫他的理论而言，这些观点仅仅是回避真相的说法。如果他坚持这些观点或将他的异议完全建立在这些观点上，那么我们的答复是这样的：“如果你不同意发酵是与酵素的生命和酵素的营养有关，那么我们就与你的主要观点一致。如果你愿意的话，让我们细查产生发酵的真正原因，这是第二个问题，这个问题与第一个问题非常不同。科学是通过不断解决那些微妙的问题逐步建立起来的，它越来越接近于现象发生的本质。如果我们继续讨论活着的，有组织的生物在分解发酵物质所起的作用这个问题时，我们会再次发现结果与你关于传递活动的假设相关。因为根据我们的观点，在大多数情况下，发酵的真正原因是在没有空气时生命能够存活这个事实中找到的，这是很多酵素的特征。”

让我们简短地看李比希对产生发酵的这个实验的看法，这个发酵实验是通过含糖的无机物培养基的饱和进行的，结果与他看待这个问题的方式很不同①。经过深刻思索后，他宣布这个实验是不准确的，实际上是无确切根据的。他说：“我尽可能地小心，已经重复了很多次这个实验，除了关于酵素的形成和繁殖结果不同外，实验得出了和巴斯德相同的结果。”然而，正是酵素的形成和繁殖才组成了实验的重点。因此，我们的讨论显然被限制在这一点：李比希否认酵素能在含糖的无机物培养基里生长，然而我们认为实际上这种生长会发生，也相对容易来证明这点。1871年我们当着巴黎科学院的面，在一次记录里答复了李比希。在记录中，在一个被选为此研究目的的委员会面前，我们在一个无机物培养基里准备了一定重

① 见1860年我们的回忆录（《化学和物理学年鉴》，第58卷，第61页，特别是第69页和第70页，这些地方记录了实验的细节）。

量的酵素，这个酵素的重量和李比希要求的一样[1]。这次我们比1860年更大胆，原因是我们对这个课题的知识已经通过10年不断更新的研究得到了加强。李比希没有接受我们的建议，他也没有对我们的记录进行回复。一直到他1873年4月18日逝世时，他也没有写更多与这个课题相关的东西[2]。

1860年当我们发表正在谈论的这个实验的详细说明时，详细指出了要成功进行实验会遇到的困难，以及可能失败的原因。我们要特别注意一个事实，那就是与酵母在含糖无机物中获取营养相比，含糖的无机物培养基更适合细菌、乳酸酵素以及其他低级生物形态获取营养。最后，含糖的无机物培养基会很快被不同的微生物挤满，这些微生物来源于细菌的自发生长，这些细菌是由飘浮在大气中的灰尘颗粒产生的。我们为什么不观察酒精酵素的生长，特别是在实验开始时没有观察其生长，原因是那些培养基不适宜酵母的生存。然而，后者可能在其他有序发展之后形成，其原因是蛋白质产生的物质在最初的无机物培养基中发生了改变。有趣的是，在1860年我们的回忆录中，同一类型的某些事实与通过蛋白产生的发酵相关。以血液为例，我们可以顺便提及，我们推断血清中存在很多明显的蛋白，因此我们得出一个结论，这个结论已被许多研究者，尤其是被贝尚所证实。

现在，使用酵母灰和氨盐，在含糖的水中进行发酵的实验中，同酵母相比，毫无疑问李比希并未遇到其他微生物自发生长的困难。另外，可能已经确认了这个结果的必然性，与他看似从回忆录某些章节中采取的观

① 巴斯德，《法国科学院会议报告》，第73卷，第1419页，1871年。

② 在他1870年的回忆录中，李比希做出了一个值得注意的认可："我已故的朋友佩洛兹9年前和我交流过巴斯德研究发酵的某些结果。我告诉他，我不会改变对发酵产生原因的看法。如果可以通过氨在发酵溶液中产生或繁殖酵母，那么工业就会很快利用这个事实。如果工业利用这个事实，那么我会等着看。然而直到现在，在生产酵母过程的工业应用中没有发生一点变化。"我们不知道佩洛兹的答复是什么。但是不难想象，如此睿智的研究者是这样评论他杰出的朋友的，从新生科学的广泛应用导致金钱利益的可能性从没有被认为是评判事实的标准。而且通过许多杰出的实干家，特别是酿酒厂的厂长佩泽尔，他们毋庸置疑的证据中，我们可以证明关于这一点李比希被误解了。

察相比，李比希应该借助于一个更近的显微镜观察。毫无疑问，他的学生告诉我们，李比希不会采用那种仪器，如果没有那种仪器，对发酵任何确切的研究不仅仅是困难的，而且是几乎不可能的。就提到的原因而言，同李比希相比，我们自己没有得到一个简单的酒精发酵。1860年在我们的回忆录中，给出了那个特殊实验的详细说明，我们从那个实验中同时获得了乳酸发酵和酒精发酵。实验中形成了一种明显量的乳酸并阻止了乳酸酵素和酒精酵素的繁殖，而一半多的糖留在液体里而没有产生发酵。然而，这决不会减弱我们从这个实验和其他类似的实验中推断出的结论的正确性。甚至可以说，从普通的和哲学的观点来看，这可能是唯一令人感兴趣的方面。这个结论非常令人满意，因为我们证实到无机物培养基能够适应一些而不仅仅适应一种有组织的酵素并且生长。不同的酵素之间的偶然关系不会使这个结论变得无价值，即酒精和乳酸酵素细胞所有的氮是从氨盐里的氮中获得的，以及那些酵素所具有的碳是从糖中摄取的。因为在我们实验中使用到的培养基里，糖是唯一含有碳的物质。李比希谨慎地放弃关注这个事实，这对他的基础评论是致命的。以前酵母在一个含糖的无机物培养基里繁殖时会遇到很多困难，总是想着这个观点是无益的。事实上，我们研究取得的进步已经出现一个问题，这个问题的研究角度和以前相同。1871年，当着科学院的面，我们对李比希进行了答复。正是在这种情况下，我们在面临由我们的反对派任命的委员会的监督下，更大胆去尝试、去准备。在一个含糖的无机物培养基里，他所需的任何量的酵素，都会影响任何重量的糖发酵。

我们对事实的了解，已经在前面关于纯酵素的章节中做了详细描述，在拥有纯空气时，我们会完全忽视那些令人窘迫的原因，即微生物细菌的偶然出现。在特征方面，这些微生物细菌与被空气引入的酵素，或从容器侧面引入的酵素，或甚至被发酵自身引入的酵素不同。

让我们再次取出我们的一个双颈烧瓶，这个烧瓶的容量为3升或4升（6~8品脱）。

让我们在烧瓶中放入以下东西：

纯蒸馏水

糖果……………………………………………………200克

钾酒石酸氢盐…………………………………………1.0克

氨酒石酸氢盐…………………………………………0.5克

氨硫酸盐 ………………………………………………1.5克

酵母灰…………………………………………………1.5克

（1克=15.43格令）

通过采取额外的预防措施，我们将少量的石棉放进完好的弯曲管的末端后，将混合液煮沸，以杀死可能在空气中、液体中或烧瓶侧面存在的所有微生物细菌，然后让液体冷却。接着，我们把少量的酵素通过烧瓶的另一个颈部放进液体中。正如描述的那样，这个颈部是由一个小的橡胶管终止的，而这个橡胶管是由一个玻璃瓶塞盖上的。

以下是这个实验的详细说明：

1873年12月9日，我们播种了一些纯酵素——巴氏酵母。从12月11日开始，饱和后，在48小时这样短的时间内，我们看见很多非常小的气泡几乎连续不断地从烧瓶底部冒出来，这标志着发酵已经开始了。接下来的几天，液体表面出现一些泡沫。我们将烧瓶放在温度为25℃（77℉）的烤炉里。1874年4月24日，我们用直的管子获取了一部分液体并对这部分液体进行测试，看看液体中是否含有糖。我们发现液体中含有少于2克的糖，198克（4.2金衡盎司）糖已经消失。过一段时间后，发酵结束。然而在1875年4月18日我们继续做了这个实验。

尽管微生物很多，但任何与发酵无关的微生物都没有生长。在增加酵素持久生命活力的条件下，尽管培养基不利于酵素获取营养，但在这种情况下酵素会最好地完成发酵。没有剩余糖。在温度为100℃（212℉）时对酵素进行清洗和干燥后，酵素的总重量是2.563克（39.5格令）。

在这类实验中，应该对酵素进行称重，最好不要使用不能完全溶解的酵母灰，以便易于从形成的酵素中分离。在这样的情况中，可以成为罗兰液体[①]。

使用磷酸盐、氨盐和糖，所有酒精酵素不能发展到相同的程度。在所有的糖进行转化前，有一些酒精酵素的生长会在一段或长或短的时间内被阻止。在进行的一系列比较实验中，每次实验都要使用到200克糖，我们发现当巴氏酵母影响糖的全部发酵时，干酪酵素分解就不会超过三分之二，以及我们命名的“新的、高的酵素”分解不会超过五分之一：让烧瓶在烤炉中放置更长的时间，不会使最后两种情况中糖发酵的比例增加。

水	1500
糖果	70
酒石酸	4
氨硝酸盐	4
氨磷酸盐	0.6
钾碳酸盐	0.6
镁碳酸盐	0.4
氨硫酸盐	0.25
锌硫酸盐	0.07
铁硫酸盐	0.07
钾硅酸盐	0.07

——朱尔斯·罗兰，维克托·马森，1870年，博士论文

我们在无机物培养基里进行了很多次发酵实验，在这里提起是一件有趣的事。在我们实验室工作的一个人称，我们实验成功是由于所使用的糖不纯，如果使用的糖是纯的——比当时我们常用的普通的、白色的商业糖

① 朱尔斯·罗兰已经出版了一本著作。由于培养基的组成成分是无机物质，所以无机物培养基能更好地适应某些真菌的生长。这本著作是与发现这个问题相关的。他给出了这种培养基组成成分的配方。以下是这个配方，我们在这里简称“罗兰液体”。

更纯——那么酵素就不会繁殖。由于他坚决反对，为了说服他，我们使用高纯度的糖重复了以前与这个研究课题相关的实验，而所需糖是一位热心的、专业的糖果商瑟尼奥为我们准备的。结果仅仅证实了我们前面得出的结论。即便这样，也不能让我们固执的朋友满意。在准备一些纯的、小晶体糖时却遇到了困难，他将仔细挑选出来的商业糖反复结晶。然后，他重复做了我们的实验。这次他的疑惑被打消了。与我们使用商业糖进行发酵相比，使用完全纯的糖进行发酵，速度恰恰非常活跃而不是很缓慢。这里我们可能补充几句与酵母不能转换成灰绿青霉相关的观点。

如果我们在发酵期间随时让发酵液体流出，那么留在容器中的酵母沉淀与空气接触时可能仍留在容器里，但在容器中我们却发现没有灰绿青霉形成。我们让一股纯的空气不断进入烧瓶，实验结果相同。然而，这种培养基特别适应这种霉菌的生长，因为如果我们仅仅引入一些青霉菌孢子，那么它就会大量在沉淀上生长。因此，特尔宾、霍夫曼和德雷科尔的描述是以那些我们在显微镜观察中经常遇到的其中一个幻想为基础的。

当我们把这些事实①摆在科学院研究者面前时，德雷科尔承认不能理解这些事实："根据巴斯德的观点，啤酒酵母是厌氧的，也就是说，它能在没有游离氧的液体中生存。要使它变成菌膜或青霉菌，就必须被放在空气中。因为如果没有空气，正如其名表示的一样，需氧生物就不会存在。为了使啤酒酵母转化成菌膜啤酒或灰绿青霉，我们必须接受这两种生物获得的条件。如果巴斯德坚持把酵母放在与期待的变化不一致的培养基里，那么很明确他得出的结果总是反面的。"②

和德雷科尔完全无理由的论断相反，我们没有将酵母保留在被认为可以阻止它转化成青霉菌的培养基中。正如已经看到的一样，我们实验的主要目的和意图是让这种小植物与空气接触，在一定的条件下，这会使青霉菌完全自由地生长。我们也像特尔宾和霍夫曼一样进行了我们的实验，

① 巴斯德，《法国科学院会议报告》，第78卷，第213～216页。

② 德雷科尔，《法国科学院会议报告》，第78卷，第217页，第218页。

并完全按照他们做这种实验的条件进行。唯一的区别是，我们观察绝对必要的正确性使得我们谨慎地避免造成错误的任何原因，然而，他们却没有特意去避免。在没有连续进入空气的情况下，我们实验经常用的双颈烧瓶很有可能产生一个入口并使纯空气溢出。我们在距离烧瓶两三厘米（一英寸）处的一个薄的、弯曲的瓶颈上做了一个标记，在这个标记处用玻璃刀将瓶颈割掉，然后将其移走，再立即小心翼翼地用一张已经被火焰烘烤过的纸盖在开口处，我们必须在剩余的瓶颈周围用一根线将其绑紧。通过这种方式，我们可以增加或延长烧瓶里真菌生长的结实器官或需氧酵素的生命。

我们说的灰绿青霉同样会应用在生膜菌属啤酒酵母中。尽管特尔宾和德雷科尔可能坚持相反的观点，但是在刚才描述的实验条件下，与青霉菌相比，酵母与空气接触时不会产生葡萄酒醭酵母或生膜菌属啤酒酵母。

前面段落中描述到，活体酶在已描述那些成分组成的无机物培养基里增加，这会引起生理学方面的极大关注。其他研究结果表明所有酵素的蛋白质可以通过细胞的生命活动产生。除了光或游离氧的影响外（除非，我们研究的确实是需要游离氧的需氧霉菌），这样，酵素的蛋白质会拥有在碳水化合物、氨盐、磷酸盐与钾和镁的硫酸盐之间产生化学反应的能力。事实可以证明，高等植物也存在相同的效应。因此，在目前的科学状态下，我们很难设想，有哪些重要原因能够极力反对我们认为的这种反应。将我们谈到的研究结果用于所有植物中是完全合乎逻辑的，并且我们相信所有植物蛋白质，或许动物蛋白质是唯一由细胞活动形成的，而这些细胞则作用于体液的氨盐和其他无机物盐，或作用于血液的血浆。在高等植物中，碳水化合物的形成则只需要同时发生绿色光化学作用。从这种观点来看，在光的影响下，蛋白质的形成与碳酸气体减少产生的巨大作用没有关系。分解后，这些物质将不会由水、氨、碳酸气体组成；它们将通过树液中的碳水化合物与钾和镁形成的磷酸盐、氨盐之间某些结合过程在自身存在的细胞中形成。最后，由于碳水化合物具有很多变种，通过碳水化合物和无机物培养基的作用，植物获得生长。因为蛋白质和纤维素都是碳水化合物，所以很难理解在构成蛋白质甚至构成纤维素之前，植物在生长中是如何分解其他元素的。我们已经在这个方向开始了一些研究。

在更长的植物生命中，如果太阳辐射对碳酸分解和主要物质的增强是不可缺少的，那么某些低等微生物可能在没有太阳能辐射时仍能进行碳酸分解和主要物质的增强，并因此产生更复杂的物质，即含脂肪的物质或碳水化合物的物质，比如纤维素、不同的有机酸和蛋白质。然而，它们没有从被氧气饱和的碳酸获得碳，而是来自也能够获得氧的其他物质。在此过程中会产生热量，比如，酒精和乙酸仅仅可以利用从有机体中去除的大部分碳化合物。由于许多其他化合物都同样地适应于充当酵和霉菌的碳质食品，因此，这些最终化合物可能是通过碳和蒸汽水而合成的。通过贝特洛的科学方法，可以得出结论，对于那些低等生物，紧随起来便是生存的可能，即使连太阳光都已熄灭[①]。

① 在1876年4月10日和24日科学院召开的会议上，我们向科学院发表的言论与这个主题有关。

细菌论在医学及外科手术中的应用[①]

科学是通过学科的相互支持来获得的。1857～1858年由于我第一次谈论关于发酵相关的论断，看起来所谓的酵素是活的生物，微生物细菌在所有物体表面、在空气中和在水中大量聚集。自发产生的理论是空想的。葡萄酒、啤酒、醋、血、尿和所有机体的液体在纯的空气中不会经历它们通常的任意一种变化，这对于医学和外科手术是一个新启发。1863年法国内科医生戴维恩，第一次幸运地将这些原理应用到医学上。

去年，我们进行的研究让腐臭疾病或败血病的病因与炭疽病的病因相比进步更小。我们已经证实到败血病可能取决于一种极小物体的存在和生长，但是我们却没有获得这个重要结论的绝对证据。我清楚，在目前的科学水平下，微生物已别无他法，只能在体外培植微生物（“微生物”这个新的和令人满意的术语是由塞德诺提出的）。值得注意的是，在12个连续的培养菌中，每个培养菌体积仅有10立方厘米，初始的那滴液体的浓度会

① 1878年4月29日在法国科学院会议前读到的。发表在《法国科学院会议报告》，第86卷，第1037～1043页。

变淡，仿佛这滴放在一个与地球总体积相同的液体里。我和朱伯特将炭疽无芽孢杆菌属[1]进行了这种形式的测试。在一种消毒的液体中对其培植了很多次，每个培养菌都是凭借着之前实验中的一滴小水珠开始进行培养的。然后我们证实，最后一种培养菌的产物能够在动物组织中通过产生炭疽病所有的症状进一步生长和活动。正如我们认为的那样，这就是炭疽病是一种细菌性疾病不可缺少的证据。

我们对有感染的弧菌进行的有关研究目前不具有说服力，继续我们的实验能弥补这个缺陷。为了实现这个目标，我们尝试从一只死于败血症的动物中培养有感染的弧菌。值得注意的是，尽管在不同种类的培养基中我们使用到了尿、啤酒酵母水和肉水等，但是我们第一次进行的所有实验都失败了。我们没有对培养基进行消毒，但是我们发现——最普遍的是——微生物没有表现出与败血弧菌有任何关系。此外，这种微生物呈现出一系列极其微小球形微粒的形态，这些形态在其他地方十分常见，并且这些球形微粒不含有任何毒性[2]。这是一种杂质，我们对它不熟悉，它是和败血弧菌一起被引入的；毫无疑问，细菌从肠道穿过——败血病动物的肠道常常发炎和膨胀——进入腹部的液体中，从这个液体中我们取出了败血弧菌的最初的培养细胞。如果我们的培养细胞受到污染这种解释是正确的，那么我们应该在最近因败血症而死的动物心脏的血液中找到一种纯的败血弧菌培养细胞。这就是发生的一切，但是一个新的问题展现了出来；我们所有的培养细胞保持无菌。另外，在最初的病毒性培养基里，这种无菌有所损耗。

对于我们而言，败血弧菌可能是一种固性厌氧菌，我们所接种培养液的无菌可能归因于败血弧菌的破坏，这种破坏是由溶解在液体中的大气中的氧气产生的。科学院的研究者可能会记住，我以前就已经证实过与酪酸

① 在翻译时，看起来很明智地坚持了巴斯德对其的命名。炭疽杆菌是今天使用的术语——译者。

② 在这里巴斯德很可能正在解决某些败血病的链球菌。众所周知，这些链球菌在人工培养时会很快失去毒性。——译者。

发酵的弧菌本性有关的事实，酪酸发酵的弧菌不仅能够在没有空气时生存而且它会被空气杀死。

因此有必要在一个真空中，或在有惰性气体比如碳酸存在的时候来尝试培植败血弧菌。

结果证明我们的尝试是合乎情理的。败血弧菌在一个完全真空的环境中会很容易生长，并在有纯碳酸时会更容易生长。

通过这些结果得到一个必要的推论。如果一种含有败血弧菌的液体暴露在纯的空气中，那么弧菌会被杀死并且所有的毒性会消失。事实正是如此。如果几滴败血血清在管子和一个非常薄的平面上水平漫延，在不到半天的时间里，这个液体会变得完全无害，即便最开始时它毒性很强，以至于在一滴血清的最小部分上接种，就会导致死亡。

另外，所有的弧菌像能动的细丝一样挤满了液体，它们被杀死并消失。弧菌受空气作用后，我们仅仅能找到细小的、无定形的颗粒。这些颗粒不适宜培养，也不适于任何疾病的传染。可以说，空气将弧菌氧化了。

假如有一个可怕的想法，即如果生命受到这些微小生物繁殖的控制，那么一个安慰性的希望是科学并不总是在面对这些有害物时而保持无能为力。因为，比如在研究初期，我们发现将这些生物单纯暴露在空气中有时就足以杀死它们。

但是因为大气中的空气无处不在，如果氧气破坏了弧菌，那么怎么还存在败血病呢？这个事实与细菌论相一致。暴露在空气中的血液是如何通过空气中含有的灰尘变得败血的？

如果这些现象发生的原因是不可知的，那么所有的事情是隐藏的、模糊的和具有争论性的，但是如果这个原因是大家知道的，那么每件事情都会很清楚。我们刚才所说的是对的，也就是只有一种败血液体中含有成熟的弧菌，此弧菌会通过分裂而迅速生长：当弧菌转化为细菌时情况就不一样了[①]，也就是说它们转化成一些闪耀的小球，也就是之前在我对蚕病的

① 对于“细菌”和“细菌小球”这两个术语而言，巴斯德确实指的是“芽孢”——译者。

研究中，我描述并描绘的那种小球，这些描述及描绘是基于通过处理那些因为一种叫作“蚕病”的疾病而死去的那些蚕虫。那些成熟的弧菌只是消失了，耗尽了，并且失去了它们与空气接触时的毒性：细菌小球在这些条件下总会保持状态，随时成为新的培养菌，也可随时用于新的接种。

然而，理解败血细菌如何能够在物体表面存在、如何能够在空气和水中漂浮会有些困难。

这些小球来自哪里呢？尽管败血的液体接触空气，但没有其他东西比产生这些细菌更容易。

如果腹部的血浆渗出物含有通过分裂而迅速生长的败血弧菌，当这种血浆渗出物暴露在空气中时，结果就会像我们之前提到的一样，但是，我们采取预防措施，使这层厚度增加，即使只使用了1厘米厚度，这个令人好奇的现象也会在几小时之内出现。液体上层的空气会被吸收——正如颜色变化表明的那样，弧菌会在这里死亡并消失。另一方面，在液体朝向这1厘米败血液体底部更深的层，我们应该仔细观察，弧菌通过分裂会继续繁殖。由于氧气的活动，它们得到了死在它们上面的那些东西的保护：它们一点一点地变成了细菌小球的状态，同时它们的线型形态也逐渐消失。因此，它们没有变成不同长度的线条状而移动，而是有时变得很大，连显微镜的可视范围都容不下它们，在那里只能看见很多闪耀的点，自由地躺在那里，或是被一些几乎无法察觉的无定形物质包围着①。这样，它就形成了具有潜在细菌的生命，它不会再受到氧气的毁灭性活动所带来的威胁。因此，我要重复，败血的尘埃形成了，我们也就能够知道之前看起来很模糊的东西是什么了；我们能够看见易腐烂的液体是怎样被空气中的灰尘吸收的，以及腐臭的疾病是如何在世界上永久不变的。

在得出这些有趣结果前，科学院允许我们提到主要理论结果中的其中

① 1877年7月16日我们的记录中阐明到，败血弧菌不会受到空气中氧气的破坏，也不会受高压氧气的破坏，但是在这些条件下它会转化成细菌小球。然而，这是对事实错误的理解。弧菌会受到氧气的破坏，仅仅当弧菌在一厚层时，在有氧气存在时，它能转化成细菌小球，同时弧菌的毒性会被保留。

一个结论。绝对的证据是：应该存在可传染的、感染性的和易传染的疾病，这些疾病的原因本质上和唯一在于微生物的存在。证据是，就至少一些疾病而言，自发毒性这个思想和传染的想法应该永远被抛弃，一种传染的元素突然在人或动物中产生并能够产生疾病，这些疾病会在相同的形式下进行传播的想法也应该永远被抛弃。那些对医学的进步具有致命性的观点已经引起了自发产生的无理由的假说、蛋白质酵素的假说、半微生物的假说、生物自生的假说以及很多其他与观察不相关的想法。这些致命的观点也应该永远被抛弃。在这个例子中我们寻找的证据表明，除了弧菌外，不存在一种围绕在液体或固体中单独的毒性。简而言之，弧菌并不仅仅是疾病的一种偶发症状，它是疾病的一种必然附属物。那么，在我已公布的那些结果中，我们又会看到什么呢？当在弧菌没有变成细菌，就把这种败血的液体拿出来时，这种液体就会因为简单地暴露在空气中而失去毒性，但是，如果这个液体层很厚，再让它在这样的空气中暴露几个小时，这样它的毒性就会被保留下来。在第一种情况中，毒性一旦暴露在空气中就会丢失毒性，那么就不能再使用这种败血液体进行培植了。但是在第二种情况中，即使在暴露于空气后，它也能保留它的毒性并能够传播。除了已成熟的弧菌或它的弧菌细菌外，那么认为有一种分离的毒性物质或者是以液体的，或者是固体的状态存在是不可能的。也不能认为有一种弧菌在已成熟的弧菌死亡时能失去其毒性，因为当弧菌转化成细菌并暴露在空气中时，这样一种物质也会失去其毒性。至于溶液中存在的病毒，只有一种可能的假设，那就是我们的实验中存在这种物质，当它在活的动物体内生长时，它应该由弧菌自身不断供应。

我赶紧提及另一系列的观察，与前面的观察相比，这些观察甚至更值得外科医生的关注：我想谈的是将脓微生物与败血弧菌联系在一起时，脓微生物产生的影响。没有比把它们重叠在一起更容易的事了——它们似乎是两种明显的疾病，它们产生一种可以被称为败血的化脓感染病或化脓的败血病。同时，当微生物产生的脓单独发生作用时，会产生一种浓的脓液，这种脓液是白色的，或者有时附有黄色或蓝色。这种脓并不腐臭，它扩散或被所谓的生脓膜包围着。它不危险，特别是如果它预先被限制在细胞组织内时。如果“准备好”这个表达可以用于快速再吸收，那么它准备好快速再吸收；另一方面，由这种微生物产生的最小脓肿与败血的弧菌有关时，那么这个脓肿会呈现出一层浓的脱疽的状态，这层浓是腐臭的，颜色呈绿色，可以渗透软化组织。在这种情况中，可以说，那个脓的微生物是通过败血的弧菌携带的，在身体中一直伴随着它：在高度发炎的肌肉组织里装满了浆液，表明到处都是脓小球，这些肌肉组织就像是两种有机体捏合而成的。

通过一种类似的程序，炭疽无芽孢杆菌属和脓细菌的影响可能结合在一起。这两种疾病可能会叠加，这样就能获得一种化脓的炭疽或炭疽样的化脓感染。必须注意不要夸大新微生物具有无芽孢杆菌属不具有的优势。如果微生物与足够多的无芽孢杆菌属有关，那么微生物就会将无芽孢杆菌属完全排挤掉——阻止它在体内生长。不会出现炭疽，局部的感染仅变成一种很容易治疗的脓肿。正如我们证明的一样，微生物产生的脓和败血弧菌（不是）[①]是厌氧菌，很明显，败血弧菌不会妨碍微生物产生脓。在这些小的微生物组织中几乎没有充足的液体或固体营养物质。但是炭疽无芽孢杆菌属是唯一需氧的，氧气的比例在组织中完全没有平均分布：无数情况能减少或耗尽各处的供应，在很多种情况下，到处的补给物都会减少或消耗，并且，因为细菌产生的脓也是需氧的，在实验中，通过使用比无芽孢杆菌属数量稍微多一点的补给物，我们就可以知道，它能轻松地把无芽孢杆菌属所需的氧气给剥夺了。但是对事实的解释没有多大意义。当然我们正在谈论的微生物在有些条件下能够阻止无芽孢杆菌属的生长。

总结——从前面的事实来看，要想产生一些不让任何腐烂元素参与其中的化脓性感染、产生腐烂的化脓性感染，产生炭疽样的化脓性感染，以及最后根据那种特定的微生物的混合物比例而产生这几种发生变化的病变

① 毫无疑问，在原文中出现了一个错误。巴斯德并没有说这两种细菌是厌氧菌。“没有”这个词用来纠正这个错误。——译者。

的结合，这些都是可以做到的，其中，这种特殊的微生物是作用于活的组织上的。

我以我个人的名义，以及我的合作者朱伯特和钱伯兰的名义与科学院交流这些主要的事实。几周前（3月11日最后一次会议），医学和外科手术部门的一位医生塞德诺，通过对一门美好职业课程长久思索后，他毫不犹豫地断言：他找到了一个外科手术成功和失败原理的合理解释，细菌论是以这些原理为基础的。根据这种理论发现了一种新的外科手术——这个手术被一个出名的外科医生李斯特[①]开始实施，他是最先且更多理解这个手术的人。他没有专业权威，但是带着一个经过训练的实验者的自信，我在这里大胆重复一个同事的话。

① 参见目前那卷罗德·李斯特的论文。——ED.

细菌论在一些常见疾病病理学的延伸①

当我开始进行研究时，我正努力将细菌论延伸到某些常见疾病中，这些研究引起了我极大的关注②。我不知道何时才能继续那个研究工作，因此，我渴望其他人能够将其继续进行下去，我冒昧地将这个目前研究的工作情况公之于众。

1. 疖。1879年5月，我实验室有一个工作人员，他身体上有很多疖，每隔一段时间就会长出来，有时出现在身体的这个部位，有时出现在另一部位。对于微生物在自然界中所发挥的重要作用这一研究思想，我的印象很深刻。我观察了疖中的脓，看它是否含有以上这些微生物中的任何一种，这些微生物的出现、生长发育，以及当其进入组织以后到处传播的可能性，都会引起局部发炎，形成脓，并且可以解释为什么这种疾病有时候在短时间内就会出现，有时又过长时间才出现。这个想法很容易应用于实验测试中。

① 1880年5月3日，在法国科学院会议前读到的，发表在《法国科学院会议报告》，第90卷，第1033～1044页。

② 1880年尤其从事于鸡霍乱和毒性衰减的研究。——译者。

第一次观察——6月2号，在小圆锥形的脓底部穿一个孔，这个脓生长在颈背处疖的尖端，液体立即播撒在有纯净空气的地方——当然，有必要很小心地排除所有外部细菌，这一步可以在穿孔的时候做，也可以当培养液中正在播种的时候做，或者是把它放在烤炉里的时候做，烤炉保持大约35℃的温度。第二天，培养液变混浊，并含有一种单一微生物，这种微生物是由成双排小球形的点组成，有时是由每四个一组排列的点组成，但常常是由大量不规律的点组成。两种液体更适用于这些实验中——鸡肉汤和酵母汤。根据这种或另一种使用的液体，出现了一点变化，应该描述这些变化。用酵母水时，成对的小颗粒分布在液体中，液体一律变混浊。但是用鸡肉汤时，少量的颗粒体聚集在一起，并分布在烧瓶的侧壁和底部，然而除非摇动液体，液体的主体部分仍清澈。在摇动液体时，烧瓶侧壁少量的颗粒散开，液体变混浊。

第二次观察——6月10号，一种新的疖出现在同一个人的右腿上，皮肤下未观察到脓，但是脓在表面已经变浓和变红，达到一个法郎那么大。用酒精将红肿的部位清洗掉，并用吸水纸穿过酒精灯火焰将清洗的部位变干。我们可以通过变浓部位的孔获得少量的与血混合的淋巴，将它进行播种，同时从手指中取出一点血。接下来的几天，从手指取出的血保持完全无菌，但是那种从正在形成疖的中心获得的血液和以前一样，能使同一种小微生物大量生长。

第三次观察——6月14号，一种新的疖出现在同一个人的脖子上。同样的检查，获得同样的结果，也就是说，之前描述的那种微生物的生长以及血液完全无菌且能正常循环，这次脓是从发炎区域外部疖的底部提取的。

在进行这些观察时，我和莫里斯·雷诺医生谈到这些观察，他给我送来一位病人，这位病人患疖三个多月了。在6月13号，我从这个患者的疖中取了一颗疖来制作脓的培养菌。第二天，培养液全部变混浊，培养液完全是由之前的寄生生物和这个单独的疖构成的。

第四次观察——6月14号，同一个人的左边腋窝部位出现了一种新形成的疖。皮肤颜色普遍变重和变红，但是显然没有脓出现。变浓部位中心的一个切口呈现少量与血混合的脓。将其进行播种，它在24小时内迅速生长，并出现相同的微生物。离疖有一段距离的手臂的血依然完全无菌。

6月17号，检查同一个人身上新出现的疖得出了相同的结果，即同种微生物纯的培养菌的生长。

第五次观察——7月21号，莫里斯·雷诺医生告诉我，拉瑞波尔医院一名女士患有很多疖。事实上，她的背满是疖，有些疖化脓活跃，其他疖处于溃烂阶段。我从所有这些没有裂开的疖中取出脓。几个小时后，这种脓在培养菌中大量生长。同种发现不含混合物的微生物。疖红肿部位冒出的血液仍然是无菌的。

简而言之，很肯定的是，每个疖含有一种需氧的微生物寄生生物。它是由局部发炎和随后产生的脓形成的。

将含有小微生物的培养液注入兔子和豚鼠皮肤里会产生普遍的小脓肿，这些脓肿会很快痊愈。只要没有痊愈，那么脓肿出现的脓会含有引起脓肿的微生物。因此，这种微生物会存活和生长，但是它不会繁殖。将这些少量培养菌注入豚鼠颈静脉里时，结果表明小微生物不会在血液中生长。注射后第二天，它们即使在培养菌中也不会恢复过来。我好像已经观察到一个普遍原理：如果血细胞处于良好的生理状况，那么需氧寄生物就很难在血液中生长。我们总是认为这可以通过争夺来解释，这种争夺是血细胞与培养菌中寄生物为争夺氧气而进行的。当血细胞获得所有氧气，也就是说占有所有氧气时，寄生物的生存和发展会变得非常困难，或不能生存和发展。如果有人使用消除和吸收这个词语时，那么寄生物就会很容易被消除吸收。我已经多次在炭疽和鸡霍乱中见到这些事实了，这两种疾病都是由于一种需氧的寄生物质的存在产生的。

这些实验中普遍传播的血液培养菌常常是无菌的，看起来在疖的体质条件下，小寄生物不会在血液中存在。因此小寄生物不能被培养，它不丰富也是显而易见的。但是从报告的（仅五次报告）培养菌无菌状况来看，不能肯定地得出结论，当小寄生物发展到身体的另一部位时，它可能不会被血液占据，并从一个疖中迁移出来。在身体的另一部位时，小寄生物可能偶然停留在此，发展并产生新疖。我确信，要是在疖的体质情况中，不光是几滴血液，就连几克能正常循环的血液都能够被放置好用来培养，那么我们就能频繁地使它成功地生长[①]。我做过很多与鸡霍乱中血液相关的实验，常常证实到，即使血滴中重叠的培养菌是从相同的器官比如心脏中取出的，以及当寄生物在血液中开始生存时，它们也没有表现出生长迹象，这是很容易理解的。正巧，寄生物开始在感染的血液中出现时，将10只鸡注射这种感染的血液后，其中仅有3只鸡死了，剩下的7只没有出现任何症状。事实上，在微生物进入血液时，它能单一存在或在一小滴血液中少量存在，却没有在这小滴血临近的血液中存在。因此我相信，这在疖病研究方面具有很大的指导作用，也就是找到一个身上不同部位有很多刺孔的病人，这些孔要远离那些已经形成的或正在形成的疖，这样就会确保正常循环血液培养菌的安全。我确信，在这些培养菌中会发现疖微生物的生长。

2．关于骨髓炎。单一观察。我仅观察过一次这种严重的疾病，拉纳隆格医生首先对其进行观察的。这位博学的医生发表的关于骨髓炎的专题论文是众所周知的，论文中他提到通过用环锯开骨头，以及使用杀菌剂洗涤液和敷料剂以达到治愈骨髓炎的可能。2月14日，在拉纳隆格医生的要求下，我去了圣地欧仁妮医院，这个熟练的外科医生将要给一个约为12岁的小女孩做手术。她的右膝浮肿，小腿下方整个腿和膝盖上方的一部分大腿也很浮肿。但是外部没有裂开。使用三氯甲烷，拉纳隆格医生在小女孩膝盖下方剖开一个长的切口后，流出大量的脓，露出很长的胫骨。然后对骨头上三处进行了环锯。每处都有大量的脓流出。他采取了所有的预防措施，将骨头里和骨头外流出的脓收集起来，仔细检查，并在以后进行培植。直接和微观研究内部和外部的脓是非常有趣的。可以看出这两种脓含有大量的微生物，这些微生物和疖的微生物类似，它们每两个一组、每四个一组或以更多为一组。有的微生物出现清晰的、锋利的轮廓，其他微生

① 这个预想如今已经全部实现了，成功地使用了培养菌中的大量血液，并且使用了很多合成的细菌实例，这些细菌是存在于很多感染的循环中的。

物仅仅模糊可见，并出现暗淡的轮廓。外部的脓含有很多脓小球，内部的脓却不含脓小球。外部的脓像有疖子特征的微生物中多的脂肪糊状物。值得注意的是，培养菌开始培养后，小微生物已经开始在少于6个小时的时间内成长。因此我看见小微生物和疖微生物完全相同，单个微生物直径为1毫米的千分之一。如果如实表达我的想法的话，那么我可以说，在这种情况下，骨髓炎实际上是骨髓上长的一种疖[①]。毫无疑问，在活的动物中，人为地引起骨髓炎是很容易。

3. 关于产后发热——第一次观察。1878年3月12日，埃尔维厄医生让我在妇产科医院访问了几天前送来接生的一名妇女，她患有严重的产后发热。产褥排泄物非常臭。我发现产褥排泄物中布满了很多种类的微生物。从左手食指取出少量血（首先将手指清洗并用消毒毛巾将手指擦干），然后将血播散在鸡汤中。在接下来的几天中，让培养菌保持无菌。

3月13日，从手指的针刺处取出更多的血，这次培养菌生长了。3月16日早上6点，患者死亡，看起来至少在3天前，她的血液中就含有一种微小的寄生物。

3月15日，死亡前的8个小时，在左脚上针刺处取血。这种培养菌也是无菌的。

3月13日的第一种培养菌，仅含有疖微生物。15日的第二种培养菌含有一种与疖病微生物类似的微生物，但是这种微生物差异很大，我们很容易就能将它辨别出来。用这种方法，此时，疖中的寄生虫是成双排列的，几乎没有三个或四个一组地出现，新的寄生虫，也就是第十五个培养菌中的寄生虫，却是以长链的形式出现，在每个生物中，细胞数量是不确定的。链也是活动中，而且经常缠绕成小捆包形态出现，这个小捆包就像缠绕着的一组珍珠。

在17日2点钟，我们对尸体进行了解剖。死者腹膜中有大量的脓。我们将脓播散，并做了所有的预防措施，将静脉和大腿骨的血也进行散播。子

① 众所周知，这已经得到证实。——译者。

宫黏液表面的脓通过导管进行散播，还有，最后子宫壁一根淋巴管中的脓也进行散播。这些都是那些培养菌产生的结果：在培养菌中有长链细胞，也就是我上面说的那种；而且在其他任何地方没有微生物混合物，除了在腹膜脓的培养菌中，在这里以及之前长链细胞中都含有体形很小的化脓弧菌，对于化脓弧菌，我在1878年4月30日和朱伯特以及钱伯兰一起出版的《记录I》中以脓微生物为名对它进行过描述[①]。

对疾病和死亡的理解——分娩后，子宫受损害的部位总是自然地产生脓，脓不会保持纯净，它会受到外部微生物的感染，尤其是受到那些长链微生物和化脓弧菌的感染。这些微生物通过软管或是其他渠道进入了腹膜腔，有一些很可能是通过淋巴管进入了血液。当脓纯净时，脓的重新吸收总是会很容易并且很迅速，但是当有这些寄生虫存在时，重吸收就变得不可能了，因此必须从分娩那一刻起就用尽可能地阻止这种寄生虫进入。

第二次观察——3月14日，一名妇女因产后发热死在拉瑞波尔医院，在死亡前她的腹部膨胀。

在腹孔中发现大量的脓，将其进行播种；手臂一个血管中的血也是如此。前面观察中记录到脓培养菌产生长链，也产生了小化脓弧菌。血液中的培养菌仅含有长链的。

第三次观察——1879年5月17日，一位妇女分娩3天后就病了，她所哺乳的小孩也生病了。产褥排泄物里面挤满了化脓弧菌，也存在着疖微生物，虽然只有一小部分那种疖微生物，将奶水和产褥排泄物进行散播。奶水中这些微生物呈长链颗粒状，而产褥排泄物只产生了脓微生物。这位母亲死后，我们没有对其进行尸体剖检。

5月28日，将前面所说的五滴化脓弧菌的培养菌注入一只兔子的腹部皮肤上。接下来几天形成了很大的脓肿，6月4日脓肿自然裂开，有大量干酪气味的脓从里面流出。大量脓肿变硬。6月8日，脓肿裂开处变得更大，化脓变得活跃。脓肿裂开处附近有另一处脓肿，显然它是和第一处脓肿连

① 参见以前的章节。

在一起的，因为用手指按它时，脓就会大量地从第一处脓肿的裂开处流出来。整个6月，兔子生病了，脓肿化脓了，但是化得越来越少。在7月脓肿闭合，兔子状况良好，仅在腹部皮肤下能触摸到一些囊肿。

在微生物通过这位妇女的胎盘母体部进入腹膜、淋巴或是血液以后，可能没有给这位分娩的妇女体内带来干扰。

它的存在比以链排列的寄生物更危险。另外，它的发展总是危险的，因为正如在已经引用的著作中（1878年4月）说的那样，这种微生物能很容易地从很多普通的水域中恢复过来。

我需要补充的是，长链微生物，以及成双排列的微生物分布也比较广，它们其中的一个栖息地是生殖道的似黏液表面①。

显然准确地说，没有产后寄生物。我在实验过程中，没有遇到真正的败血症，但是产后应该存在这种疾病。

第四次观察——6月14日，在拉瑞波尔医院，一名妇女病得很严重，紧接着她要分娩，而且濒临死亡，事实上她是在14日午夜死的。在她死前几个小时，从她手臂上的脓肿处取出脓，从一个手指的一针刺处取出血液，将这两种液体进行播种。第二天（15日），装有脓的烧瓶里布满了长链颗粒。装有血液的烧瓶是无菌的。尸体解剖是在16日早上10点开始的。手臂一个血管处流血，子宫壁流脓，以及膝盖滑液囊中一个聚集处出现脓，将这些所有的血和脓放在我们的培养基里。它们都表现出生长迹象，即使是血液也表现出来了，它们都含有长串微粒，腹膜中不含脓。

对疾病和死亡的理解——分娩期间，子宫受伤处像平常一样出现了脓，脓为长链颗粒状细菌提供了寄生地。这些长链颗粒可以经过淋巴管，到达连接处和其他一些地方，因此成为导致死亡的转移性脓肿的起因。

第五次观察——6月17日，一位著名的医院实习医生德勒丽丝带给我一些血液，排除所有必要的预防措施，这些血液是从一个出生后就立即死亡

① 我在其他地方描述过的过程，当尿在纯净条件下被来自膀胱的尿道迁移时，如果由于一些技术上的错误而导致发生任何事情的可能性增加，那么我们已经谈论过的两种微生物几乎会唯一存在。

的小孩那里取出的。他的母亲在分娩前就已经有风寒和发热症状。这种血液经过培植，产生了大量的化脓弧菌。另一方面，在18日早上从这位母亲身上取的血没有表现出细菌生长的迹象（她是18日早上死的），在19日以及接下来的几天都没有表现出生长的状况。19日对这位母亲进行了尸体解剖。当然值得注意的是，子宫、腹膜和肠道没有表现出特别的迹象，但是肝脏却满是转移性脓肿。肝脏的肝血管出口处有脓，而且此处的血管壁已经溃烂。来自肝脏脓肿处的脓肿挤满了化脓弧菌。甚至离可见的脓肿一定距离的肝组织，也产生了含有同种微生物的大量培养菌。

对疾病和死亡的理解——由于这位妇女在分娩前受了风寒，在子宫里发现的化脓弧菌，或者是在她身体里已经存在的化脓弧菌在她的肝脏产生了转移性脓肿，并且进入到这个小孩的血液，这些形成了其中一种感染形式，叫作化脓感染，这导致了她的死亡。

第六次观察——1879年6月18日，德勒丽丝告诉我，科钦医院一名妇女分娩前几天病得很严重。6月20日，从手指针刺处取出血进行播撒；培养菌是无菌的。7月15号，也就是25天后，再次取了血液，仍然没有菌生长。在产褥排泄物中，没有出现明显可识别的微生物：然而，这告诉我们，这位妇女病得很危险，濒临死亡。事实上，她在7月18日早上9点就死了。一个多月以前，我们做了第一次观察，因此在一场漫长的疾病之后，我们可以看到：得这种病非常痛苦，病人要想避免忍受剧烈的痛苦，必须一动不动。19日早上10点我们对尸体进行了解剖。我们在胸膜壁上发现了化脓的胸膜炎，并带有大量带状脓和化脓的假膜。肝脏变白了、变肿了，但是变得更坚硬，肝脏没有出现明显的转移性脓肿。子宫很小，看起来很健康；但是在子宫的外部表面，发现了发白的小结，这些小结满是脓。在腹膜里什么都没有，因为腹膜没有发炎；但是，在肩关节和尺骨结合处中却有很多的脓汁。

脓肿中的脓，经过培养后，产生了长链颗粒，不仅有来自胸膜中的，而且还有来自肩部和子宫淋巴管的。一件有趣但是很容易理解的事是，手臂静脉处的血和从人死亡45分钟后取出的血完全是无菌的。输卵管或阔韧带没有任何物质生长。

对疾病和死亡的理解——分娩后子宫里的脓受到在子宫里面生长的微生物细菌的感染，然后脓流进子宫的淋巴管，从淋巴管起继续在胸膜和关节里产生脓。

第七次观察——6月18日，德勒丽丝告诉我，5天前一位妇女在科钦医院分娩，对于已经进行的手术的结果感到担忧，有必要进行一个碎胎术。18日我们对产褥排泄物进行了播种，第二天以及第3天没有生长。自18日以来由于我对这位妇女了解甚少，在20日我大胆认为她身体会变好。我去询问了她的情况。这是报告的原话："这位妇女身体非常好，她明天出院。"

对事实的理解——在受伤部位的表面自然形成的脓不会受到带进来的那些没有脓的微生物的感染。Natura medicatrix成功地获取了脓，也就是说，黏液表面的活力阻止了外部细菌的生长。脓就很容易被再吸收，并再生。

最后，我请求科学院允许我，提出一些明确的观点，我非常想将这些观点作为合理的结论，这些结论来源于我已经很荣幸与科学院交流过的那些事实。

根据这种表述，产后发热聚集起来形成了非常不同的疾病[1]，但是所有的疾病似乎都是由普通微生物的增加而产生，因为这些微生物的出现使那些受伤处表面自然形成的脓受到感染，而且感染后它迅速以一种方式或另一种方式进行传播，通过血液或是淋巴管，传染到身体的这个部位或其他部位，另外，随着不同部位的条件、寄生虫的性质，以及研究课题中病人体质的变化，这会产生不同的病态变化。

不管病人是什么样的体质，通过采取措施阻止这些常见的寄生微生物形成并再生，这似乎不太可能，除非在分娩前这位妇女的身体中就含有微生物，这些微生物位于被感染的内部或外部脓肿里，就像我们在一个特别

① 这很有趣，因为疾病设想的出发点是根据病原学因素而形成的，而不是通过数组病情症状来形成的。——译者。

的例子中看到的一样。（第五次观察）

在大多数情况中，我相信使用杀菌剂的方法很可能是最好的。在我看来，分娩后应该立即使用杀菌剂。石炭酸能起很大的作用，但是有另一种杀菌剂，我强烈建议使用那种杀菌剂，这就是硼酸的浓缩溶液中，在常温下溶液中含有4%的硼酸。这种酸对细胞生命的异常影响已经被杜马斯证明了，但这种酸的酸性实在太弱，以致对于一些pH试纸来说，呈现碱性，这一点在很久以前已被谢福瑞证明，此外，它没有像石炭酸那样的臭味，这种臭味经常会影响病人。最后，这种酸不会对黏膜，特别是膀胱中的黏膜产生有害的影响，这已经得到巴黎很多医院的证实。以下是第一次使用这种酸的场合。科学院可能会记住我在科学院会议前陈述的一切，有个事实也绝不会受到否认，那就是氨性尿常常是由一种微生物产生的，这种微生物在很多方面完全与疖微生物类似。后来，在和朱伯特的共同研究中，我们发现硼酸溶液很容易对这些微生物产生致命性作用。随后在1877年，我说服了在内克尔医院负责泌尿生殖诊室的盖恩医生，让他尝试使用一种硼酸溶液的注射液来治疗膀胱方面的疾病。这位熟练的医生这样做了，这次尝试中取得了好结果。他也告诉我，如果不使用这种类似的注射液的话，他就不能进行碎胎术。我回想这些事实是为了表明这种硼酸溶液对膀胱中的易碎黏膜完全无害，甚至可能会很容易地将膀胱装满一种温暖的硼酸溶液。

回到分娩的情况。在每个病人的旁边放上一些有温度的、浓缩的硼酸溶液和敷布，这可能没有多大帮助；在将敷布浸入溶液之后，需要频繁更换敷布，在分娩之后也要这样做。这也是需要非常谨慎的地方，在使用敷布之前，必须要将敷布放在150℃且没有空气的烤炉中，这样才能足以杀死普通微生物细菌[①]。

我将这个交流称为“细菌论在某些常见疾病病原学的延伸”合理吗？当这些事实出现时，我已经对它们做了详细说明，也提到对这些事实的理解。但是我并没有隐瞒的一点是，在医学领域，很难完全支持某个人的主

① 采取的预防措施和那些提议的预防措施类似，实际上使产后发热完全消失。——译者。

观看法。我不会忘记医学和兽医学实践对我来说是很陌生的。我渴望人们对我所有的付出给予评价和批评。我不能忍受那些只根据原则做出轻浮和有偏见的反驳的评论，我蔑视那些无知的评论，我竭诚欢迎好斗分子的攻击，欢迎他们提出质疑，也欢迎那些自认为实行原则为“更多光明”这个格言的人带来的攻击。

我很高兴再次感谢钱伯兰和克斯在我所做的研究中给予的帮助。我也很感谢德勒丽丝给我的巨大帮助。